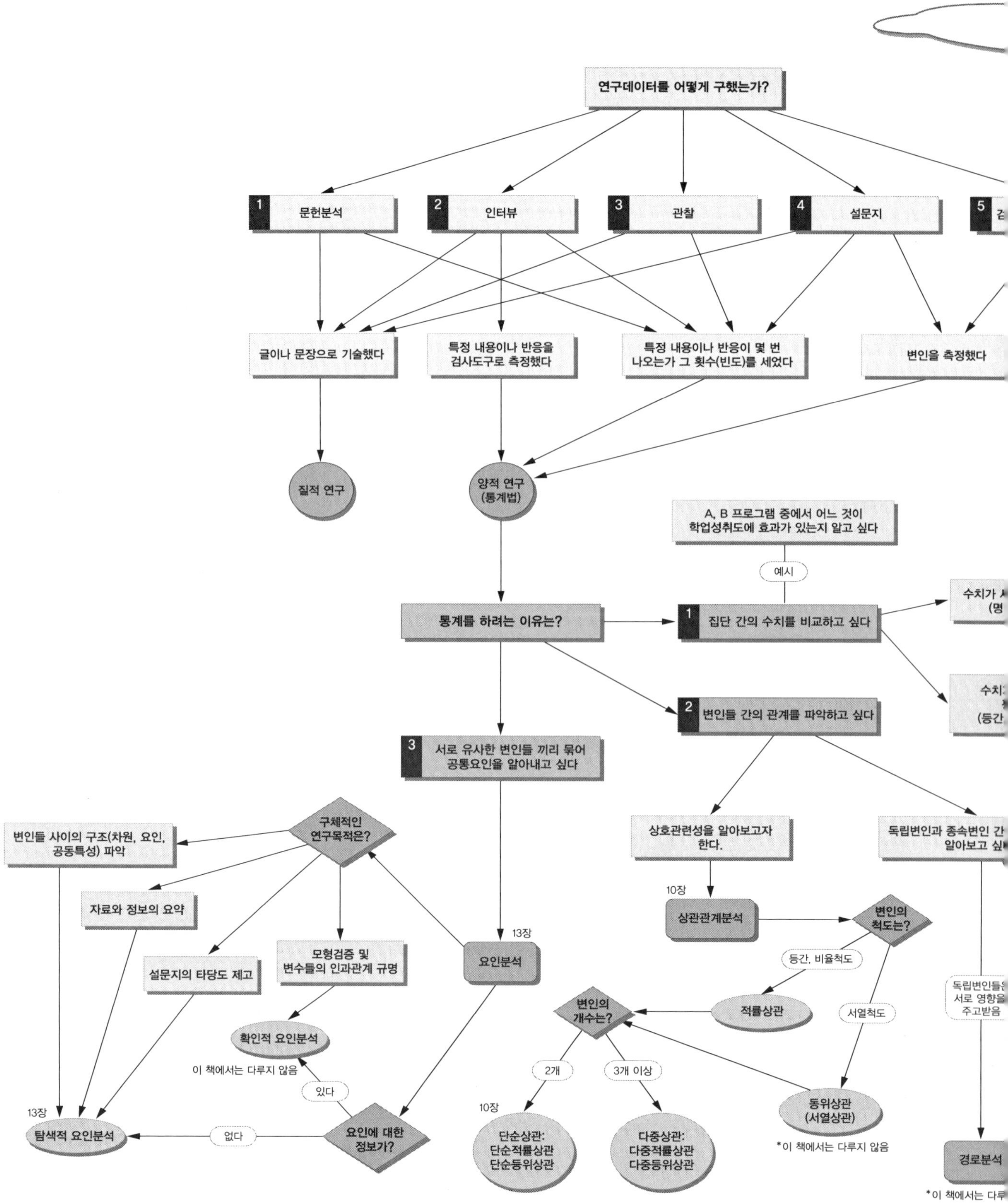
연구데이터를 어떻게 구했는가?
1 문헌분석
2 인터뷰
3 관찰
4 설문지
5
글이나 문장으로 기술했다
특정 내용이나 반응을 검사도구로 측정했다
특정 내용이나 반응이 몇 번 나오는가 그 횟수(빈도)를 세었다
변인을 측정했다
질적 연구
양적 연구 (통계법)
A, B 프로그램 중에서 어느 것이 학업성취도에 효과가 있는지 알고 싶다
예시
통계를 하려는 이유는?
1 집단 간의 수치를 비교하고 싶다
2 변인들 간의 관계를 파악하고 싶다
3 서로 유사한 변인들 끼리 묶어 공통요인을 알아내고 싶다
구체적인 연구목적은?
변인들 사이의 구조(차원, 요인, 공동특성) 파악
자료와 정보의 요약
설문지의 타당도 제고
모형검증 및 변수들의 인과관계 규명
13장
요인분석
확인적 요인분석
이 책에서는 다루지 않음
있다
요인에 대한 정보가?
없다
13장
탐색적 요인분석
상호관련성을 알아보고자 한다.
10장
상관관계분석
변인의 척도는?
등간, 비율척도
적률상관
서열척도
동위상관 (서열상관)
*이 책에서는 다루지 않음
변인의 개수는?
2개
3개 이상
10장
단순상관: 단순적률상관 단순등위상관
다중상관: 다중적률상관 다중등위상관
경로분석
*이 책에서는 다루

통계법 적용을 위한 의사결정 흐름도

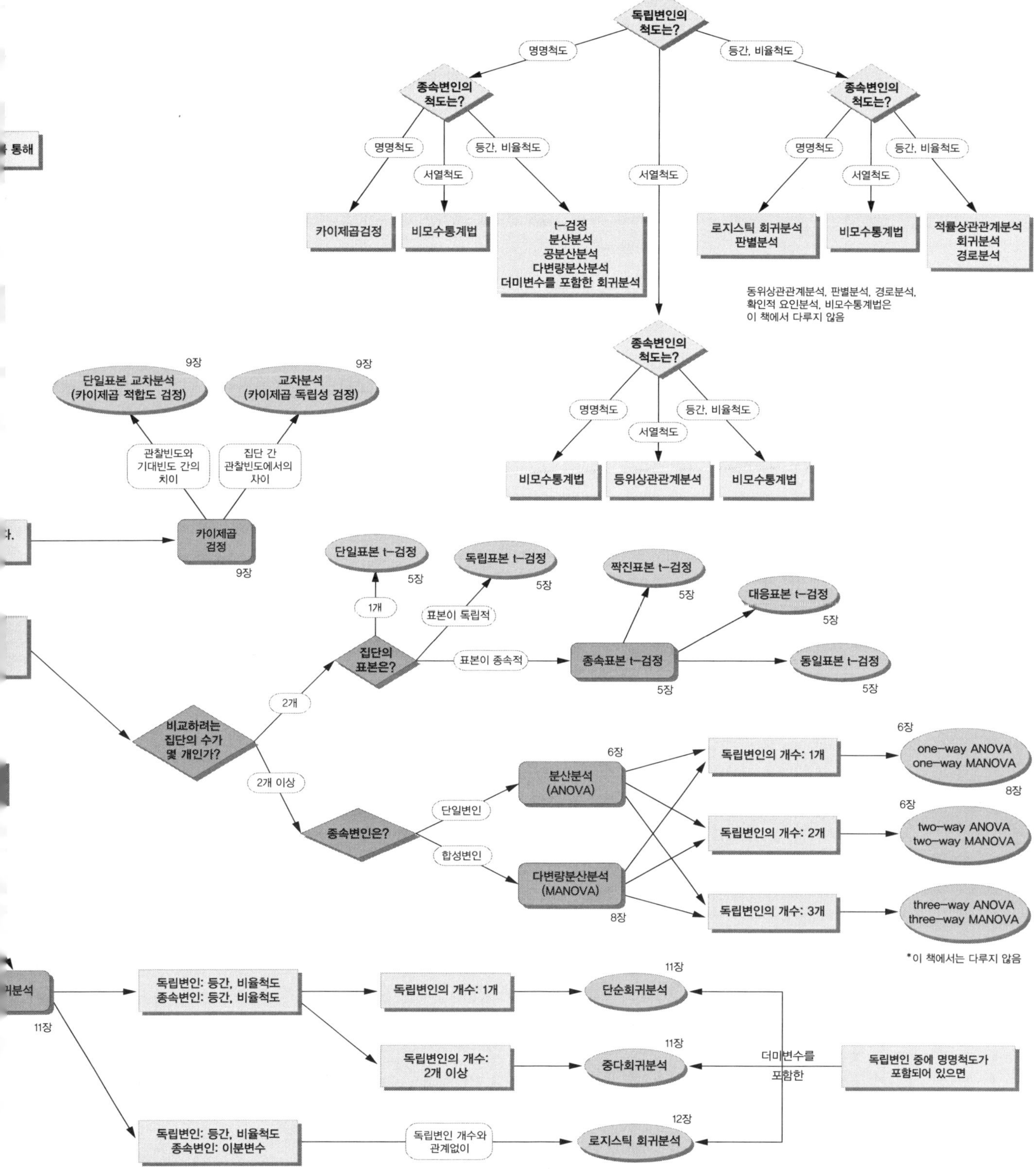

사례로 배우는

기초통계

| 조규락 김선연 공저 |

양 성 원

집필 의도

시중에는 통계 관련 서적들이 넘쳐난다. 여기에 더해 동일 저자가 내용을 수정, 증보, 개편 등의 이유로 동일 저자에 동일 이름을 가진 책들까지 가세하면 실로 통계 서적은 커다란 한 서가를 빽빽하게 채우고도 남는다. 내용의 범위와 수준에서 우수한 책도 있고 그렇지 않은 책도 있다. 또 내용과 수준에서 별다른 차이점을 발견하기 어려운 유사한 책도 존재한다. 저자의 약력을 보면, 거의 전부가 통계학을 전공한 학자나 양적 연구법을 전문적으로 공부한 전문가가 집필한 책이다.

이 책의 저자인 나는 통계학 전공자가 아니며 양적 연구법의 진수를 알고 있는 전문가도 아니다. 때문에 개별적인 통계방법을 이론적으로 설명할 수 없고, 그것을 하나씩 수학적으로 증명하여 보여줄 수도 없다. 통계 관련 책을 집필했다고는 하더라도 그런 작업을 이 책에 넣어야 할 이유도 없을 뿐만 아니라 내가 할 일이 아니다. 이것 때문에 이 책의 구입이나 읽기를 포기한다면 어쩔 수 없는 일이다. 나의 집필 의도는 그런 작업을 일부러 제외한 것에서 시작된다. 그것이 이 책에 없다는 것이 이 책의 단점일 수도 있지만, 오히려 나는 장점이라고 생각한다. 이런 의도가 있음에도 책을 집필하고 출간할 때는 꽤나 큰 용기가 필요했다. 시중에 넘쳐나는 수많은 쟁쟁한 통계 관련 서적들 속에서 그저 그런 책이 되는 것은 아닐까 하는 우려 때문이었다. 게다가 통계학자가 아닌 사람이 통계 책을 썼으니 적어도 그 책은 전문가가 쓴 책과는 차별되어야 옳지 않겠는가. 차별점이 없다면 통계에 대한 얕은 지식의 소유자가 쓴 책이 출간되어 판매될 이유가 없다. 내용의 권위는 전문가의 저서가 훨씬 높을 테니까 말이다.

그렇다면, 이 책의 핵심은 통계 권위자가 집필한 많은 책들과 비교해서 어떤 차별점을 독자에게 어필할 것인가에 있다. 이런 생각의 단초는 기존 통계 서적들이 '어렵다'는 것에 있었다. 내가 학부에서 처음 접한 책들이 어렵게 느꼈는데 지금의 학부, 대학원생들도 요즘의 통계 책들에게서 어려움을 느낀다. 심지어 통계 관련 강의를 수강하고 통계 논문을 작성해 본 연구초년생들조차도 여전히 어려워한다. 그런데 어떤 책이건 책의 저자는 일부러 작정하고 어렵게 쓸 이유가 없다. 저자마다 독자가 책의 내용을 이해할 수 있으리라는 목표와 기대를 갖기 때문이다. 그럼에도 불구하고 다수의 독자는 어렵다고 호소한다. 왜 그럴까? 수준에 맞지 않은 책을 골라서일까? 저자는 쉽게 기술했는데 그걸 이해 못하는 독자의 문제일까?

나는 그 이유를 다음과 같은 내용이나 기술 방식에 있다고 본다. 우선, 내용적인 면에서 복잡한 수학적 수식과 그것의 계산과정 혹은 증명과정이다. 책 제목에 '기초'가 들어 있음에도 불구하고, 대학의 수학 과목 교재에 들어갈 만한 수식이 들어있는 책이 수두룩하다. 예를 들어, 분산분석에 나오는 집단간 편차제곱합 $SS_B = \sum_{j=1}^{J}\sum_{i=1}^{n_j}(\overline{Y_j} - \overline{Y})^2$ 이나 집단내 편차제곱합 $SS_W = \sum_{j=1}^{J}\sum_{i=1}^{n_j}(Y_{ij} - \overline{Y_j})^2$의 공식을 알고 어떻게 계산하는지를 알아야 할까? 이런 공식과 계산 과정을 알고 또 그것을 수학적으로 증명하면 통계를 더 잘할까? 통계학을 수학적 관점에서 공부하는 독자가 아니라면 그러한 통계법이 도출되는 수식이나 계산, 증명을 독자가 이해해야 할 필요가 없다. 통계 책의 주요 독자는 통계법을 활용하여 보고서나 논문을 작성하는 연구자이지 통계학자나 수학자가 아니다. 그 책의 저자도 머리말에서 주요 독자층을 이렇게 밝히고 있는 걸로 보건대, 누가 책을 구입해서 읽는지 잘 알고 있는 듯하다. 하지만 실상 내용을 보면 독자들을 위한 것과는 거리가 멀어도 한참 멀다.

또 하나는 각 통계법마다 일관성 없이 상이하게 전개되는 설명과정이다. 연구 상황에 따라 적용할 수 있는 통계법이 다르기 때문에 통계법은 종류가 다양하다. 하지만 상이한 통계법일지라도 설명의 구조는 동일하게 구성하여 내용을 기술할 수 있다. 예컨대, 각 장별로 소개하는 각각의 통계법의 설명을 공통적으로 그 통계법의 목적은 무엇인지, 자료 수집은 어떻게 하는지, 어떤 가정이나 조건을 만족해야 하는지, 분석의 절차는 어떠한지 등의 순서로 기술하여 체계성과 일관성을 기할 수 있다. 하지만 이러한 일관성을 갖춘 설명 구조를 갖춘 책은 발견할 수 없었다. 각 장별로 그 안에 통계법의 목적, 만족해야 할 가정과 조건, 자료 수집, 분석 절차 등은 기술되어 있지만 순서는 저자의 마음대로다. 설명 안에서 찾을 수가 없는 책도 있고, 어느 한 장 속에 한꺼번에 기술되어 있는 책도 있다. 때문에 어떤 통계를 왜 하는지 알기 위해서 독자는 그 통계를 기술하는 장을 다 읽거나, 책 전체를 다 읽어야 할 수도 있다. 어디에 원하는 내용이 있는지 모르기 때문이다.

이것은 통계 책을 읽고자 하는 다수 독자의 요구를 외면한 처사다. 통계 책을 집어 드는 독자는 자신의 연구 상황에 적절한 통계법이 무엇인지 파악하고 그걸 어떻게 연구에 적용할 수 있는지가 궁금할 뿐이다. 다시 말해, 현재 연구 상황은 이러이러하고 이러이러한 조건을 갖고 있는데, 이때는 어떤 통계법을 적용하는 것이 적합하고, 그 통계법으로 어떤 절차를 통해 분석하면 어떤 결과를 도출할 것인가에 있다. 수식, 계산, 증명 따위는 관심사가 아니다. 혹시 책에 수식이 나오면 이 부분은 '건너뛰고 읽으면 될' 것이라고 항변할지도 모르겠다. 하지만 수식이 중요 내용의 설명과 연동되어 있는 경우가 많아서 수식을 건너뛰어 읽으면 중요 내용을 읽지 않는 것과 다르지 않다. 더욱이 건너뛰고 읽을 내용이라면 굳이 삽입해야할 필요는 없다. 물론 어떤 이유에서건 수식과 수학적 증명 과정이 필요한 독자도 있을 것이다. 그러나 이런 독자는 과연 몇이나 될까? 이들을 위해 넣었다면 지면 낭비를 지적하지 않을 수 없다. 그리고 머리말에 당당히 밝히면 된다. 이런 목적을 가진 독자를 위해 집필된 것이라고.

또한 통계 책을 펴는 하는 독자는 다른 서적과는 다르게 읽는다. 읽는 방식이 다르다는 뜻이다. 소설이나 인문학 서적이 아니라면, 혹은 어느 수업의 교재로 사용되지 않는다면, 통계 책 전체를 처음부터 끝까지 다 읽을 필요가 없으며, 읽지도 않는다. 수업 교재로 사용할지라도 모든 장을 다루지 않는 편이 훨씬 많다는 것을 감안하면 과연 어느 독자가 책의 구석구석 다 살펴서 읽겠는가. 인문학이나 전공 서적이라도 전체를 읽지 않고 필요한 부분만 발췌하여 읽는 것이 보편화된 마당에 하물며 통계 책이야 말해 무엇하랴. 자신에게 적합한 통계법이 결정되면 그 내용만 읽으면 된다. 즉, 연구 상황에 따라 그때그때 필요한 부분만 찾아서 읽는 것만으로도 충분하다.

상황이 이러할진대, 수식을 넣고 계산식 증명을 저서에 정성스럽게 기술하는 통계 전문가는 그것이 핵심이라고 믿기 때문이다. 통계의 진수를 알려면 당연히 계산식이 어떠하며, 어떻게 도출되었는지를 알아야 한다고 말이다. 응당 독자라면 책 전체를 모두 읽을 것이라는 생각도 갖고 있는 듯하다. 그러나 독자가 통계 관련 책을 어렵게 느끼는 이유는 바로 여기에 있다. 즉, 저자가 독자의 책 읽는 이유를 고려하지 않았기 때문이다.

> 석사학위논문을 쓰게 되면서 논문작성을 위해서 "통계"가 필요한지 처음 알게 되었습니다. 설문문항을 어떻게 개발해야 하는지, 조사한 설문문항은 어떻게 입력해야 하는지, 나의 연구주제는 어떤 통계법이 적합한지, 그리고 SPSS 통계 프로그램을 통해 나온 결과를 어떻게 해석해야 하는지 등등 무수한 문제점에 봉착하게 되었습니다. 이러한 문제점을 해결하기 위하여 여러 권의 통계 책을 구해 읽어보았지만 명쾌한 답을 구할 수 없었고, 대학원 선배나 동료들에게 자문을 구해보았지만, 그 누구도 정확하게 알려주는 사람이 없었습니다.

지금은 어엿한 연구자로 성장한 이 책의 공동필자가 밝힌 과거 경험담이다. 아마도 많은 인문학도, 초보 연구자, 대학원생도 위와 같은 경험을 갖고 있을 것이다. 나도 대학원생 시절에, 연구 초년병 시절에 그랬다. 정작 우리가 알고 싶은 것은 어렵게 기술된 이론적 설명이나 복잡한 수식과 수학적 증명과 같은 것들이 아니다.

앞에서 말했지만 이 책의 저자인 나는 통계학자, 수학자가 아니라 교육학자다. 보다 구체적으로 특정의 학습과 수행결과를 산출하기 위하여 여러 교수–학습요인들을 체계적으로 처방하려 하는 교육공학자다. 책은 여러 다양한 교수–학습요인들 중의 하나다. 따라서 교육공학자의 시각에서 당연히 이 책은 하나의 교수–학습요인으로 특정한 학습과 수행결과를 산출하기 위하여 처방된 결과다. 물론 그 학습과 수행결과란 이 책을 읽는 독자가 여러 기초 통계법을 이해하고 실제 연구에 적용할 수 있도록 만드는 것이다. 이를 보다 확실히 하기 위해서 집필 전에 학부생과 대학원생을 중심으로 요구분석을 실시하였다. 요구분석의 핵심 질문은 "왜 통계를 어려워하는가?", "통계 책에서 어떤 내용을 원하고 어떤 내용을 원하지 않는가?"였다. 내가 앞서 언급한 독자가 통계를 어려워하는 이유와 통계 책에서 별 도움을 받지 못한다는 이유의 근거는 이 요구분석 결과에서 나온 것이다. 이 책은 이 요구분석 결과를 최대한 반영하고자 하였으며, 다음과 같은 점에 초점을 두었다.

- 각 장들은 일관성 있는 동일한 설명구조를 갖는다.
- 언제 어느 상황에 어떤 통계법을 사용해야 하는지를 흐름을 따라가다 보면 알 수 있도록 의사결정 흐름도를 제시한다.
- 수식, 계산식, 증명과정 등의 수학적인 내용은 과감히 제외한다.
- 통계 특히 추리통계에 대한 기본적인 내용을 충실하게 다룬다.
- 실제 논문에서 자주 볼 수 없는 내용은 생략하지만 다양한 예시와 연구사례는 제시한다.
- SPSS 통계프로그램의 실제적 사용방법을 통계법과 연계한다.

이 책은 1부와 2부로 나누어져 있다. 1부는 통계법의 기초를 제시하는데, 이 기초는 구체적인 통계법을 학습하기 전에 숙지해야 하는 내용이다. 기초가 약하면 다른 모든 내용이 약하게 된다. 기초에 포함된 것은 과학적 방법으로서의 통계에 대한 설명, 자료수집에 대한 설명, 통계에 적용되는 기본적인 절차와 해석과정에 대한 설명, 통계 프로그램으로서의 SPSS의 기본적 내용, 자료코딩과 변환에 대한 설명 등이다.

2부는 구체적인 기초 통계법 종류와 사례를 제시한다. 특이 사항으로는 각 장의 설명 구조를 일관성 있게 동일한 방식으로 구성하여 2부의 모든 장이 '1. 목적 → 2. 자료수집 → 3. 주요 개념들 → 4. 가정과 조건 → 5. 종류와 연구예시 → 6. 통계분석절차 → 7. 주의사항 → 8. 연구사례' 라는 설명 구조를 갖추고 있다. 다만, 어떤 통계법에는 7. 주의사항을 기술하지 않았다. 또 다른 특이 사항은 8.연구사례에는 실제 적용 사례를 SPSS 화면 캡처와 함께 설명을 기술한 점이다. 게다가 8. 연구사례에서도 각 통계법별로 동일하게 '연구상황 → 설문문항 예시 → SPSS 수행절차 → 논문작성의 실제 → 통계분석 절차와 논문의 분석 → 기타'라는 동일한 설명 구조를 취했다.

연구 적용 사례를 제시하면서 SPSS에 대한 많은 수의 화면캡처 사진들과 그것에 대한 설명을 제시한 이유는 연구에 통계법을 적용하고자 할 때 대개 통계 프로그램을 사용하는데, 여러 통계 프로그램 중에서 연구자가 많이, 자주 선택하여 사용하는 통계 프로그램이 SPSS이기 때문이다. 사실상, 수식과 계산식을 책에 기술하지 않는 이유 중의 하나는 SPSS와 같은 통계 프로그램이 있어서이다. 복잡하고 어려운 계산은 통계 프로그램이 다 알아서 해준다. 번거롭게 연구자가 계산식을 노트에 적고, 공학용 전자계산기를 두드려가며 계산하는 수고로움을 할 필요가 없다. 계산할 시간과 여력이 남아있다면, 그 시간과 그 여력으로 데이터 수집과 관리, 분석된 통계 결과의 해석에 더 집중하길 바란다.

참고문헌 리스트는 초라하다. 이 책을 쓸 때 여타 문헌들을 참고하지 않은 것은 아니다. 그러나 어느 특정 책에서만 발견되는 것이 아니라 여러 책들 속에서 동시에 발견되는 내용이지만 그 책들 속에서도 명확한 출처가 없는 것이라면, 그리고 내가 그 내용을 알고 있는 것이라면, 굳이 참고문헌 리스트에 달아놓지 않았다. 여기저기에 나오는 내용은 일반화된 내용이기 때문이다. 따라서 읽다보면 어디에선가 본 듯한 느낌의 구절, 문장들을 발견할 수 있을지도 모른다. 또한 앞서 말한 것처럼 나는 누구나 인정하는 통계 전문가가 아니므로 기초 통계법을 소개하는 책이라면 다루어야 한다고 통계 전문가가 주장하는 내용을 모두 다루지는 않았을 것이다. 이 책 하나로 기초 통계법 전부를 섭렵할 수 있다고 믿는 자체가 어불성설이다. 적어도 동일 수준의 책 두어 권 정도는 함께 참고해야 한다. 다른 어떤 책도 마찬가지로 그 책 하나로 통계법을 통달할 수 없다. 두어 권 정도를 함께 참고해야 한다는 것도 마찬가지다.

이 책의 목표 독자는 통계법을 활용하여 논문을 작성하려는 학부생 포함 대학원생, 연구초년생이며, 통계의 '통'자도 모르는 사람이다. 또 통계가 수학이라고 곧이곧대로 믿어시 수학이 두려운 나머지 막연히 통계도 두려워하는 이들이다. 이들은 수학으로서의 통계'학'과 연구에 활용만 하는 되는 방법과 도구로서의 통계'법'을 구별하지 못한다. 이 책은 통계학 책이 아니라 통계법 책이다. 따라서 이들의 눈높이와 요구에 맞춰 기술한 것이다. 독자가 이 책을 읽고도 통계법에 대해 이해의 수준이 나아지지 않았다면, 감히 말하건대, 그 어떤 책을 읽어도 이해의 수준이 나아지지 않을 것이다. 다음은 이 책의 공동저자가 독자에게 말하고 싶은 책의 집필 참여 의도다.

나만의 노하우를 실제 통계논문을 작성하는 모든 분들과 공유하기 위하여 이 책의 공동 집필을 결심하였습니다. 제가 통계를 처음 공부할 때 겪었던 시행착오를 수없이 겪게 될 예비연구자들을 위해 시행착오를 최소화하면서 통계법에 대한 기본개념을 이해할 수 있고, 나아가 SPSS 통계 프로그램에 대한 절차 및 해석도 가능하도록 이 책의 내용을 구성하였습니다. 이 책은 통계에 대한 기본 이해가 없어도 자신의 연구 상황에 맞는 통계법이 무엇인지 알려주고, 통계를 사용한 실제 논문에서 작성해야 하는 표와 그 해석방법도 제시함으로써 통계법에 대한 실제적이면서도 직접적인 지침을 제공할 수 있을 것입니다.

사족을 하나 덧붙인다면, 이 책은 2014년 어느 출판사에서 출간된『통계법 기초 · 종류 · 사례』의 수정본이다. 비록 출간된 후 책이 다 판매되어 시중에서 구할 수 없을 때까지 몇 년이 걸렸지만, 책을 읽어본 독자의 반응은 상당히 긍정적이었다. 책에 나와 있는 대로 그대로 유사하게 따라하니까 신기하게도 된다는 거였다.[1)] 아무튼, 이런 이유 때문인지는 몰라도 책을 읽어보고 싶어도 절판되어 구입할 수 없다는 연락을 잠재적 독자로부터 자주 받았다. 이에 출판사에 연락해 증쇄를 요청했지만 아쉽게도 더 이상 출간하지 않겠다는 답을 받았다. 며칠간 어떻게 할까를 고민했지만 잠재적 독자의 요청을 수용하기로 했다. 원래 출판사와의 모든 계약 관계가 만료된 것을 확인한 후에 지금의 출판사로부터 책을 내기로 한 것이다. 하지만 내용 체제를 전과 똑같이 할 수는 없었다. 기존 책의 3부 체제를 2부 체제로 통합하고 그 동안 발견된 잘못된 점을 수정하고 필요한 부분을 보완하여 새롭게 꾸몄다.

끝으로 책의 구성과 내용에서 까다로운 대표저자인 나의 의도와 요구를 불평 없이 수용해 준 공동저자가 고맙다. 또한 저자의 뜻을 이해하고 출판을 흔쾌히 허락한 출판사 양성원 강철원 대표님과 관계자에게 감사를 전한다.

2022년 여름의 끝자락

조규락

1) 신기할 것은 전혀 없다. 통계법은 그냥 방법론이며 도구일 뿐이고, 데이터만 준비되면 클릭 몇 번으로 SPSS에서 필요한 수치가 계산되어 나온다.

차례

PART 1

통계법의 기초

PART I은 PART III를 위한 기초다. PART I의 통계법 기초에 대한 이해 없이 PART II의 통계법 적용은 가능하지 않다.

특히 Chapter 2와 Chapter 3은 PART II의 통계법 종류를 이해하는 데 필수적인 내용이기 때문에, 그리고 Chapter 4는 SPSS를 활용한 통계분석 수행에 앞서 기본적으로 알아야 하는 내용이기 때문에 반드시 숙지해야 한다.

Chapter 01

연구와 통계의 이해

1. 연구와 통계와의 관계

상식적인 의미에서 연구는 어떤 일이나 현상에 대하여 소사하고 따져보는 일이다. 방법이나 수준은 크게 중요하지 않다. 관심이나 호기심이 생기고 알고 싶은 일이 있으면 누구나 그 일에 대하여 어떤 방법으로든 얼마나 깊게 하든 조사하고 따져볼 수 있다. 도서관에서 책을 찾아보거나 인터넷 검색을 하거나, 과거의 경험을 생각해보기도 하며, 주변 사람들에게 물어보면서 조사한 바에 대해 나름의 결과와 결론을 이끌어 낼 수 있다. 그리고 그 결과와 결론을 토대로 그 연구자가 어떤 판단과 의사결정을 하더라도 문제되지 않는다. 그 연구에 대해 관심이 없거나 그런 연구가 수행되었는지 모르는 사람에게 그것은 하등의 의미가 없기 때문이다. 이처럼 연구는 특정 분야의 학자나 전문가가 수행하는 전유물이 아니라 누구나 할 수 있는 일이다. 실제로 우리 주변의 많은 사람들이 자기 나름대로의 방식으로 연구하고 있으며, 자신의 의사결정과 행동의 중요한 기준으로 작용한다. 일반 사람들과 전문가와 차이점이 있다면 연구수행의 내용, 방법, 기술(description)적인 면에서 수준의 차이가 존재할 뿐이다.

연구가 심각하게 문제시 되는 상황은 그 연구의 결과와 결론을 이용하여 다른 사람을 이해시키며 설득하는 근거로 사용할 때다. 이때 그 연구는 수행한 사람에게만 중요한 것이 아니라 설득되는 다른 사람에게도 중요한 것이 된다. 특히 그 다른 사람이 설득 당할 때 그러하다. 이제 그 연구는 연구를 수행한 사람에게만 해당하는 개인적 중요성을 넘어선다. 개인 혼자만의 만족을 위해 연구한 것이라면 누가 뭐라고 할 수 없지만 이제는 다른 사람에게도 만족을 시켜야 하기 때문이다.

연구가 다른 사람을 이해시키고 설득하려면 다른 사람이 수긍할 수 있는 내용과 방법으로 수행되어야 하며, 적어도 이해할 수 있는 방식으로 설명해야 한다. 검증되지 않은 방법, 확실하지 않은 출처의 자료, 몇몇 소수 사람으로부터의 의견, 자신만의 주관적 경험 등등을 토대로 이끌어 낸 결과를 갖고 다른 누군가를 설득하려 할 때 그 연구는 문제가 발생한다. 또 자기만 사용하는 용어, 부정확한 개념 및 기호 등을 토대로 상대방을 설득하려 할 때도 연구는 문제점을 갖는다. TV나 케이블 방송에 등장하는 과장된 광고, 시골 어르신들을 대상으로 하는 건강식품 판매, 관련 배경정보가 없거나 거짓정보에 의한 판매 등 실제로 우리 주변에서 많은 사람들이 정말로 문제가 많은 연구결과를 근거로 제시하면서 다른 사람들을 설득하려 하고 있으며, 그 중에서 다수가 어이없게도 설득을 당한다. 근거가 전혀 없지만 언변이 너무 좋았거나, 거짓 증거를 교묘하게 잘 보여주었거나, 당사자가 연구결과의 근거를 제대로 해석하지 못했을 것이다. 남을 속이고자 하는 마음에 고의가 없는 사람이라면 이런 방식으로 다른 사람을 설득시키려 하지 않으며, 일부러 속아줄 사람이 아니라면 설득도 당하지 않는다.

연구와 그 결과가 설득력을 갖기 위해서는 엄격한 기준 하에서 연구의 수행이 체계적이고 과학적이어야 한다. 우연하게 접한 문헌에 기대어 지나가는 사람 아무나 잡아서 설문연구의 대상으로 삼는 등의 연구자 내키는 대로 수행하는 주먹구구식 연구는 체계적이지도 과학적이지도 않다. 뿐만 아니라 연구수행 과정이 체계적이며 엄격해야 하며, 연구결과도 그 분야에서 통용되는 용어와 기호를 통해서 객관적으로 기술되어야 한다. 기사, 기고문, 논문, 책 등 특히 남들에게 읽혀지고 남들에게 영향을 미치는 글에서는 더욱 중요하다.

체계적이고 과학적인 연구수행 과정에서 통계법은 올바르게 사용한다는 조건 하에서 연구와 그 결과를 다른 사람을 이해시키고 설득시키는 데 매우 유용한 도구다. 또 통계법은 연구를 수행함에 있어서 그리고 다른 사람을 납득시키는 데 있어서 일반인들과 비교하여 전문가가 보여주는 식견과 수준의 차이점을 드러낸다. 즉, 전문가는 올바른 통계법을 이용하여 자료를 분석하고, 이에 근거하여 연구의 내용을 기술하는 것이다. 따라서 연구수행이 엄격하고 체계적이어서 문제점을 찾기가 어렵고 올바른 통계법이 사용되었다면, 제시된 통계 수치와 그와 연관하여 도출된 연구결과는 정도의 차이를 고려하더라도 적어도 신빙성을 갖고 있다.

통계는 연구를 위한 도구이지만 모든 연구를 위한 도구는 아니다. 어떤 연구법은 통계를 도구로 사용하지 않기 때문이다. 자료수집 및 분석과 연구결과를 도출할 때 수량화 처리를 통하지 않는 연구방법도 있는 것이다. 연구를 위해 수집하는 데이터나 정보가 숫자(number)로 이루어져 있다면 이 숫자를 처리해야 한다. 수량화란 이 숫자 정보를 특정 절차를 통하여 처리하는 것을 말하는데, 이 수량화 처리 작업을 통계라고 한다. 이처럼 수 데이터를 분석하는 연구, 즉 통계 작업을 통하여 수행하는 연구를 양적연구 혹은 정량적 연구(quantitative research)라고 한다. 반면에 수량화 처리를 하지 않는 연구도 있는데, 이런 연구는 수집하고 처리하는 데이터나 정보가 숫자가 아니다. 이처럼 수를 데이터 분석에 활용하지 않는 연구를 질적연구 혹은 정성적 연구(qualitative research)라고 한다. 질적 연구는 어떤 것을 연구할 것인지를 결정하는 연구주제 설정에서부터 어떻게 수행할 것인지를 결정하는 연구 계획과 연구 설계의 선정, 그리고 도출된 연구결과를 기술할 때까지 연구수행의 전 과정에서 통계를 전혀 사용하지 않거나 아주 제한된 의미와 방식으로 통계를 사용한다. 때문에 글을 쓰는 방식, 제시해야 할 내용, 설득하는 방식 등 여러 면에서 통계법을 사용하는 양적연구와 많은 차이점을 갖고 있다. 통계를 사용하는 양적연구든, 통계를 사용하지 않는 질적연구든 연구의 수행이 엄격하다면 모두 설득력을 갖는다.

우리가 통계를 연구에서 사용하는 이유는 현상을 과학적으로 분석하고 설명하기 위해서다. 연구에 있어 과학적이어야 하는 이유는 우리가 현상에 내재하고 있는 그 무엇(예컨대, 원리나 법칙)을 밝혀내려 할 때 객관적인 접근방식에 입각해야 하기 때문이다. 전술한 바와 같이 주먹구구식으로 혹은 엄격하지 못한 방식으로, 다른 사람들이 인정하지 않은 방법은 올바르게 접근하는 방법이 아니다. 물론 통계를 사용한 모든 연구가 과학적이 된다는 의미는 아니다. 또한 통계를 사용하지 않은 모든 연구가 과학적이지 못하다는 의미도 아니다. 질적연구는 비록 통계를 사용하지 않더라도 과학적인 연구방법이다. 통계는 수집하는 자료나 데이터가 숫자정보일 때 이용하는 연구의 방법론이란 사실이 중요하다. 당연한 말이지만, 연구의 방법론으로서 통계가 올바르게 이용될 때 과학적인 연구가 될 수 있는 것이지 통계를 잘못 사용하거나(통계의 남용) 그릇되게 사용될 때(통계의 오용) 과학적이지 못한 연구가 된다.

2. 인문 · 사회과학과 통계

통계는 어떤 현상을 파악하기 위하여, 즉 연구하기 위하여 수집된 자료 혹은 데이터의 내용을 일정한 체계에 따라 숫자와 기호로 나타내고 이를 엄격한 수학에 의하여 증명된 수리적 과정을 통하여 분석하는 것을 뜻한다. 전술한 것처럼 양적연구는 이러한 통계적 절차와 과정을 통하여 체계적이고 과학적이 된다. 현상을 측정 가능한 개념들로 정의하고 이 개념들의 관련성에 대해 가설을 설정한 후 그것을 검증하는 체계적

절차를 거치면서 양적연구는 신빙성과 설득력이 높아지는 것이다. 통계는 과학적으로 현상을 파악하여 설명하려는데 필요한 도구다.

인문 · 사회과학은 현상을 설명하기 위하여 자료를 수집하여 분석하는 과학인 경험과학에 속한다. 이 때 자료의 성격은 양적 자료이든 질적 자료이든 관계없다. 경험과학이란 관찰과 측정(예컨대, 설문지, 면접, 실험참여 등)을 토대로 경험적으로 수집한 자료를 귀납적으로 분석함으로써 현상을 규명하려는 학문이다. 여기서 말하는 경험이란 외부의 사물이나 또는 그와 관련된 현상을 감각하고 지각하는 것을 말하는데, 관찰과 측정은 경험해야 하는 것으로 선험적이지 않다.

그러나 인문 · 사회과학에서 연구 대상인 인간이 만든 역동적인 인문 · 사회현상은 또 다른 경험과학인 자연과학의 연구 대상인 자연현상과 본래적으로 다르기 때문에 사회현상을 탐구하는 연구자는 통계법을 적용할 때 주의해야 한다.

구체적인 이유로 첫째는 사회현상은 자연적으로 존재하는 현상이 아니라 인간들이 만들어낸 상호작용 현상이라는 점이다. 인간의 경험은 이 상호작용 속에서 특정한 의미를 갖게 되며 그 의미를 간주관적으로 해석한다. 인간의 경험이 상호작용의 맥락을 벗어나면 전혀 다른 의미로 해석하게 된다. 그렇기 때문에 연구하고자 하는 사회현상을 특정한 용어나 개념으로 만드는 변인화 혹은 변수화 작업을 어떻게 했는지, 그 변인 혹은 변수에 대한 자료를 어떻게 수집했는지에 따라 왜곡되거나, 잘못된 연구결과를 산출할 수 있다. 둘째는 사회현상은 자연현상과는 달리 통제된 실험에 의한 정확한 관찰과 측정이 거의 불가능하다는 점이다. 사회현상은 객관적으로 측정하기 어려운 인간 심리적 구인들이거나 명확하게 정의내리기 힘든 추상적인 개념들이 많고, 자기 보고에 의존한 측정방법이 많이 사용된다. 심리적인 개념들, 추상적인 개념들을 주관적이지 않고 객관적으로 측정하기는 매우 어렵다. 또 자기 보고에 의존하는 방법이 갖는 약점은 실험 참여자의 허위 반응에서 잘 나타난다.

이처럼 사회현상이 갖고 있는 본래적 특성 때문에 경험과학으로서 인문 · 사회과학이 지녀야 할 과학적 엄밀성을 충분히 갖고 있지 못하다는 비판을 받는다. 따라서 인문·사회과학의 연구자는 이와 같은 특성 및 제한점을 고려하여 변인화 작업 및 변수 선정과 변수 통제를 해야 하며, 주관적 측정의 한계를 보완할 수 있는 방안들을 찾고 연구 상황에 적합한 통계법을 선택하고 적용해야 한다.

3. 통계법에 대한 비판

사고실험(thought experiment)처럼 실제로 그 현상에 무엇인가 가하지도, 측정하지도 않은 상태에서 논리 전개만을 통하여 그 현상을 설명하는 일은 경험적이지 못하며, 이것에는 통계법을 사용할 필요가 없다. 물론 통계법을 사용하지 않는다고 해서 사고실험이 비과학적이거나 학문과 연구에 유용하지 않다는 것은 아니다. 다만 사고실험이 정말로 현상을 과학적으로 설명하기 위해서는 사고실험을 실제로 실험하거나 관찰할 수 있도록 만들고, 거기서 획득한 자료를 통한 분석과 해석이 요구된다. 획득한 자료를 분석하려 할 때 적절한 통계법 활용이 요구된다. 다시 말해, 실험, 관찰, 측정이라는 실증적인 경험 자료를 갖고 현상을 파악하려 할 때, 즉 경험과학을 수행할 때, 그 경험 자료가 숫자화된 것이라면 통계법 활용이 요구된다는 뜻이다.

역사적으로 통계법의 활용은 뉴턴(Newton)과 베이컨(Bacon)을 위시한 경험적 과학관에 의해 등장한 실증주의(positivism)의 영향을 크게 받았다. 실증주의는 정밀한 실험과 정확한 관찰, 관측 등의 경험적으로 검증된 것만을 과학으로 받아들인 사조이다. 수학에 기초한 통계법은 이런 실증주의적 관점에 부합하는 연구방법론인 것이다. 지금도 올바른 통계법 활용을 위해서 실험설계를 엄밀히 하고, 측정하거나 관찰할 대상, 변인 등을 측정하고자 한다.

그런데, 하버마스(Harbermas)와 같은 프랑크푸르트(Frankfurt) 학파는 사회과학에 수용된 실증주의 방법론을 통렬하게 비판하고 있다. 그 비판의 핵심은 이렇다. 즉, 실증적 분석은 파악하려고 하는 현상의 본질이 아니라 현상의 피상적인 특정 부분만을 측정하고 분석한다는 것이다. 현상을 탐구하려면 그 현상을 설명할 수 있는 개념이나 용어가 필요한데, 그 개념이나 용어가 현상을 제대로 반영하지 못할 수 있다. 이런 상황에도 정밀하지 못한 개념과 용어를 변수화해서 관찰하고 자료를 수집해서 연구하면, 그 결과가 결코 그 현상의 본질이 아닐 수 있다는 뜻이다.

자연과학 연구는 사회과학 탐구보다 그나마 사정이 더 낫다. 자연과학의 측정대상은 그래도 객관화되고 명확할 수 있는 개념들, 속성들이 많기 때문이다. 예컨대, 속도, 무게, 시간, 거리처럼 개념 자체가 연구자마다 혼동의 여지가 없고 측정 또한 객관적으로 정확하게 잴 수 있다. 반면에 사회과학에서 사용되는 용어나 개념들은 추상적인 것이 많기 때문에, 통계법을 적용하기 위하여 현상을 측정 가능한 형태로 개념화하는 과정에서 그리고 측정하는 과정에서 현상의 본질을 왜곡시킬 가능성이 크다. 예컨대, 성격, 태도, 만족도 등의 개념은 무엇이 그 개념을 정확히 말하고 있는지도 연구자마다 100% 동의할 수 없으며, 측정하는 도구에 따라 측정 결과가 다를 수 있다. 다시 말하면, 최초 연구의 대상으로 삼았던 현상의 속성들이 측정을 위한 개념화와 변인 · 변수화를 거치면서 왜곡될 수 있는 것이다. 이렇게 되면, 관찰되는 현상이 반드시 그 현상의 본질을 반영한다고 말할 수 없을 지도 모른다(김동일 외, 1993). 따라서 통계법을 통한 현상의 탐구는 그 현상과 관련은 되지만 직접적인 것이 아닐 수도 있으며, 더욱 더 심각하게는 그 현상과 거의 관계없는 다른 어떤 것을 탐구하여 그 결과가 마치 그 현상을 반영한 것처럼 제시할지도 모르는 일이다.

통계는 '숫자놀음일 뿐이다'는 말은 이런 비판을 가장 잘 대변해 준다. 예를 들어, 누군가가 창의성이라는 현상을 탐구하기 위하여 창의성을 구성하고 있다는 하위 개념들, 예컨대 유창성과 유연성을 측정했다고 하면 과연 정말로 유창성과 유연성이 창의성을 대표하는 것인지, 창의성을 다른 방식으로 측정할 수는 없는지 등의 비판이 가능하다. 또한 창의성을 측정했다고 하는 도구가 제대로 창의성을 측정하고 있는지, 측정 과정에서 다른 요인들이 영향을 미치지는 않았는지 등의 비판도 가능하다. 어느 사람의 창의성 점수가 90점이라면 90이라는 숫자의 의미가 그 사람의 창의성을 온전히 표현하고 있는 것인지도 확신할 수 없다. 그리고 이런 점수들을 모아서 어느 집단의 창의성 점수의 평균을 낸다고 할 때 그 평균의 의미가 집단에게는 어떤 의미가 있고, 그 집단에 속한 개인에게는 어떤 의미가 있는지 분명하지 않다는 것이다. 많이 양보하여 중요한 의미가 있다고 하더라도 그 의미가 창의성 현상에 대해 설명하는 것은 피상적인 수준에 불과할 수도 있다.

통계법에 대한 비판은 통계의 결과나 수치를 갖고 의사결정을 할 때 잘 드러난다. 비록 상황이 단순하지만 다음과 같은 가상 사례는 통계를 다시 생각하게 만든다. 가상 사례를 읽어보고, 부대원들에게 어떤 일이 닥쳤을까를 생각해보자. 부대원들의 평균 키와 평균 수심은 각각 부대원들의 키와 강의 수심을 대표하므로 강을 건너라는 지휘관의 판단과 명령은 올바른가? 그리고 부대원들은 모두 안전하게 강을 건넜을까?

> 전투 중에 있는 어느 부대가 적군을 기습하기 위한 작전 중에 강을 만났다. 예상치 못하게 전날 비가 와서 불어난 강 앞에서 보트를 미리 준비하지 못한 이 부대의 지휘관은 어떻게 건너야 할지 난관에 빠졌다. 기습 작전이기 때문에 강을 신속하게 건너야 하는데 진지하게 생각할 시간적 여유조차 없었다. 지휘관은 부관을 불러 비가 왔을 때의 강의 평균 수심과 부대원의 평균 키를 알아보라고 시킨다. 그리고 평균 수심보다 부대원의 평균키가 10cm 이상 크다는 것을 보고받고, 모든 부대원에게 일제히 신속하게 강을 건너라고 명령한다.

통계에 대한 함정과 이에 대한 비판은 이외에도 수집된 자료와 전체 자료가 반대의 결과를 보여주는 심슨의 역설(Simpson's Paradox) 오류도 있고, 연구자가 분석을 위해 데이터를 수집할 때 종종 발생하는 데이터 수집의 오류도 있으며, 데이터 선택의 오류도 저지를 수 있다. 통계법에 대한 비판은 저자의 다른 저서『데이터 사이언스 가이드: 이해와 실제와 전망』13장에서 자세히 다루고 있으므로 참고하면 좋겠다.

4. 통계의 기능

통계법에 대한 여러 가지 함정과 비판에도 불구하고 통계법이 인문·사회과학 연구에서 중요한 이유는 그것이 증명된 수학적 원리에 의한 것이기 때문이다. 확률과 분포, 무한과 극한, 중심극한 정리, 미분과 적분 등 중·고등학교 수학 교과서에서 나올 정도로 중요한 개념과 원리에 의하여 정립된 분야가 통계학이며, 통계법은 이 통계학적 원리를 방법론적으로 응용한 것이다. 따라서 인문·사회과학 연구가 통계법을 잘 활용한다면 사회과학적 현상을 수학적으로 풀이한 것으로 볼 수 있다.

통계법이 인문·사회과학 연구에서 중요한 또 하나의 이유는 통계법이 탐구방법론을 대표하는 것이기 때문이기도 하다. 무릇 어떤 학문이든지 탐구하고 설명하고자 하는 현상이 존재하며, 그 탐구와 설명하는 방법론을 갖고 있다. 학문의 목적은 비록 계속된 후속연구에 의하여 설명과 예언이 지속적으로 수정되더라도 그 현상에 대한 현재의 논리적이고 타당한 설명과 예언이다. 학문의 목적 달성은 그 현상에 관련된 다양한 변인들을 측정하고 그것들이 어떻게 관련되어 있는지를 밝히는 탐구방법에 의하여 이루어진다. 이러한 탐구방법은 측정될 변인의 개념이 명확히 정의되고, 측정의 방법과 도구가 엄밀하며, 설명방식이 논리적이고 이성적이어야 함을 뜻한다. “물의 온도가 뜨겁다, 차다”, “머리가 좋군, 아둔하군”이라는 우리가 사용하는 일상적 표현이나 용어는 개인마다 정도가 상이하기 때문에 명확하지도 엄밀하지도 않다. 당연한 것이지만 이것을 토대로 무언가를 설명하는 것 또한 논리성이 부족하다. 일상적 표현 대신에 물의 온도 70℃, 지능지수 138이라고 표현하면 개인 정도에 따른 상이함 없이 정확하게 나타낼 수 있다. 이것이 가능한 이유는 수학에서 다루고 있는 명료한 수 체계를 이용하기 때문이다.

임인재(1984)는 통계의 기능을 2가지로 기술하였다. 하나는 통계가 주어진 현상을 숫자 정보를 통하여 요약 · 기술해 준다는 것이며, 다른 하나는 관찰된 소수의 결과를 통하여 관찰되지 않은 현상에 대해 일반적 결론을 도출해 준다는 것이다. 전자의 예로서 신문이나 방송에서 자주 접하는 우리나라 고등학생의 평균 키, 1년간 읽은 책의 수, GNP와 GDP, 소비지수 등은 우리의 관심사나 주어진 현상을 아주 간결하게 숫자 정보로 요약하고 있음을 알 수 있다. 우리는 이런 정보를 다른 나라의 그것과 비교하면서 우리나라의 수준을 알 수 있으며 그것에 맞는 행동이나 정책을 펼 수도 있다.

후자의 예로는 수십 년 동안 이 맘 때 비가 온다면 올해도 내년에도 이 맘 때에는 비가 올 것이라고 예측이 가능하다. 어떤 교수법 A가 다른 교수법 보다 경기도 지역의 학생들의 학업성취도를 높이는데 매우 효과적이었다면, 서울지역의 학생들에게도 학업성취도 제고를 위해 교수법 A를 사용하자는 주장이 가능하다. 만일 교수법 A의 효과가 경기도, 서울, 충청도, 전라도 지역에서도 나타났다면, 경상도와 강원도에서도 나타날 수 있을 것이라는 예측 역시 가능하다. 이런 예측을 가능하게 한 것이 수학적으로 증명된 통계이다. 물론 일반적 결론을 도출하고 전체를 추리하는데 있어서 오류가 발생할 수 있다. 하지만 어느 정도의 오류가 발생할지 조차도 통계는 알려준다.

통계법은 통계 그 자체를 연구하고 새로운 통계법을 개발하고자 하는 통계학을 제외하고는 이처럼 다른 학문과 연구의 유용한 도구이다. 우리가 상식으로 받아들이고 있는 남녀간 성차에 따른 상이한 심리적 행동들, 지역과 문화에 따라 매우 상이한 사회적, 경제적 현상들 모두 통계에 의하여 증명되고 확립된 지식들이다. 경험과학은 통계를 통하여 귀납적으로 지식을 생성해 간다.

Chapter 02

자료분석의 이해

인문 · 사회과학 연구에서는 수집한 혹은 측정한 자료(data)가 어떤 형태인가에 따라, 측정한 자료가 어떤 척도로 되어 있느냐에 따라, 변인을 어떻게 설정하느냐에 따라 어떤 통계법은 사용할 수 있으며, 어떤 통계법은 사용할 수 없게 된다. 따라서 연구자는 연구의 시작부터 수집하는 자료의 형태, 자료의 척도, 변인설정에 대해 정확히 인지하고 있어야 한다.

1. 자료의 형태

자료의 형태는 크게 메트릭(metric) 자료와 비메트릭(nonmetric) 자료로 구분된다. 메트릭 자료는 양적변인, 양적변수, 양적자료와 같은 뜻이며, 비메트릭 자료는 질적변인, 질적변수, 질적자료와 같은 뜻이다.

1) 메트릭 자료

메트릭 자료(metric data)는 계량의 의미와 숫자 정보를 갖고 있는 자료로서 양적인 크기를 나타내고 산술적인 계산을 할 수 있다. 예를 들어, 철수의 키는 180cm, 몸무게는 75kg, 신발 사이즈는 270문, 지능지수 IQ는 127, 이번 학기 수학점수는 100점 만점에 95점이라고 한다면, 180, 75, 270, 127, 95는 비록 단위는 다르지만 모두 메트릭 자료다. 이 수치들은 모두 철수의 어떤 속성을 특정의 측정도구를 갖고 재서 얻은 점수들로서 다른 사람의 키를 비교할 때, 몸무게를 비교할 때, 신발 사이즈를 비교할 때 등등 다른 사람의 그것과 얼마만큼 더 크다 혹은 더 작다고 말할 수 있는 근거가 된다. 예컨대, 철수는 키가 165cm인 영희보다 15cm 더 크다고 말할 수 있는 것이다. 철수의 정보만이 아니라 여러 사람들의 정보를 구했다면 철수를 포함한 그 사람들의 평균 키, 평균 몸무게, 평균 신발 사이즈 등등을 구할 수도 있으며, 그 자료를 갖고 다른 집단의 사람들과 수치 비교도 가능하다. 이처럼 메트릭 자료는 같은 속성의 자료끼리 양적인 크기의 비교가 가능하며, 산술계산을 통하여 그 숫자 정보를 더 다양하게 이용할 수 있다. 등간(동간)척도와 비율척도로 측정된 자료가 메트릭 자료가 된다.

2) 비메트릭 자료

비메트릭 자료(nonmetric data)는 계량의 의미가 없고 숫자 정보를 갖고 있지 않은, 혹은 숫자 정보를 갖고 있다고 하더라도 매우 제한된 정보를 갖고 있는 형태의 자료를 말한다. 비메트릭 자료의 가장 간단한 예는 운동선수의 등번호(back number)인데, 등번호가 갖고 있는 의미는 그 선수가 누구인지를 알려주는 것이지 그 선수의 키, 몸무게, 성적 등과 같은 그 선수의 어떤 속성을 뜻하지 않는다. 어느 팀의 모든 선수들의 등번호를 더하고 빼는 등의 연산을 한다거나 평균을 내서 얻은 수치는 숫자로서 거의 아무런 정보를 제공해 주지 못한다. 또한 남자는 1, 여자는 2로 숫자를 부여했다면, 1과 2는 숫자가 갖는 의미는 없고 단지 1은 남자집단에 속한다는 것, 2는 여자집단에 속한다는 것만을 의미하는 것이지, 1과 2를 산술적으로 계산하는 것은 아무런 의미가 없다. 2(여자)−1(남자)=1(남자)와 같은 해석은 불가능하다. 남자는 2, 여자는 1로 혹은 남자는 0, 여자는 1로 부여해도 아무런 문제가 없다. 왜냐하면 여기서 0, 1, 2는 숫자로서의 의미가 없기 때문이다. 도시는 1, 농촌은 2, 어촌은 3으로 숫자를 부여한 것도 마찬가지다. 이 때 남녀의 1과 2 혹은 0과 1, 도시 농촌 어촌의 1, 2, 3은 모두 비메트릭 자료다.

그런데, 비메트릭 자료에는 해당 속성의 양적인 비교를 할 수 없지만 순서나 순위, 즉 상대적 서열을 알려주는 자료도 포함된다. 예를 들어, 20명으로 구성된 어느 한 반의 수학점수(메트릭 자료)를 갖고 1등부터 20등까지 순서를 정했다면, 1등이 2등보다, 8등이 9등보다 수학점수가 높다는 것을 알려준다. 그러나 등수의 차이가 1로 같다고 해서 (2−1=1, 9−8=1) 실제 점수의 차이가 같은 것은 아니다. 단지 1부터 20은 순위만을 나타내는 비메트릭 자료다. 이 같은 비메트릭 자료를 서열자료라 한다. 이러한 비메트릭 자료는 명명(명목)척도와 서열척도가 있다.

2. 측정과 척도

1) 측정의 개념과 절차

어떤 연구자가 연구하려는 대상의 특성을 파악하기 위해 자료를 수집하고 있다. 만일 연구가 양적연구라면 그는 자료를 수집하기 위하여 무엇을 해야 할까? 그것은 연구대상의 특성을 재는 것, 즉 측정이다. 측정(measurement)은 검사나 관찰의 객관적인 양적자료를 생산하는 작업을 말하는데, 연구대상의 특성을 구체화하기 위해 수로 기호화하는 혹은 수를 부여하는 과정이나 활동이다. 따라서 양적연구의 대표적인 자료수집 방법은 연구대상에 대한 측정이다. 예를 들어, 학업성취도 검사를 실시하여 A학생은 95점, B학생은 80점, C학생은 75점 등으로 학업성취도를 수로 기호화하는 것, 배포한 설문지를 수거하여 남녀 학생들의 수학과 영어 과목에 대한 태도와 흥미도 점수를 구하는 것 등은 모두 측정을 하고 있는 것이다. 이런 측정의 결과는 후에 통계분석을 위한 원자료(raw data)가 된다.

측정의 일반적 절차에 대하여 성태제와 시기자(2006)는 세 가지로 나누었지만, 필자들은 여기에 두 가지를 더 추가하여 모두 다섯 가지 절차로 나누었다. 측정의 다섯 가지 절차에서 첫째는 무엇을 측정할 것인지 결정하는 일이다. 예를 들어, 연구자가 학생의 학업성취에 대해 알고 싶으면 학업성취를 측정해야 하고, 특정 과목에 대한 태도와 흥미도를 알고 싶으면 태도와 흥미도를 측정해야 한다. 이처럼 무엇을 측정할 것인지는 연구자가 관심을 갖는 연구대상의 특성이다.

두 번째는 어떤 방법으로 연구대상의 특성을 측정할 것인지 결정하는 일이다. 이는 측정도구 혹은 검사도구에 대한 것이다. 예컨대, 연구대상의 몸무게를 재려 한다면 체중계를 준비해야 하며, IQ를 측정하려 한다면 IQ 검사지가 필요하고, 태도와 흥미도의 경우라면 설문지를 갖추어야 한다. 연구대상의 특성을 측정하기 위해 관찰을 하는 경우에도 관찰내용을 기록할 도구로써 관찰지가 필요하다. 연구가 본격적으로 시작되기 전에 연구자는 많은 타 연구자들이 선행연구에서 사용하여 신뢰도가 검증된 검사도구가 존재하는지, 그것을 자신의 연구에서 사용할 수 있는지 미리 확인해 볼 필요가 있다. 없다면 연구자 스스로 검사도구를 직접 개발해야 한다. 이 때 원래의 연구와는 별개로 검사도구의 개발에 많은 시간과 에너지를 소비해야 되는 경우가 많다.

세 번째 절차는 어떻게 수를 부여할지를 결정하는 일이다. 체중계를 써서 무게를 측정했다면 kg이나 g으로, 자로 길이를 쟀다면 m나 cm로 측정단위를 표시하고 67kg, 15.65cm처럼 자연수와 정수체계를 이용하면 된다. 그러나 설문지나 검사지의 경우는 점수를 부여하는 기준과 원칙을 미리 정해 놓아야 한다. 학업성취도 검사지처럼 5점짜리 20개 문항으로 하여 100점 만점으로 할 것인지, 태도 검사지처럼 "전혀 아니다"에 1점, "약간 이니다"에 2점, "보통이다"에 3점, "그렇나"에 4점, "매우 그렇다"에 5점으로 할 것인지, 아니면 "아니다", "보통이다", "그렇다"처럼 1, 2, 3점으로 할 것인지 등을 결정하는 것이다.

측정의 네 번째 절차는 지금까지의 절차에 의하여 결정된 사항을 바탕으로 하여 검사도구를 개발하는 일이다. 이 절차에서 연구에서 사용할 측정도구나 검사지가 완성된다. 앞서 기술한 것처럼 신뢰로운 검사도구를 구했다면 이 절차는 생략될 수 있지만 기존의 검사도구가 자신의 연구에서 사용되기 적합한 것인지 꼼꼼히 살펴볼 필요는 있다. 비록 신뢰도가 높은 검사도구를 구했다고 해도 그것을 아무런 수정없이 그대로 연구에 적용하는 경우는 거의 없다. 연구의 주제나 관심이 비슷하더라도 연구상황 등이 상이하기 때문에 자신의 연구상황에 적합하도록 수정을 하는 것이 일반적이다. 왜 수정했는지, 어떻게 수정했는지 등을 논문에 밝혀야 함은 물론이다.

지금까지는 측정 절차가 자료를 수집하기 위한, 즉 실제 측정을 위한 준비작업이었다. 측정의 마지막 절차는 연구대상에게 검사도구를 배부하고 그것을 풀도록 혹은 체크하도록 한 후 다시 그 검사지를 수거하여 연구자나 혹은 평정자가 그것을 채점하는 것이다. 검사의 문항이나 내용에 따라 어떤 채점은 매우 쉬울 수 있으며(예컨대, 선다형 문항처럼 참여자가 체크만하는 경우) 어떤 채점은 상당히 까다로울 수 있다(예컨대, 참여자 의견을 기술하게 하도록 한 경우). 채점이 끝나면 대개 연구자는 엑셀과 같은 프로그램에 그 결과를 저장하는데, 이 때 측정이 모두 완료되고 연구자는 이제 통계적 자료분석을 위한 원자료를 확보하게 된다.

2) 척도의 구분

척도(scale)는 수를 부여하는 측정단위이며, 자료가 갖고 있는 수리적인 특성에 대한 정보를 갖고 있다. 일반적으로 연구에서 사용되는 척도는 명명(명목)척도, 서열척도, 등간(동간)척도, 비율척도가 있다.

(1) 명명척도

명목척도라고도 불리는 명명척도(nominal scale)는 측정대상의 분류하거나 구분하기 위하여 숫자를 부여하는 척도이지만, 수의 특성을 갖고 있지 않다. 앞서 비메트릭 자료를 설명하면서 예를 들었던 것처럼, 어떤 연구에서 남자는 1, 여자는 2로 부여하기로 결정하면, 그 연구에 참여하는 모든 남자는 1, 모든 여자는 2로 부여된다. 이 때 1, 2라는 숫자는 보다 크다, 얼마만큼 크다, 몇 배나 된다라는 정보는 갖고 있지 않다. 또한 1, 2라는 숫자는 단순히 같은 집단이라는 것을 표시하기 위한 것이므로 다른 숫자로 명명해도 괜찮다. 대표적인 명명척도의 예는 성별, 계열(인문계와 자연계), 거주지, 직업 등이 있다. 사회과학 연구에서 명명척도는 일반적으로 독립변인으로 사용된다. 명명척도로 측정된 자료는 비메트릭 자료에 속한다. 명명척도의 예는 〈표 2-1〉과 같다.

〈표 2-1〉 명명척도의 예

1. 귀하의 성별은? __① 남 __② 여 2. 거주하는 지역은? __① 도시지역 __② 농촌지역 __③ 어촌지역 __④ 산촌지역 3. 사교육(과외, 학원 등) 경험은? __① 있다 __② 없다

(2) 서열척도

서열척도(ordinal scale)는 측정대상 간의 순서관계를 나타내는 척도로서 보다 크다 또는 보다 작다라는 순서나 서열에 관한 정보를 제공한다. 앞서 비메트릭 자료를 설명하면서 사용했던 예를 여기서 다시 사용하면, 1등부터 20등까지의 등수는 각각의 등수마다 한 등수 차이가 나지만, 실제의 점수의 차이가 같은 지는 서열척도자료를 갖고는 알 수 없다. 만일 1등이 96점, 2등이 95점, 3등은 82점, 4등은 77점이라고 가정하면, 1등부터 4등까지 각 등수의 차는 1이지만 실제 점수의 차는 1(96−95=1), 13(95−82=13), 5(82−77=5)로 매우 다르다는 것을 알 수 있다.

이 경우는 실제 점수를 수집하여 서열척도로 바꾸었지만, 측정되는 자료가 처음부터 서열척도로만 되어 있는 경우가 있어서 실제 점수의 차이를 구할 수 없는 경우도 많다. 예컨대, 3개의 교과(예: 국어, 영어, 수학)에 대하여 학생들의 선호도를 선호하는 순서대로 1, 2, 3을 표기하게 했다면, 1이 2보다, 2는 3보다, 1이 3보다 더 선호됨을 의미한다는 것은 방금 앞에서 언급했다. 그러나 이 경우는 선호의 정도는 알 수 없다. 만일 국어가 1, 영어가 2, 수학이 3이라고 가정하면, 국어가 다른 교과보다 더 선호되지만 국어와 영어의 선호도 차이와 영어와 수학의 선호도 차이가 같은지 다른지는 알 수 없다. 서열척도로 측정된 자료는 비메트릭 자료에 속한다.

〈표 2-2〉 서열척도의 예

1. 다음 과목 중에서 좋아하는 순서에 따라 순위를 표시하세요. __국어 __수학 __영어 __과학 __사회
2. 다음 과학과 사회 과목 중에서 좋아하는 과목 3개만 체크(√)하세요. __물리 __화학 __지구과학 __생명과학 __역사 __인문 __법 __정치 (과목에 대한 표시한 √의 수를 통하여 좋아하는 과목에 대한 서열화가 가능)

서열척도는 정확하게 정량화할 수 없는 속성들을 측정할 때 이용된다. 사회과학에서 가장 빈번하게 이용되는 서열척도는 Likert(1932)의 총합평정법과 Osgood(1957)의 의미분석법이다. 총합평정법은 간단히 'Likert 척도'라고 부르는데 제작과 자료처리가 용이하고 응답하기도 쉬워 다양한 분야에서 사용된다(성태제 · 시기자, 2006). Likert 척도는 주로 5단계로 구성되어 있는데, 각 단계마다 사이의 간격이 다르기 때문에 이 Likert 척도의 각 단계는 등간성(동간성)을 지니지 않는다. 즉 〈표 2-3〉의 예에서 '아니다'와 '보통이다'의 서열은 알 수 있지만 실제 점수의 차이는 알 수 없으며, '아니다'와 '보통이다'의 차이와 '보통이다'와 '그렇다'의 차이도 또한 같은 것으로 볼 수 없다.

〈표 2-3〉 5단계 Likert 척도의 예시

전혀 아니다	아니다	보통이다	그렇다	매우 그렇다
매우 불만족	불만족	보통	만족	매우 만족
전혀 그렇지 않다	거의 그렇지 않다	가끔 그렇다	자주 그렇다	항상 그렇다

Osgood(1957)의 의미분석법은 사물, 인간, 사건 등에 대한 개념이나 느낌을 대비되는 형용사군으로 만들어 의미를 측정하는 방법으로 Likert 척도처럼 다양한 분야에서 널리 사용되고 있다(성태제 · 시기자, 2006).

〈표 2-4〉 7단계 의미분석법의 예시

홍길동의 전체적인 인상은?		
불성실하다	— — — — — — —	성실하다
무례하다	— — — — — — —	친절하다
지저분하다	— — — — — — —	깔끔하다
소극적이다	— — — — — — —	적극적이다
무능하다	— — — — — — —	유능하다

그러나 주목해야 할 점이 있다. 앞서 서열척도를 설명하면서 Likert 척도로 측정한 태도, 만족도, 인식도는 서열척도에 속한다고 했다. 그러나 만일 연구자가 Likert 척도를 이용한 다수의 문항으로 태도, 만족도, 인식도를 측정했다면, 이를 점수로 환산하여 등간척도로 간주할 수 있다. 즉, 하나의 문항으로 태도 점수를 구하는 것이 아니라 여러 개의 문항으로 태도 점수를 구하고 이를 평균내서 처리하면, 이 점수는 등간척도의 자료로 간주할 수 있다는 것이다. 하지만 하나의 문항으로 태도, 만족도, 인식도를 측정하는 경우라면, 엄밀히 말하여 등간척도가 아니라 서열척도로 처리하는 것이 더 타당하다. 따라서 연구대상의 어떤 하나의 속성을 측정하려 할 때, 등간점수를 측정할 수 없어서 (즉, 등간성을 확보할 수 있는 측정도구가 없어서) 불가피하게 Likert 척도를 사용하여 측정하려고 한다면, 그 속성에 대한 Likert 척도 문항은 하나가 아니라 여러 개를 사용해야 한다는 점을 유의할 필요가 있다. 마찬가지의 이야기를 의미분석법에 적용될 수 있다. 〈표 2-4〉에서처럼 홍길동의 인상을 하나의 문항이 아니라 여러 문항으로 측정해서 평균을 낸다면, 이는 등간척도로 다루어도 된다.

(3) 등간척도

등간척도(interval scale)는 동간척도, 간격척도라고도 불린다. 각 서열(순위) 사이의 간격이 동일한 척도로 서열정보 뿐만 아니라 얼마만큼 더 크다, 작다의 수치적 정보를 갖고 있다. 즉 등간척도로 측정된 자료는 계량적인 정도의 차이를 제공하며, 측정간격의 등간성이 유지된다. 대표적인 등간척도의 예는 각 교과의 학업성취도 점수이다. 예를 들어, 학생 A, B, C, D의 수학 성취도점수가 각각 90, 80, 60, 50이라고 하면, A 1등, B 2등, C 3등, D 4등이라는 서열정보를 얻을 뿐만 아니라 A와 B의 수학점수는 10점 차이가 나고, B와 C는 20점 차이가 나고, A와 C는 30점 차이가 난다고 말할 수 있다. 또한 A와 B의 점수의 차이(10점)는 C와 D의 점수 차이(10점)와 같다고 말할 수 있다. 온도의 경우도 등간척도의 예이다. 방 a, b, c의 온도가 각각 12℃, 24℃, 36℃라고 가정한다면, 우리는 어느 방이 가장 추운지 혹은 가장 더운지 알 수 있으며, 방의 온도의 차이를 구하면 a와 b의 차이는 b와 c의 차이와 같다는 것을 알 수 있다. 등간척도로 자주 이용되는 예로서는 Likert 척도를 사용하여 측정하는 태도, 만족도, 인식점수 등도 있다. 앞서도 기술한 것이지만, 엄격하게 따지면 Likert 척도는 서열척도이지만, 일반적으로 각 점수의 간격이 일정하다는 가정 하에 등간척도로 인정한다. 등간척도로 측정된 자료는 메트릭 자료에 속하며, 사회과학 연구에서는 등간척도의 자료가 자주 종속변인으로 사용된다.

그러나 등간척도는 측정대상이 갖고 있는 양적인 정도의 차이는 있지만, 해당 속성이 전혀 없는 상태인 절대 영점은 없다. 예를 들어, 학생 F의 영어능력 평가점수가 0이라고 해서, F의 영어능력이 전혀 없는 상태는 아니다. G의 영어점수가 40, H의 영어점수가 80점이라고 해서, H가 G보다 영어능력이 2배는 아니다. 또한 지능지수가 0점이라고 해서 지능이 아예 없는 상태는 아니며, 온도가 0℃라고 해서 열이 전혀 없는 것이 아니다. 80℃의 온도가 20℃보다 4배 더 뜨거운 것을 의미하지는 않는다. 성취도 점수와 지능지수는 문항을 전혀 풀지 못했을 때 혹은 오답을 적었을 때 점수가 0점인 것이지 그 능력자체가 없다는 것을 의미하지 않는다. 온도의 경우는 1기압 하에서 물이 어는 혹은 녹는 온도를 0℃로 우리가 그렇게 정한 것이다. 이처럼 등간척도로는 측정값 사이의 비율계산이 불가능하다.

(4) 비율척도

비율척도(ratio scale)는 전술한 서열성, 등간성에 절대 영점을 갖고 있어서 한 측정치는 다른 특정치의 2배, 3배 등의 비율에 관한 정보도 갖고 있는 척도이다. 대표적인 예가 자연과학에서 많이 사용되는 물리적 측정량인 길이, 무게, 속력과 같이 절대 영점이 존재하는 속성이다. 0m, 0kg, 0m/sec는 길이, 무게, 속력이 전혀 없는 상태이다. 때문에 30은 10보다 3배 길다, 무겁다라는 해석이 가능하다. 사회과학에서 빈번히 사용되는 비율척도의 예들은 연령, 가격, 부모의 소득, 비용, 경력 등이 있다. 비율척도는 메트릭 자료에 속한다.

〈표 2-5〉 비율척도의 예

1. 당신의 연령은? 만___세
2. 하루에 피우는 담배 개피는? ____개
3. 매달 지출하는 자녀의 학원비는? 약 ______원

3. 변인의 분류

양적 연구를 간단히 말하면, 변인들 간의 관계를 숫자 정보로 변환시켜 분석하는 것을 말한다. 따라서 양적 연구를 수행하는 연구자는 변인들이 어떤 관계가 있는지에 관심을 갖는다. 여기서 변인(variable)이란 연구의 대상이 되고 있는 어떤 개체들이 어떤 속성에 있어서 서로 구별될 수 있을 때 그 속성을 말한다(서울대학교 교육연구소, 1995). 예를 들어, 학생을 연구의 대상으로 삼는다면, 학생을 구별할 수 있는 속성들인 변인에는 성별, 학년, 학교(초등, 중등, 고등), 나이, 거주지, 학업성취도 점수, 태도 점수 등등을 나열할 수 있고, 기업을 연구의 대상으로 한다면, 변인에는 직원수, 업종, 설립연도, 매출, 연봉, 직원 만족도 등을 생각해 볼 수 있다. 물론 학생과 기업을 구별할 수 있는 속성들에는 이외에도 많은 것들이 있는데, 변인들은 연구의 관심에 따라 선택된다. 연구자에 따라 혹은 책에 따라 변인을 변수라고도 한다. 따라서 이 책에서는 변인과 변수를 같은 의미로 사용한다.

1) 독립변인, 종속변인 및 매개변인

일반적으로 양적 연구는 2개 이상의 변인을 다루게 되는데, 그 변인들 관계에 따라 독립변인(independent variable), 종속변인(dependent variable), 매개변인(mediator variable)으로 나누어진다. 독립변인은 다른 변인에 영향을 미치거나 효과를 주거나 예언하는 변인이다. 종속변인은 독립변인에 의하여 영향을 받는 변인을 말한다. 두 변인 X와 Y의 관계를 수학적 기호 $Y=f(X)$로 표현하면, Y값은 X값에 따라 변하게 된다. 즉 Y는 X에 의하여 영향을 받고, X의 효과에 따라 값이 달라지며, X를 알면 Y를 예언할 수도 있다. 이 때 X는 독립변인이며, Y는 종속변인이다.

실험연구에서 연구자는 독립변인을 조작할 수 있는데, 예컨대 특정의 교수방법이 학생들의 학업성취도에 효과를 미치는지 알아보기 위해 A 집단에게는 어떤 처치를 하고(특정 교수방법 실시) B 집단에는 아무런 처치를 하지 않을 수 있다(특정 교수방법미실시). 이 실험연구의 경우 독립변인은 교수방법이며, 종속변인은 학업성취도가 된다. 이 때 독립변인을 조작 혹은 처치하였다고 하여 처치변인, 실험변인, 혹은 조작변인이라고 말하기도 한다. 그런데 설문지를 이용하여 연구하는 조사연구에서는 연구자가 임의로 변인들을 조작하거나 처치할 수 없다. 그래서 이 경우는 독립변인을 실험변인이나 처치변인이라는 용어를 사용하지 않고 예언변인, 종속변인을 기준변인이라고 한다. 그러나 굳이 연구상황을 구별하여 변인의 이름을 달리 부르지 않고 통상적으로 독립변인, 종속변인으로 칭해도 문제없다.

매개변인이란 말 그대로 매개한다는 의미를 갖는다. 독립변인이 종속변인에 영향을 미치는 경우에는 적어도 3가지가 있다. 첫째는 직접적으로 영향을 미치는 것이고, 둘째는 직접적인 영향은 없지만 다른 변인을 통해 간접적으로 영향을 미칠 수 있으며, 셋째는 직접적인 영향도 미치지만 동시에 다른 변인을 통해 간접적으로도 영향을 미칠 수 있다. 여기서 다른 변인이 매개변인이 된다. 즉, 매개변인은 독립변인과 종속변인 사이에 끼어들어 영향을 미치는 변인을 말한다. 직접적인 영향만 있는 첫째 경우는 매개변인은 존재하지 않는다. [그림 2-1]에서처럼 포부수준이 학업성취도에 영향을 미치고 있는데, 그 사이에 학생의 적성이 영향을 주고 있다면, 이 때 적성은 매개변인이 된다.

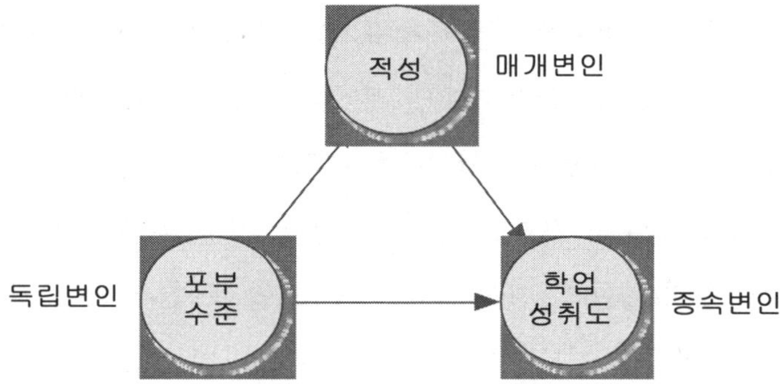

[그림 2-1] 독립변인, 종속변인 및 매개변인

놓쳐서는 안될 것은 어떤 변인이 독립변인, 종속변인, 매개변인이 되는 것은 연구의 관심과 목적에 맞게 연구자가 변인들을 설정하기에 달려 있다는 점이다. 어떤 한 실험이나 조사에서 독립변인으로 사용되는 변인이 다른 실험이나 조사에서는 종속변인이나 매개변인으로 사용될 수 있으며, 반대로 종속변인이 독립변인이나 매개변인으로 사용될 수도 있다. 매개변인도 연구에 따라 독립변인이나 종속변인이 될 수도 있다.

2) 양적변수와 질적변수

숫자 정보를 갖고 있는지 아닌지에 따라 변인은 양적변수(quantitative variable)과 질적변수(qualitative variable)으로 나눌 수 있다. 양적변인은 지능점수, 학업성취도 점수, 태도 점수, 흥미도 점수, 키, 몸무게 등 사칙연산이 가능한 수 정보를 갖고 있어서 통계분석에 기초가 되는 평균과 표준편차 등을 계산할 수 있다. 반면에 질적변수은 숫자 정보를 갖고 있지 않은 변인이다. 성별, 인종, 색, 직업의 종류, 지역 등이 질적변수에 속한다. SPSS와 같은 통계 프로그램에서는 통계분석을 위하여 자료 혹은 데이터를 입력할 때, 질적변수도 숫자로써 표기하도록 하고 있다(예컨대, 남자는 1, 여자는 2). 그러나 여기서 그 숫자는 단지 1은 남자이고, 2는 여자라는 것을 명명하고 표기만 한 것뿐이지, '2(여자)〉1(남자)' 등의 수 정보는 갖고 있지 않다. 사실, 남자가 2, 여자가 1로 표기를 해도 되고, 어떤 수를 사용하여 표기를 해도 무방하다. 여기서 수는 사칙연산을 할 수 있는 수가 아니라 단지 기호일 뿐이다. 인종의 경우 백인종을 1, 흑인종을 2, 황인종을 3으로 혹은 백인종을 0, 황인종을 1, 흑인종을 2로 표기해도 성별과 마찬가지로 수 정보는 없고 단순히 기호로 숫자를 사용한 것일 뿐이다. 질적변수들 중에는 남/여, 예/아니오, 합격/불합격, 찬성/반대, 정답/오답 등의 두 가지 경우로 양분되는 것도 있다. 이런 변인들을 이분변수(dichotomous variable)이라고 한다.

4. 척도, 자료형태 및 변인간의 관계

앞에서 기술했던 자료의 형태, 척도의 구분, 변인의 분류를 세심하게 읽어본 독자라면 이 3가지가 모두 서로 깊게 관련되어 있다는 것을 눈치챘을 것이다. 명명척도와 서열척도로 측정되는 변인이 명명변인과 서열변인이 되며, 다른 말로 명명변인과 서열변인은 명명척도와 서열척도로써 측정되고 이 때 그 측정 자료들은 비메트릭 자료가 된다. 그리고 등간척도와 비율척도는 등간변인과 비율변인이며, 이들을 측정한 자료는 메트릭 자료가 된다. 또한 비메트릭 자료는 질적변수고, 메트릭 자료는 양적변수며, 이들은 연구의 목적이나 관심 혹은 연구가설에 따라 독립변인, 종속변인, 또는 매개변인이 된다. 학자나 연구자가 어디에 초점을 두느냐, 어떤 용어를 선호하는가에 따라 표현이 다를 뿐이다.

〈표 2-6〉은 여러 척도와 그 척도가 갖고 있는 정보 및 자료의 형태를 간략히 요약한 것이다. 어떤 척도로 측정되었는가에 따라 정보의 양이 달라지는데, 명명척도, 서열척도, 등간척도, 비율척도 순서로 점차 더 많은 정보를 갖게 된다.

〈표 2-6〉 척도와 자료형태

척도	정보				자료형태
	범주, 유목	서열, 순위	등간격	절대영점	
명명척도	○	×	×	×	비메트릭
서열척도	○	○	×	×	비메트릭
등간척도	○	○	○	×	메트릭
비율척도	○	○	○	○	메트릭

일반적으로 자연과학에서 사용하는 물리적 측정량들, 예컨대 질량이나 무게, 거리나 길이, 키나 높이, 면적이나 부피, 시간이나 속도 등은 절대 0점을 갖고 있는 비율척도로 측정된다. 그러나 사회과학 특히 교육학, 심리학 관련 연구에서는 다수가 심리적 측정량들을 사용하는데, 물리적 측정량과는 달리 심리적 측정량들은 절대 0점을 가질 수 없다. 이런 심리적 변인들의 예로서는 학업성취도, 지능점수, 만족도, 태도, 참여도, 포부수준, 부적응지수, 인식도, 중독점수, 적성, 불안, 자아존중감, 성격점수, 도덕성, 진취성, 리더십, 수용성, 문제해결력, 창의성, 정서지수 등등이 있다. 이 변인들은 다수가 Likert 척도나 그것과 유사한 방법을 사용하여 측정하는데, 앞서 설명한 것처럼 다수의 문항으로 측정함으로써 그 측정점수들은 등간척도 즉 양적변수로 분석할 수 있다. 사회과학에서는 비율척도를 갖고 연구하는 경우보다 등간척도로 연구하는 경우가 훨씬 많다.

5. 척도와 자료분석 방법

연구자는 자료의 형태, 척도, 변인에 따라 선택가능한 자료분석법과 통계법이 다르다는 점을 명심해야 한다. 수치에 대한 정보없이 어디에 속한다는 것만을 알려주는 명명척도에서 순서와 서열 정보를 갖고 순위 비교를 할 수 있는 서열척도, 각 점수 단계별로 등간성을 갖고 있어서 간격의 비교가 가능한 등간척도, 그리고 절대 영점이 존재해서 절대적인 크기와 비율 비교가 가능한 비율척도까지 각각의 척도는 명명척도, 서열척도, 등간척도, 비율척도의 순으로 자료가 갖고 있는 숫자 정보의 수준은 높아진다. 숫자 정보의 수준이 높아질수록 보다 정밀한 자료분석 방법을 적용할 수 있다. 〈표 2-7〉는 척도별 자료분석 방법을 간략히 제시한 것이다.

〈표 2-7〉 척도별 예와 자료분석 방법

척도	대표적인 예	비교방법	평균의 측정	적용 가능한 자료분석 방법
명명척도	성별, 거주지, 계열, 유형 등	확인분류	최빈값	교차분석(χ^2검정) 비모수통계
서열척도	석차, 선호순위, 품질등위, 사회계층 등	순위비교	중앙값	서열상관관계 비모수통계
등간척도	학업성취도, 지능지수, 주가지수, 온도 등	간격비교	산술평균	모수통계
비율척도	무게, 길이, 소득, 나이, 매출액 등	절대적 크기 및 비율 비교	기하평균 조화평균	모수통계

6. 자료수집 유의사항

자료분석은 어떤 자료를 어떻게 수집했는가에 따라 달려있다고 해도 과언이 아니다. 어떤 척도를 사용해서 자료수집을 할까는 자료분석을 위해서 필수적으로 고려되어야 한다. 예컨대, 실험연구에서도 단순히 실험집단과 통제집단에 배정된 참가자의 점수만 측정해서는 충분하지 않고, 이들의 성별은 무엇인지, 연령은 어떻게 되는지, 사는 곳은 어디인지, 소득수준은 어느 정도인지 등등을 조사해야 한다.

조사연구라면 적어도 2가지 경우를 생각해 볼 수 있다. 첫째는 공인된 기관에서 발표한 자료들, 예컨대 국민건강보험공단의 DB 자료, 고용노동부 HRD-Net에서 제공되는 DB 자료, 통계청에서 발간되는 DB 자료 등을 이용하는 것이다. 이 경우 대규모의 자료를 빠르고 쉽게 구할 수 있다는 점에서 자료수집의 어려움은 적지만, 연구주제와 일치하는 자료가 없는 경우도 있고, DB 자료가 연구목적에 맞지 않은 척도들로 이루어진 경우도 있다.

공인된 기관에서 발표한 자료를 이용하지 못하게 되면, 둘째로 연구자는 자신의 연구목적에 맞게 검사도구, 즉 관찰지나 설문지를 직접 개발해야 한다. 성격, 태도, 만족도, 적성 등의 심리적 측정량들은 사실상 통계청이나 고용노동부가 DB로 만들 수도 없다. 결국 연구자가 직접 검사도구를 만들어야 하는데, 자료분석을 고려할 때 가장 중요한 점이 앞서 언급한 4가지 척도가 갖고 있는 특징이나 성격을 구분하여 만드는 것이다. 특히 통계법을 염두에 두면서 만들어야 한다는 점을 강조한다. 어느 특정한 통계법을 사용하고 싶다면 반드시 자료수집 단계에서 그 통계법 조건에 맞는 정보를 얻을 수 있도록 설계해야 한다. 이렇게 하는데 가장 손쉬운 방법은 검사도구의 척도를 가능하면 메트릭 자료가 되도록, 즉 등간척도나 비율척도로 만드는 것이다. 또한 메트릭 자료를 비메트릭 자료로 만드는 것은 가능하지만, 비메트릭 자료를 메트릭 자료로 만드는 것은 불가능하기 때문에 메트릭 자료로 측정을 하면 다양한 통계법을 적용할 수 있다.

한 가지 더 강조하고 싶은 점은 기존의 연구, 선행연구에서 사용한 설문지를 응용하라는 것이다. 똑같이 사용하라는 의미가 아니라 기존 연구에서 사용한 설문지의 문항들을 연구자의 연구상황과 목적에 맞게 수정해서 사용하는 것이다. 어느 특정의 설문지가 기존 선행연구에서 많이 사용되었다면, 적어도 그 설문지의 문항들은 측정하고자 하는 내용과 속성을 잘 반영하고 있다는 증거로서 타당성 있는 검사도구로 인정될 수 있기 때문이다. 기존의 설문지를 사용하는 것은 연구자가 직접 개발한 설문지를 사용할 때보다 인지적 수고가 덜하다. 그럼에도 개발해야 한다면, 설문지 개발과정에서 보고해야 하는 타당도와 신뢰도의 확보 과정들의 설명이 연구자를 괴롭힐 것이다.

추리통계의 이해

Chapter 03

1. 기술통계와 추리통계

연구를 수행하기 위해서 데이터(자료)의 수집이 완료되면 우선적으로 기술통계(descriptive statistics) 분석을 하게 된다. 기술통계는 자료를 정량적으로 정리하여 나타내 주는 것으로 평균, 표준편차, 백분율, 중앙값, 분포도 등을 이용하여 자료를 요약하고 그 특성을 보여준다. 예를 들어 전국 40대 남자 가장의 나이, 월 소득, 직장 근무연한을 조사한 것을 아무런 가공을 하지 않으면, 엄청난 양의 숫자로 구성된 원자료(raw data)의 표를 보게 되는데, 이런 원자료의 표를 보고 유의미한 결과를 알아내는 것도 어려울 뿐만 아니라 표 자체를 보는 것도 고역이다. 이 때, 남자 가장의 나이, 월 소득, 근무 연한에 대하여 각각 전체 평균을 내거나 혹은 지역별, 연령별로 나누어 평균, 백분율, 그래프 등의 분포도를 이용하면 용이하게 원자료를 빠르게 파악할 수 있다[1].

---

1) SPSS를 통한 기술통계 산출의 몇 가지 예시들이 4장에 기술되어 있다.

알고 있는 것을 바탕으로 알지 못하는 것을 도출하는 뜻을 가진 '추리'라는 말에서 시사하듯이 추리통계(inferential statistics)는 표본에서 얻은 통계량(알고 있는 것)을 가지고 그 표본을 추출한 모집단의 현상이나 성격(알지 못하는 것)을 추정, 추측하는 것이다. 다시 말해, 추리통계는 모집단의 성격이나 현상을 파악하기 위하여 모집단의 일부분을 추출하여 표본을 만들고 그 표본을 분석하여 그 모집단에 대한 추정을 하는 것이다. 만일 추출한 표본이 모집단을 잘 대표한다면 표본의 결과는 모집단의 결과와 크게 다르지 않을 것이다. 이 때 표본에서 구한 통계량(예컨대, 표본의 평균)를 갖고 그에 대응하는 모집단의 모수치(예컨대, 모집단의 평균)를 추정할 수 있게 된다. 추리통계는 추계통계라고도 한다.

2. 추리통계의 주요 개념

1) 모집단과 표본

무엇인가를 연구하려고 할 때, 그것에 대한 모든 사건이나 현상을 모두 관찰하거나 측정할 수 없다. 예컨대, 원숭이들의 생태를 연구하기 위하여 이 세상 모든 원숭이들을 모두 관찰할 수 없다. 남녀간의 생각의 차이를 분석하고자 모든 남녀에게 설문지를 배부할 수도 없다. 이처럼 연구대상이 되는 전체를 대상으로 자료를 얻는 것은 현실적으로 불가능하다. 따라서 일부분만을 관찰하거나 일부분만을 추출하여 설문지를 보내고 이를 분석함으로써 전체에 대한 추정을 하게 된다. 이 때 원래의 집단 전체를 모집단(population)이라 하고, 모집단으로부터 추출된 일부를 표본(sample) 혹은 표본집단이라고 한다[2].

2) 표본의 평균은 표본의 수, 표본의 점수 등이 다르기 때문에 매번 표본을 달리 추출할 때마다 표본의 평균은

2) 모수와 통계량(평균, 표준편차, 분산)

앞에서 설명한 모집단의 특성을 반영한 값들을 모수(parameter) 혹은 모수치라고 하며, 모집단으로부터 추출된 표본의 특성을 반영한 값들을 통계량(statistics) 또는 통계치라고 한다. 대표적인 모수에는 모집단의 평균인 모평균(population mean, μ라 쓰고 '뮤'라고 읽음), 모평균의 표준편차인 모표준편차(population standard deviation, σ라 쓰고 '시그마'로 읽음), 모집단의 분산인 모분산(population variance, σ^2라 쓰고 '시그마 제곱'으로 읽음) 등이 있고, 대표적인 통계치에는 표본의 평균인 표본평균($\overline{X}$라고 쓰고, '엑스바'로 읽음), 표본의 표준편차인 표본표준편차(영어로는 s 또는 SD, 우리말로 그냥 '표준편차'라고 읽거나 씀), 표본의 분산인 표본분산(s^2라 쓰고, 그냥 '분산'으로 읽음) 등이 있다.

평균은 일상생활에서도 흔히 사용되는 용어인데, 사전적 의미는 많은 수나 양의 중간적인 값이지만, 통계에서는 여러 수치들의 집합적 특징을 요약한 것을 뜻한다. 평균값은 각 표본들의 점수를 모두 더한 후 표본들의 수로 나누어 구한다. 표준편차는 평균으로부터 어느 정도 떨어져 있는가를 나타낸 값으로 표준편차가 크면 모집단의 각각의 점수들이나 모집단에서 추출한 표본들의 점수가 넓게 흩어져 있음을 의미하며, 반대로 작으면 점수가 좁게 분포하고 있음을 뜻한다. 분산은 점수들이 평균에 밀집된 정도를 측정한 것이다. 어떤 두 집단 A와 B의 분포가 각각 30, 25이면, A집단이 B집단에 비해 중심에 더 많이 퍼져 있음을 뜻한다. 평균은 자료의 특성을 파악하는 대푯값이지만 자료가 중심으로부터 어느 정도 분포되어 있는지 혹은 퍼져 있는지를 알려주지는 못한

동일하지 않다. 그러나 모집단의 평균은 알기 어렵지만, 구할 수만 있다면 모집단의 평균은 고정된 상수이다. 모집단의 평균을 시간과 돈에 구애받지 않고 작정하고 조사하려 한다면, 전혀 불가능한 것은 아니다. 몇 년마다 한 번씩 실시하는 인구조사(인구센서스, population census)는 인구동향을 파악하기 위해 국가가 전 국민을 대상으로 하는 전수조사로, 우리나라 전 국민이 모집단이다.

다. 반면에 분산과 표준편차는 자료들의 분포 양상를 알려주는데 둘은 사실상 같은 것으로 보아도 무방하다. 왜냐하면 표준편차는 분산에 양의 제곱근을 취한, 즉 분산에 수학기호인 루트를 씌워 얻은 값이기 때문이다. 평균, 표준편차, 분산은 여러 통계적 해석에 활용되는 매우 중요한 수치다.

3) 영가설, 대립가설, 가설검정

영가설(null hypothesis)이란, 만일 실험을 했다면 "실험처치 효과가 없다(없을 것이다)" 또는 "차이가 없다(없을 것이다)"는 것을 의미하며, 변인간의 관계를 보려 했다면, "변인간의 관계가 없다(없을 것이다)"는 것을 의미한다. 예컨대, 실험처치를 한 A집단과 실험처치를 하지 않은 B집단의 평균값의 크기를 비교하려 할 때, 연구자는 영가설로 "실험처치 효과는 없다" 혹은 "A집단의 평균값과 B집단의 평균값은 차이가 없다"처럼 기술한다. 영가설은 귀무가설이라는 말로도 쓰인다.

대립가설(alternative hypothesis)은 대안가설, 대체가설, 혹은 통계가설이라고도 하는데 영가설과 대비된다. 영가설이 "차이가 없다", "관계가 없다", "영향을 미치지 않는다"로 표현되지만, 대립가설은 "차이가 있다", "관계가 있다", "영향을 미친다" 등으로 표현된다. 방금 든 예를 다시 들면, 연구자는 대립가설로 "실험처치 효과는 있다", "A집단의 평균값과 B집단의 평균값은 차이가 있다", 혹은 "A집단의 평균값은 B집단의 평균값 보다 크다"처럼 기술한다.

영가설과 대립가설은 서로 배타적이어서 동시에 수용(또는 채택)하거나 기각할 수 없다. 영가설이 수용되면, 자동적으로 대립가설은 폐기된다. 만일 영가설이 기각되면,

자동적으로 대립가설을 받아들인다.

가설검정을 한 줄로 요약하면, 통계적으로 영가설을 수용하느냐 기각하느냐를 결정하는 과정이다. 일반적으로 실험이나 조사를 실시하는 연구자는 영가설 혹은 대립가설을 염두에 두고 연구를 시작한다. 실험이나 조사를 통해서 데이터를 수집하면 통계분석을 실시하는데, 이 때 연구자는 통계수치가 영가설을 수용할 수밖에 없는가 아니면 기각할 수 있는가를 보게 된다. 이런 과정을 가설검정의 과정이라고 한다. 가설검정의 과정은 추리통계의 과정과 같다(3. 추리통계의 일반적 절차 참조).

4) 검정통계량

모든 통계적 방법은 확률에 바탕을 두고 있어서 확률분포를 갖고 있다. 검정통계량은 확률분포를 토대로 통계적 가설검정을 위하여 사용되는 수치를 말한다. 논문에 있는 통계관련 표를 보면, 어느 수치 우측상단에 별(*)이 1개에서 3개까지 붙어있는 것을 본다. 이처럼 별은 검정통계량 우측에 붙여 기재하는데, 대표적인 검정통계량은 t값, F값, χ^2값 등이 있다. 이 검정통계량들은 t 확률분포, F 확률분포, χ^2 확률분포를 갖고 있다. 그러나 어떤 검정통계량들은 자신의 이름으로 된 확률분포를 갖고 있지 않은 것도 있는데, 다변량분산분석에서 사용하는 검정통계량인 Wilks' λ값 혹은 Pillai's trace값, 로지스틱 회귀분석에서 사용하는 검정통계량인 Wald값 등이 있다.

5) 유의도, 유의수준, 알파값(α)

"유의(도)수준 .05에서 통계적으로 유의미하였다", "α 수준 .05에서 통계적으로 유의한 차이가 있다" 혹은 "이러한 결과는 $\alpha=.05$에서 통계적으로 유의하였다." 통계법을 사용한 논문이나 보고서를 보면 어렵지 않게 발견되는 문장들이다. 이 모두가 동일한 의미를 갖고 있다. 유의도, 유의수준, 알파 혹은 알파값은 같은 뜻으로 사용되는데, 사회과학에서는 .05, .01, .001의 3개의 값을 주로 사용한다.

유의수준은 영가설을 기각하고 대립가설을 수용하기 위한 확률 수준을 뜻한다. 위에서 언급한 "유의(도)수준 .05에서 통계적으로 유의미하였다"는 것은 영가설을 기각하고 대립가설을 수용하는 결정을 내릴 수 있다는 것인데, 이 결정이 잘못될 확률이 5%라는 것이다. 만일 유의수준 .01에서 통계적으로 유의미했다면, 영가설을 기각하고 대립가설을 받아들이는 결정을 내릴 때, 1%의 확률로 영가설 기각이라는 결과가 잘못될 수 있다는 뜻이다[3]. 그러나 일반적으로 가설검정이 있는 (추리통계를 하는) 논문에서 이 잘못된 확률, 즉 5%, 1%, 0.1%를 부각시켜 설명하는 경우는 매우 드물다. 대개 .05, .01, .001 수준에서 통계적으로 유의한 결과가 나오면, 연구자는 연구결과에서 영가설을 기각하고 대립가설을 받아들인다고 언급한다.

6) 유의확률과 해석

유의확률(p-value)은 영가설을 기각하는 확률이며, p는 영어의 probability다. 통상적으로 통계표를 보면 검정통계량 우측에 *, **, ***처럼 별(*)이 1에서 3개까지 붙어 있는 경우를 종종 본다. 〈표 3-1〉에서 검정통계량은 F값이다. 그리고 별(*)이 있으면 분명히 표 아래에 "*p<.05", 또는 "**p<.01", 또는 "***p<.001"이 기재되어 있다(〈표 3-1〉). 어

3) 이 때 신뢰수준이라는 표현도 간혹 사용된다. .05는 95% 신뢰수준, .01은 99% 신뢰수준, .001은 99.9% 신뢰수준을 갖고 있다. "유의(도)수준 .05에서 통계적으로 유의미하였다"는 것은 영가설 기각과 대립가설 수용이라는 연구결과가 옳을 확률이 95%라는 뜻이다. 즉 95% 산뢰수준이라는 것이다.

떤 논문을 보면 이런 별을 기재하지 않고 통계표 우측에 칸(cell) 제목으로 "유의확률", 혹은 "p값"으로 되어 있으며 그 아래 칸들에 .000부터 .999 사이의 숫자들이 기재되어 있는 것도 발견된다(〈표 3-2〉). 때로는 별이 있는 동시에 유의확률 숫자들이 있는 경우도 있다.

〈표 3-1〉 문제해결성취도에 대한 이원분산분석 결과

항목	제곱합	자유도	평균제곱	F
논증유형	117.600	1	117.600	4.797*
문제유형	1092.267	1	1092.267	44.556***
논증유형 × 문제유형	68.267	1	68.267	2.785
오차	1372.800	56	24.514	
전체	2650.933	59		

*p<.05, ***p<.001

〈표 3-2〉 문제해결성취도에 대한 이원분산분석 결과

항목	제곱합	자유도	평균제곱	F	p값
논증유형	117.600	1	117.600	4.797	.033
문제유형	1092.267	1	1092.267	44.556	.000
논증유형 × 문제유형	68.267	1	68.267	2.785	.101
오차	1372.800	56	24.514		
전체	2650.933	59			

검정통계량의 유의확률 p값은 제시되는 통계표에서 "유의확률", 혹은 "p값"으로 되어 있는 아래 칸들에 기재되어 있는 .000부터 .999 사이의 숫자들이다. 〈표 3-1〉에서 보면 .033, .000, .101이 유의확률이다. 이 수치가 설정한 유의수준(.05, .01, .001)보다 작으면 통계적으로 유의미하다는 결과를 내리고 영가설을 기각할 수 있으며, 만일 크다면 영가설을 기각할 수 없다. 〈표 3-1〉과 〈표 3-2〉를 보고 해석을 하면 다음과 같다.

"논증유형은 문제해결성취도에 효과가 없다"는 영가설을 유의도 수준 .05에서 기각하여 "논증유형은 문제해결성취도에 효과가 있다"는 대립가설을 받아들여야 하며, "문제유형은 문제해결성취도에 효과가 없다"는 영가설을 유의도 수준 .001에서 영가설을 기각하여 "문제유형은 문제해결성취도에 효과가 있다"는 대립가설을 받아들여야 하지만, "논증유형과 문제유형은 문제해결성취도에 상호작용 효과가 없다"는 영가설은 기각할 수 없으므로 영가설을 그대로 수용해야 한다.

〈표 3-1〉처럼 별은 붙어있지만 정확한 유의확률이 제시되어 있지 않은 경우가 많은데, 사실상 가설검정에서는 굳이 유의확률을 알 필요는 없다. 검정통계량의 유의확률이 유의도(.05, .01, .001)보다 작은 지가 관심사이기 때문이다. 연구자는 통계수치의 정확한 유의확률을 알고 싶은 것이 아니라 영가설을 기각할 수 있을 만큼 작은 유의확률인지를 알고 싶은 것이다. 그래서 〈표 3-1〉과 〈표 3-2〉는 동일한 결과를 보여주는 것이다. 어떤 방식을 취하는가는 논문을 작성하는 연구자의 몫이다.

그러나 최근에는 통계표 안의 검정통계량에 별을 붙이고 정확한 p값을 표기하지 않은 채 단지 표 아래에 "$^*p<.05$"를 기재하는 방식보다는 검정통계량에 별을 붙이지 않고, 〈표 3-2〉처럼 그 검정통계량의 정확한 유의확률 p값(.000~.999)을 제시하는 경우가 늘어나고 있다. 이유는 연구가 영가설 기각여부에만 지나치게 초점을 맞추어서는 곤란하다는 것이다. 예를 들어, $p=.049$와 $p=.051$은 매우 비슷한 유의확률인데, 전자는 $p<.05$로 영가설을 기각할 수 있고, 후자는 $p>.05$로 영가설을 기각할 수 없는 수준이다. 이 때 후자는 비록 영가설을 기각할 수는 없지만 기각에 매우 근접하는 확률이다. 또 하나의 예로서, $p=.049$와 $p=.002$는 매우 상이한 유의확률인데, 전자와 후자 모두 $p<.05$로 $\alpha=.05$에서 동일하다. 이 때 후자는 전자보다 매우 유의하다. 이 2개의 예에서 알 수 있듯이 무조건 영가설 기각여부가 목적이 되어 유의확률의 실제 크기를

기재하지 않는 것보다는 유의확률의 실제 크기를 기재하여 영가설 수용과 기각의 수준을 보여주면서 통계적 해석에 주의를 기울이는 것이 더 바람직하다.

7) 자유도(degree of freedom; df)

자유도는 주어진 조건 하에서 자유롭게 변화할 수 있는 변인의 수 또는 범주의 수를 뜻한다. 예컨대, 5개의 수의 평균이 10이라고 가정하면, 우리는 4개의 수를 자유롭게 변하게 할 수 있지만, 나머지 1개 수는 평균 10이 되기 위해서는 변할 수 없다. 즉 1개는 자유롭게 변할 수 없지만 4개는 자유롭게 변할 수 있다. 이 때 자유도는 5−1=4이다. 통계에서는 변인의 수에서 구속 조건의 수를 뺀 것으로 자유롭게 정할 수 있는 변수의 수를 말한다. 표본의 크기가 N이고, 표본으로부터 추정해야 하는 모수의 수가 k라고 하면, 자유도 df=N−k가 된다.

3. 추리통계의 일반적 절차

추리통계의 과정은 가설검정의 과정과 같다고 앞서 언급하였다. 그 일반적인 과정은 다음과 같다.

1) 영가설 및 대립가설의 설정

먼저, 연구주제와 관련한 이론과 선행연구 탐색을 통하여 가설을 설정한다. 예컨대, 실험연구에서 “실험집단 A의 평균은 통제집단 B의 평균과 차이가 없다”라는 영가설을 세우고, 변인간 관계를 알아보는 연구에서 "고등학교의 내신성적은 수능고사점수에 영향을 미치지 않을 것이다"라는 영가설을 세운다. 당연히 대립가설은 ".... 차이가 있다", ".... 영향을 미칠 것이다"가 된다.

2) 표집을 통한 표본집단 구성

모집단에서 일정 수의 표집을 하여 표본을 만든다. 예컨대, 실험연구라면, 이후 실험집단과 통제집단으로 나누어 표본을 배치시키는데, 이 때 집단끼리 동질성을 갖도록 만든다. 변인간 관계를 알아보는 연구라면, 표본을 배치할 필요는 없다.

3) 자료수집

실험연구라면, 실험처치를 한 이후에 측정을 실시하고, 변인간 관계 연구라면, 주로 설문지를 통해서 자료를 수집한다.

4) 코딩작업과 통계분석

자료를 수집하고 나면 통계분석을 위하여 코딩작업을 한다. 코딩작업은 통계프로그램을 이용하기 위해서 하는 작업이다. 코딩자료를 입력하여 SPSS와 같은 통계프로그램을 실행하면 평균, 표준편차, t값, F값 등의 통계량들과 이에 해당하는 유의확률 등이 산출된다[4].

---

4) SPSS를 이용한 데이터 코딩에 대해서 4장에서 제시하고 있다.

5) 통계량의 해석

통계량의 해석은 통계프로그램이 산출한 각종 출력물을 보고 해석을 하는데, 특히 가설검정을 위해 검정통계량의 유의확률 p값(.000～.999)을 유의수준(.05, .01, .001)과 비교한다. p값이 .05보다 작으면 "유의도 수준 .05에서 통계적으로 유의미하다", p값이 .01 수준에서 작으면 "α = .01에서 통계적으로 유의미하다"고 말하며, 영가설을 기각할 수 있다. 영가설을 기각하면 당연히 대립가설을 채택한다. 즉, 예에서 "... 차이가 있다" 혹은 "... 영향을 미친다"는 결론을 내릴 수 있다. 만일 p값이 .05보다 크다면, 영가설을 기각할 수 없고 그대로 수용한다.

앞서 진술한 것처럼 표집이 잘 되고 자료수집에 문세가 없다면, 표집에서 얻은 영가설 기각이나 수용은 그대로 모집단에도 해당될 것이다. 다시 말해, 추리통계는 영가설을 기각하느냐 마느냐를 결정하는 것이며, 영가설을 기각하면 반드시 대립가설을 채택하며, 영가설을 기각하지 못하면 당연히 영가설을 수용해야 한다. 일반적으로 연구자의 목적은 탐색하고자 하는 실험처치의 효과나 변인간의 관계에 대한 영가설을 기각하고자 한다.

4. 추리통계의 기본 가정들

1) 정규성

분포의 정규성(normality)은 평균값을 중심으로 좌우 대칭인 종 모양(bell curve)을 이루는 것으로 정규분포와 같은 의미로 쓰인다. 일반적으로 인문사회과학에서 연구되는 변인들의 모집단은 정규분포를 이루고 있다고 가정한다. 정규분포를 이루는 모집단에서 표집되어 구성된 표본집단도 정규성을 갖추어야 하는데, 이를 확인하는 방법으로 히스토그램을 그려볼 수 있다. 또한 표집된 점수들이 매우 민감하여 반드시 정규분포를 이루어야 한다면, 표집이 정규분포를 이루는지 확인하는 정규성 검정을 실시할 수도 있다. 일반적으로 모집단에서 추출하는 표본의 수가 30이 넘으면 정규성을 만족한다고 가정할 수 있다. 이런 이유 때문에 표본의 수를 되도록 많이 늘린다. 만일 표집분포가 정규성 가정을 충족하지 못하면, 비모수통계를 수행해야 한다.

2) 등분산성

등분산성(equal variance, homoscedasticity)은 동분산성, 동질성이라고도 표현되는데, 그 의미는 집단 간의 분산이 같다 혹은 동질하다는 뜻이다. 또는 X변인 값에 대응하는 Y값의 분산이 Y변인 값에 대응하는 X값의 분산은 동일해야 한다는 것을 뜻한다. 일반적으로 인문사회과학에서 연구되는 변인들의 모집단은 등분산성을 이루고 있다고 가정한다. 등분산성을 이루는 모집단에서 표집되어 구성된 표본집단도 등분산성을 갖추어야 하는데, 예컨대, 실험연구에서 k개의 실험조건의 집단이 있다고 하면, 이 k개의 집단들의 분산이 같은 경우에 등분산성이 있다고 한다. 대체로 통계법을 사용한 연구에서 등분산성 검정 결과를 보여주는 경우가 많은데, t-검정에서는 Levene 등분산검정이 많이 사용되고, 다른 경우에는 Bartllett-Box 등분산검정이 많이 사용된다.

3) 독립성

추리통계에서 말하는 독립성(independency 혹은 independence)이란 어느 한 점수가 다른 변인들의 점수에 영향을 받지 않는 것을 말한다. 예컨대, 집단 A에 속한 어느 개인의 점수는 집단 B에 에 속한 개인들의 점수에 영향을 주지 않는다. 즉 서로 독립적이다. 그러나 집단 A에 속한 개인들이 집단 B에도 속하면 두 집단에서 측정한 점수들은 독립적이지 못하다. 또한 변인 A가 변인 B와 상관이 없거나 매우 낮으면 두 변인 A, B는 서로 독립적이다. 그러나 변인 A와 B가 상관관계가 크다면 독립적이지 못하다.

5. 모수통계와 비모수통계

모수통계는 모집단의 모수의 가정이 충족되는 경우에 사용할 수 있는 통계법으로 구체적으로 종속변인이 등간척도, 비율척도이면서 분포가 정규성 가정과 등분산성 가정을 만족할 때 사용하는 통계법이다.

반면에 비모수통계는 모집단의 모수의 가정이 충족되지 못하는, 아니면 필요없는 경우에 사용되는 통계법이다. 구체적으로 종속변인이 서열척도, 명명척도일 때, 분포가 정규성 가정과 등분산성 가정을 만족시키지 못할 때 사용한다. 즉 모수통계의 조건과 가정에 부합하지 않을 때 사용하는데, 빈도, 기호, 순위와 같은 질적 자료를 다룰 수 있다.

사실상, 비모수통계법은 모수통계법이 가능한 상황에서도 사용할 수 있다. 그러나 모수통계법 사용이 가능한 상황이라면 굳이 비모수통계법을 사용할 이유가 없다. 비모수통계법은 모수통계법보다 통계적 검정력이 약해서 영가설이 기각되는 경우가 적기 때문이다. 이 책에서는 모수통계법만을 다루었지만, 예외적으로 비모수통계인 χ^2-검정을 다루었다. 매우 빈번하게 사용되며 자주 연구논문에서 발견되기 때문이다.

6. 신뢰도 계수

연구논문을 보면, "본 연구에서 사용한 검사도구의 신뢰도 크론바하 알파계수 또는 Cronhach α는...." 하는 문장을, 혹은 연구도구를 요약한 표 안에 크론바하 알파계수를 기입한 경우를 자주 발견하게 된다. 여기서 말하는 크론바하 알파계수가 신뢰도 계수다. 이 크론바하 알파계수는 통계프로그램이 계산해서 출력해준다[5].

신뢰도는 타당도와 함께 자주 거론되는 개념인데, 가장 일반적인 신뢰도의 의미는 어떤 검사도구를 이용하여 반복해서 측정했을 때 그 측정결과가 동일하거나 비슷한 결과, 즉 일관성을 보이느냐를 뜻한다. 즉 검사도구가 잘 만들어지고 잘 사용되고 있는 가이다. 그러나 연구논문에서 신뢰도는 이런 일반적인 의미보다는 측정에 있어 측정오차가 얼마나 존재하는지를 파악하는 의미로 쓰인다. 측정오차가 많으면 검사도구의 신뢰도 계수는 낮아지며, 측정오차가 적으면 검사도구의 신뢰도 계수는 높아진다. 크론바하 신뢰도 계수는 0에서 1 사이의 값을 갖는데, 크기가 클수록 바람직하다고 할 수 있다. 대개 계수의 크기가 0.8 이상이면 바람직하고, 0.6~0.7이면 수용할 만하다.

5) SPSS를 통해 검사도구의 신뢰도를 구하는 방법이 4장에 기술되어 있다.

Chapter 04

통계분석을 위한 SPSS의 이해

SPSS란 Statistical Package for Social Science의 약자로 직역을 하면 '사회과학을 위한 통계 패키지'라고 할 수 있다. SPSS는 사회과학의 자료분석을 위해 개발된 통계를 위한 통계 전용 컴퓨터 소프트웨어의 이름으로, 복잡한 수식을 일일이 전자계산기를 갖고 계산하지 않고도 쉽게 통계처리를 전문적으로 해준다. 비록 이름에 'for social science', 즉 '사회과학을 위한'이 들어있지만, SPSS가 사용되는 분야는 경영학, 경제학, 교육학, 사회학, 심리학, 인류학, 물리학, 간호학, 의학 등등 사회과학, 인문학, 자연과학 등 학문의 경계를 넘어 두루 사용되고 있다. 현재 전 세계에서 수많은 교수, 연구원, 학생들이 SPSS를 이용하여 통계분석을 실시하고 있다. 참고로 SPSS와 쌍벽을 이루는 통계 전용 컴퓨터 소프트웨어에는 SAS(Statistical Analysis System)가 있으며, 최근에 SPSS로는 분석할 수 없는 구조방정식 모형이 통계법에 자주 사용되면서 LISREL이나 AMOS와 같은 특별한 프로그램이 사용되기도 한다.

SPSS는 버전 17.0.3부터는 PASW(Predictive Analytics SoftWare)라는 이름으로 출시

되었으나, IBM사가 SPSS를 인수한 이후 버전 19.0부터는 다시 SPSS라는 이름으로 출시되고 있다. 이 때문에 PASW라는 이름으로 출시된 버전은 화면 창 맨 위 상단에 "PASW"라는 이름이 보인다. 버전 19.0부터는 화면 창 맨 위 상단에 다시 SPSS라는 이름이 보인다.

SPSS의 구성과 메뉴, 창과 도구모음, 다양한 기능 등 프로그램 자체에 대한 자세한 내용은 이 책의 목적과 범위에서 벗어난다. 여러 출판사에서 SPSS 매뉴얼 등이 출간되어 있으므로 그 책들을 참고하면 된다. 다만, 이 책에서는 통계법을 연구에 적용하는데 꼭 필요한 최소한의 메뉴와 기능만을 다룬다. 특히 이 장에서는 SPSS를 사용하여 통계분석을 실제로 수행하기 전에 반드시 알아야 하는 3가지 중요한 기본적인 기능(자료코딩, 데이터 변수 처리, 분석메뉴)을 다루었다[1].

1. 자료코딩

자료를 수집한 이후에 통계분석을 위해서 꼭 필요한 것이 먼저 자료를 코딩하는 것이다. 무엇보다 수집된 자료를 SPSS가 불러 읽을 수 있도록 코딩을 해야 한다. 코딩방법은 크게 3가지가 있다. 첫 번째 방법은 메모장, 워드패드, 아래아 한글, 워드와 같은 문서작성용 프로그램을 이용하여 text 파일로 자료를 코딩한 후 SPSS에서 불러오는 방법, 두 번째 방법은 엑셀과 같은 스프레드시트 프로그램을 이용하여 자료를 코딩한 후 SPSS에서 불러오는 방법, 세 번째 방법은 SPSS 내에서 자료를 코딩하는 방법이다. 이 중에서 text 파일로 코딩을 하는 방법은 과거 윈도 시스템이 없었던 DOS 시절에

1) 이 책에서 제시되는 SPSS 화면은 버전 21.0.0.0 32비트 에디션에서 캡처한 것이다.

많이 사용하던 방법으로 SPSS에서 불러오는 절차들이 복잡하여 요즈음에는 거의 사용하지 않으며, 권장하지도 않는다. 대신 엑셀을 이용하거나 SPSS에서 직접 코딩하는 방법이 쉽기 때문에 많이들 이런 방법으로 자료코딩을 하는데, 이 책에서 엑셀을 이용한 자료코딩 하는 방법만을 설명한다[2].

1) 엑셀에서 자료입력과 저장

여기 예시에서는 엑셀 프로그램을 열고 〈표 4-1〉의 설문지의 결과를 [화면캡처 4-1]처럼 입력하고 파일명을 "사이버가정학습만족도분석_엑셀코딩.xlsx"으로 저장하였다. 〈표 4-1〉은 엑셀 자료입력에서 사용한 설문지 예시다. 이 예시는 실제 설문조사를 한 것이 아니라 설명의 이해를 돕고자 필자들이 가상으로 만든 것임을 밝힌다.

- 일련번호
  - 연구자가 설문참여자 각각에게 부여하는 고유번호인데, 실제로 누구인지는 모르지만 설문조사 후에 설문지 위에 연구자가 일련번호를 기재하고 이를 코딩하면, 자료코딩에서 발생할 수 있는 실수를 확인할 수 있고, 전체 인원을 파악하는 데에도 도움이 된다. [화면캡처 4-1]에서는 28명 참여자들의 자료코딩 결과만 보인다.
- 성별
  - 명명척도로 1은 남학생, 2는 여학생으로 부여한다.

2) SPSS에서 직접 자료코딩을 하는 것도 어렵지 않으나 권장하고 싶지는 않다. 엑셀은 어느 컴퓨터에서나 설치되어 있어서 어떤 컴퓨터에 구애 없이 자료코딩이 가능하지만, SPSS는 매년 사용료를 지불해야 하며 모든 컴퓨터에나 설치되어 있지 않아서 자료코딩을 위해서는 SPSS가 설치되어 있는 컴퓨터에서만 작업해야하기 때문이다.

- 학교급
  - 명명척도로 1은 초등학교, 2는 중학교, 3은 고등학교로 부여한다.

- 거주지
  - 명명척도로 1은 대도시, 2는 중소도시, 3은 농촌 및 어촌지역으로 부여한다.

- 이용동기
  - 명명척도로 1은 선생님이 권유해서, 2는 친구가 권유해서, 3은 부모님이 권유해서, 4는 학원에서 권유해서로 부여한다.

- 이용학기
  - 명명척도로 1은 1학기, 2는 2학기, 3은 방학 중으로 부여한다.

- 이용장소
  - 명명척도로 1은 학교, 2는 도서관, 3은 집으로 부여한다.

위의 어느 경우에나 설문참여자가 답변을 하지 않았다면 그 항목을 9로 부여한다. 예컨대, [화면캡처 4-1] 일련번호 5, 8, 12, 21, 23, 27번 참여자는 학교급을 묻는 질문에 답을 하지 않았기 때문에 9를 부여하였다. 이것을 결측값이라고 한다.

- **콘텐츠 만족 1, 2, 3, 4와 교사 만족 1, 2, 3...**
  - 5점 Likert 등간척도로 설문지에 체크한 대로 1은 전혀 아니다, 2는 아니다, 3은 보통이다, 4는 그렇다, 5는 매우 그렇다로 부여한다.

〈표 4-1〉 사이버가정학습 만족도 설문지 예시

1. 귀하의 성별은?
__① 남 __② 여

2. 귀하가 다니는 학교는?
__① 초등학교 __② 중학교 __③ 고등학교

3. 귀하가 거주하는 지역은?
__① 대도시 __② 중소도시 __③ 농촌 및 어촌지역

4. 사이버가정학습을 이용한 동기는?
__① 부모님이 권유해서 __② 친구가 권유해서
__③ 선생님이 권유해서 __④ 학원에서 권유해서

5. 사이버가정학습을 이용한 학기는?
__① 1학기 __② 2학기 __③ 방학 중

6. 사이버가정학습을 이용한 장소는?
__① 학교에서 __② 도서관에서 __③ 집에서

7번부터는 모두 5점 Likert 척도로 "....에 만족하는가?"로 질문함
__① 전혀 아니다 __② 아니다 __③ 보통이다 __④ 그렇다 __⑤ 매우 그렇다

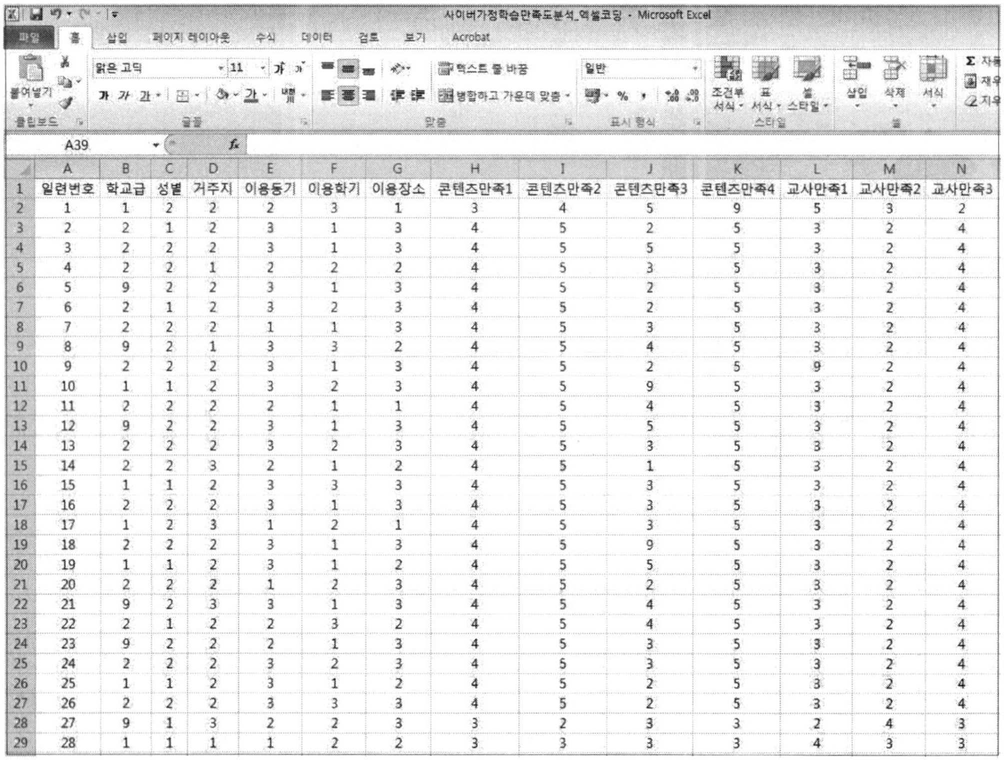

	A	B	C	D	E	F	G	H	I	J	K	L	M	N
1	일련번호	학교급	성별	거주지	이용동기	이용학기	이용장소	콘텐츠만족1	콘텐츠만족2	콘텐츠만족3	콘텐츠만족4	교사만족1	교사만족2	교사만족3
2	1	1	2	2	2	3	1	3	4	5	9	5	3	2
3	2	2	1	2	3	1	3	4	5	2	5	3	2	4
4	3	2	2	2	3	1	3	4	5	5	5	3	2	4
5	4	2	2	1	2	2	2	4	5	3	5	3	2	4
6	5	9	2	2	3	1	3	4	5	2	5	3	2	4
7	6	2	1	2	3	2	3	4	5	2	5	3	2	4
8	7	2	2	2	1	1	3	4	5	3	5	3	2	4
9	8	9	2	1	3	3	2	4	5	4	5	3	2	4
10	9	2	2	2	3	1	3	4	5	2	5	9	2	4
11	10	1	1	2	3	2	3	4	5	9	5	3	2	4
12	11	2	2	2	2	1	1	4	5	4	5	3	2	4
13	12	9	2	2	3	1	3	4	5	5	5	3	2	4
14	13	2	2	2	3	2	3	4	5	3	5	3	2	4
15	14	2	2	3	2	1	2	4	5	1	5	3	2	4
16	15	1	1	2	3	3	3	4	5	3	5	3	2	4
17	16	2	2	2	3	1	3	4	5	3	5	3	2	4
18	17	1	2	3	1	2	1	4	5	3	5	3	2	4
19	18	2	2	2	3	1	3	4	5	9	5	3	2	4
20	19	1	1	2	3	1	2	4	5	5	5	3	2	4
21	20	2	2	2	1	2	3	4	5	2	5	3	2	4
22	21	9	2	3	3	1	3	4	5	4	5	3	2	4
23	22	2	1	2	2	3	2	4	5	4	5	3	2	4
24	23	9	2	2	2	1	3	4	5	3	5	3	2	4
25	24	2	2	2	3	2	3	4	5	3	5	3	2	4
26	25	1	1	2	3	1	2	4	5	2	5	3	2	4
27	26	2	2	2	3	3	3	4	5	2	5	3	2	4
28	27	9	1	3	2	2	3	3	2	3	3	2	4	3
29	28	1	1	1	1	2	2	3	3	3	3	4	3	3

[화면캡처 4-1] 엑셀에서 자료입력과 저장

2) SPSS에서 파일 불러오기

엑셀에서 자료입력과 저장이 완료되면, 자료코딩의 완성을 위하여 [화면캡처 4-2]의 SPSS 메뉴바에서 파일(F) → 열기(O) → 데이터(A)...를 선택하면, [대화상자 4-1]이 나타난다.

[화면캡처 4-2] SPSS 파일 메뉴

대화상자 4-1: 데이터 열기

❶ 파일 유형 풀다운메뉴에서 “Excel(*.xls, *.xlsx, *xlsm)”을 선택한다.
❷ 파일 이름은 “사이버가정학습만족도분석_엑셀코딩.xlsx”을 선택한다.
❸ 열기(O)버튼을 클릭한다.

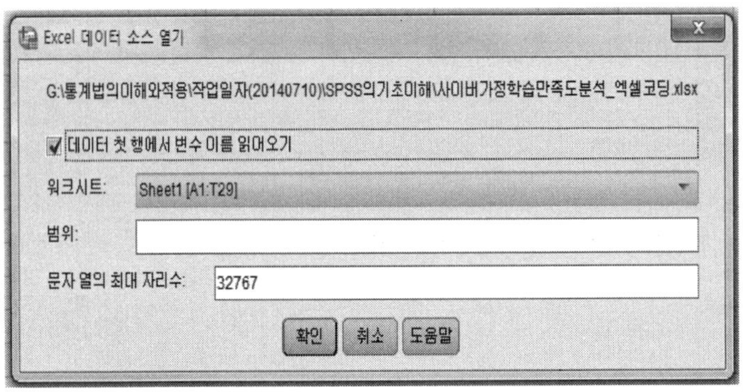

대화상자 4-2: Excel 데이터 소스 열기

❶ ☑데이터 첫 행에서 변수이름 읽어오기가 기본 설정되어 있다.
❷ 워크시트가 기본 설정되어 있다.
❸ 확인버튼을 클릭한다.

이제 [화면챕처 4-3]의 SPSS 데이터 편집기 화면이 나타난다. 좌하의 “데이터 보기(D)”와 “변수 보기(V)”를 번갈아 클릭하며 그 차이점을 확인한다. 이제 데이터 변수를 처리해야 한다.

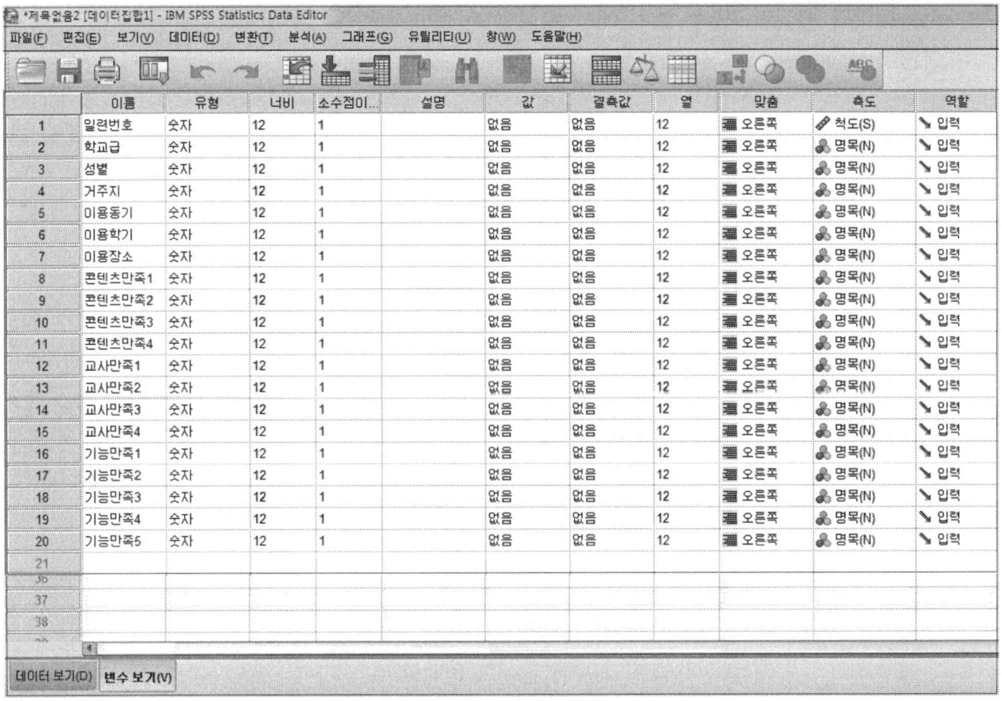

[화면캡처 4-3] SPSS 데이터 편집기 화면

2. SPSS에서 데이터 변수 처리

1) 변수 보기 및 변수 속성의 결정

엑셀에서 코딩 작업한 파일을 불러왔으면, 통계분석을 위해 파일 안의 데이터들을 적절하게 처리해야 한다. [화면캡처 4-3] 좌하의 “데이터 보기(D)”를 클릭하면 엑셀에서 코딩한 데이터가 나타나고 “변수 보기(V)”를 클릭하면, 데이터가 갖고 있는 속성을 보여준다. 〈표 4-2〉는 결정할 수 있는 변수의 속성들이다.

〈표 4-2〉 데이터 편집기 "변수 보기"에서 결정할 수 있는 변수의 성격

변수의 성격	요령
이름	커서를 위치시킨 후, 원하는 이름을 작성한다.
유형	"숫자"를 클릭하면 [...] 버튼이 나타나는데, 이 버튼을 클릭하여 원하는 유형을 선택한다. 선택할 수 있는 유형은 숫자, 콤마, 점, 지수표시, 날짜, 달러, 사용자 통화, 문자 등이 있다. 또한 여기에서도 "너비"와 "소수점이하자리수"도 지정할 수 있다.
너비	12로 기본 설정되어 있다.
소수점이하자리	소수점이하 0자리로 기본 설정되어 있다.
설명	변수에 대한 부연설명이 필요하면 작성하고, 그렇지 않으면 생략할 수 있다.
값	"값"을 클릭하면, [...] 버튼이 나타난다. 특히 그 변수가 명명척도면 클릭하여 작업한다. [대화상자 4-3]를 참조한다.
결측값	"결측값"을 클릭하면, [...] 버튼이 나타난다. [대화상자 4-4]을 참조한다.
열	기본 설정을 그대로 유지해도 된다.
맞춤	좌정렬, 우정렬, 가운데 정렬을 선택할 수 있다.
측도	클릭하여 척도(S), 순서(O), 명목(N) 중 선택이 가능하다. "척도"는 등간척도와 비율척도를, "순서"는 서열척도를, "명목"은 명명척도를 의미한다.
역할	기본 설정을 그대로 유지한다.

대화상자 4-3: 변수값 설명

❶ 변수값 설명에서 학교급인 경우에는 기준값(A)에 "1"을, 설명(L)에는 "초등학생" 이라고 입력하고 추가버튼을 클릭한다.
❷ 기준값(A)에는 "2"를, 설명(L)에는 "중학생"이라고 입력하고 추가버튼을 클릭한다. 동일하게 고등학생도 입력한다.
❸ 성별, 거주지, 이용동기 등 모든 변수들의 값을 이와 같이 결정한다.
❸ 확인버튼을 클릭한다.

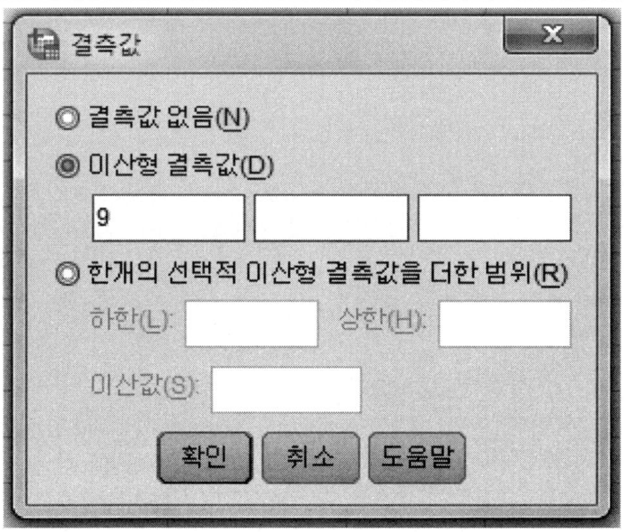

대화상자 4-4: 결측값

❶ 결측값이 없으면 ◉결측값없음(N)을 선택한다.
❷ ◉이산형 결측값(D)을 선택하고 한 자리수 응답의 경우는 9를, 두 자리 수 응답의 경우는 99를 입력한다. 만일 응답값이 9, 99가 있으면 9나 99값은 결측값이 될 수 없다.
❸ 확인버튼을 클릭한다.

2) 변수 계산

2장에서 Likert 척도 한 개의 문항으로 한 개의 변인의 속성을 측정하는 것이 아니라 여러 개의 문항으로 측정하고 이를 평균해서 처리하면, 이 점수는 등간척도의 자료로 간주할 수 있다고 설명하였다. 그래서 한 개의 변인을 여러 개의 문항으로 측정하도록 설문지를 설계하였고, 코딩할 때는 설문지의 모든 문항의 응답을 그대로 코딩하였다.

이제 변수 계산을 통해 여러 개의 문항으로 측정된 한 개의 변인을 평균값으로 변환해보자. 여기 예시에서는 4개의 문항으로 콘텐츠 만족도를, 4개의 문항으로 교사 만족도를, 5개의 문항으로 기능 만족도를 측정하였다.

[화면캡처 4-3]의 SPSS의 메뉴바에서 변환(T)... → 변수계산(C)...을 선택하면 [대화상자 4-5]이 나타난다. [대화상자 4-5, 4-6]의 방법으로 새로운 변수를 계속 만들 수 있다.

대화상자 4-5: 변수 계산

❶ 좌측 상자의 콘텐츠만족1, 2, 3, 4를 숫자표형식(E) 칸에 하나씩 옮기면서 사칙연산기호인 "+"를 사용한다.

❷ 평균값을 계산해야 하므로 모두 더한 뒤에 4로 나누어야 한다. 따라서 "(콘텐츠만족1+콘텐츠만족2+콘텐츠만족3+콘텐츠만족4)/4"가 되도록 만든다.

대화상자 4-6: 변수 계산

❶ 이어서 대상변수(T)에 "콘텐츠만족"이라고 이름을 붙인다.

❷ 확인버튼을 클릭한다.

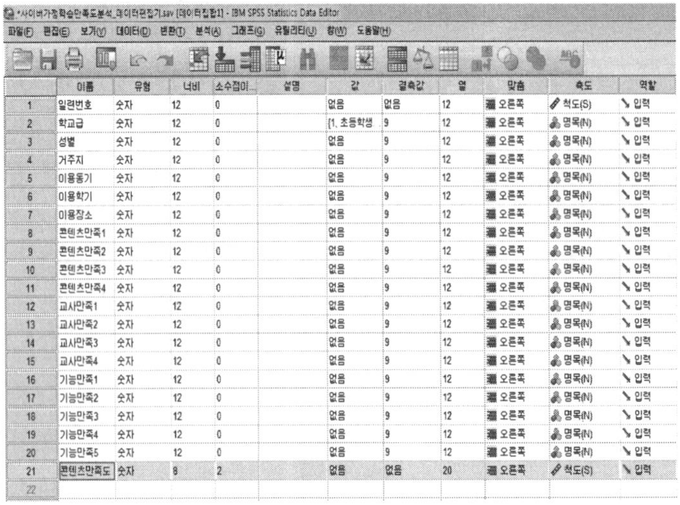
*사이버가정학습만족도분석_데이터편집기.sav [데이터집합1] - IBM SPSS Statistics Data Editor
파일(F) 편집(E) 보기(V) 데이터(D) 변환(T) 분석(A) 그래프(G) 유틸리티(U) 창(W) 도움말(H)

	이름	유형	너비	소수점이...	설명	값	결측값	열	맞춤	측도	역할
1	일련번호	숫자	12	0		없음	없음	12	오른쪽	척도(S)	입력
2	학교급	숫자	12	0		{1, 초등학생	9	12	오른쪽	명목(N)	입력
3	성별	숫자	12	0		없음	9	12	오른쪽	명목(N)	입력
4	거주지	숫자	12	0		없음	9	12	오른쪽	명목(N)	입력
5	이용동기	숫자	12	0		없음	9	12	오른쪽	명목(N)	입력
6	이용학기	숫자	12	0		없음	9	12	오른쪽	명목(N)	입력
7	이용장소	숫자	12	0		없음	9	12	오른쪽	명목(N)	입력
8	콘텐츠만족1	숫자	12	0		없음	9	12	오른쪽	명목(N)	입력
9	콘텐츠만족2	숫자	12	0		없음	9	12	오른쪽	명목(N)	입력
10	콘텐츠만족3	숫자	12	0		없음	9	12	오른쪽	명목(N)	입력
11	콘텐츠만족4	숫자	12	0		없음	9	12	오른쪽	명목(N)	입력
12	교사만족1	숫자	12	0		없음	9	12	오른쪽	명목(N)	입력
13	교사만족2	숫자	12	0		없음	9	12	오른쪽	명목(N)	입력
14	교사만족3	숫자	12	0		없음	9	12	오른쪽	명목(N)	입력
15	교사만족4	숫자	12	0		없음	9	12	오른쪽	명목(N)	입력
16	기능만족1	숫자	12	0		없음	9	12	오른쪽	명목(N)	입력
17	기능만족2	숫자	12	0		없음	9	12	오른쪽	명목(N)	입력
18	기능만족3	숫자	12	0		없음	9	12	오른쪽	명목(N)	입력
19	기능만족4	숫자	12	0		없음	9	12	오른쪽	명목(N)	입력
20	기능만족5	숫자	12	0		없음	9	12	오른쪽	명목(N)	입력
21	콘텐츠만족도	숫자	8	2		없음	없음	20	오른쪽	척도(S)	입력
22											

대화상자 4-7 : 변수 계산

❶ 데이터 편집기 창 맨 아래에 "콘텐츠만족"이라는 변수이름으로 한 줄이 생성된 것을 볼 수 있다.

❷ "교사만족도", "기능만족도", "사이버가정학습만족도"도 [대화상자 4-5, 4-6]과 동일한 방법으로 생성한다.

※ 콘텐츠 만족도 평균: (콘텐츠만족1+콘텐츠만족2+콘텐츠만족3+콘텐츠만족4)/4
※ 교사 만족도 평균: (교사만족1+교사만족2+교사만족3+교사만족4)/4
※ 기능 만족도 평균: (기능만족1+기능만족2+기능만족3+기능만족4+기능만족5)/5
※ 사이버가정학습 만족도 평균: (콘텐츠만족도+교사만족도+기능만족도)/3

3) 변수 계산에서 조건식의 이용

코딩된 데이터를 변수 계산을 통해 새로운 데이터를 만들 수 있었다. 이제 연구자가 만족도가 높은 집단과 낮은 집단으로 분류하여 분석하고 싶다면 어떻게 해야 할까? 예를 들어, 사이버가정학습 전체 만족도의 평균(Mean=3.45)을 산출하여 평균보다 낮은 집단을 1로, 평균보다 높거나 같은 집단은 2로 설정해보자.

[대화상자 4-6]의 화면에서 하단에 있는 조건(I)... 버튼을 클릭하면 [대화상자 4-8]이 나타난다.

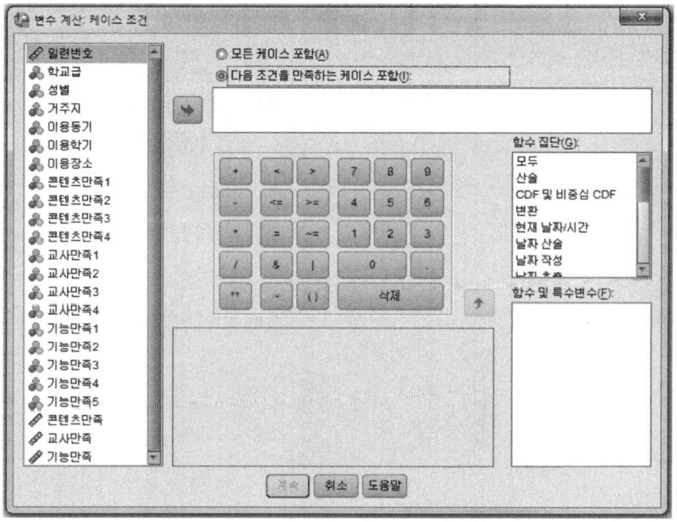

대화상자 4-8: 변수 계산: 케이스 조건

❶ ◉다음 조건을 만족하는 케이스 포함(I)을 선택하고 그 상자 안에 조건을 입력하면 그 조건에 맞는 케이스들만 변환의 대상이 된다.

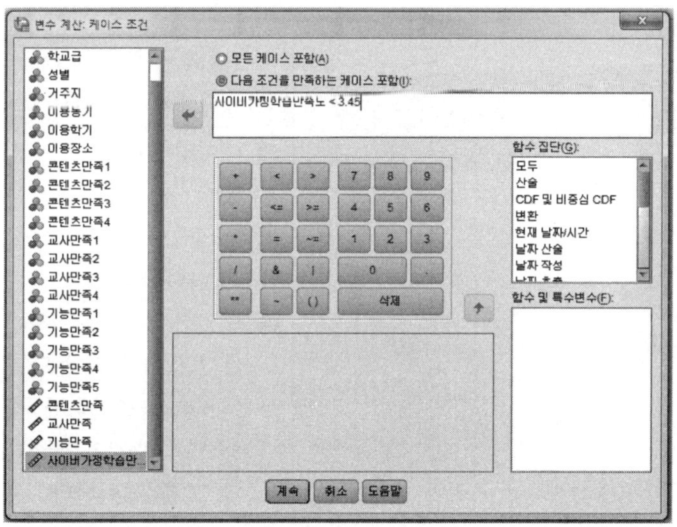

대화상자 4-9: 변수 계산: 케이스 조건

❶ 다음 조건을 만족하는 케이스 포함(I) 상자 안에 "사이버가정학습만족도<3.45" 이라고 입력한다.

❷ 계속버튼을 클릭한다.

대화상자 4-10: 변수 계산

❶ 대상변수(T) 상자에 “만족도분류”라고 작성한다.

❷ 숫자표형식(E) 상자에 “1”이라고 작성한다.

❸ 확인버튼을 클릭한다.

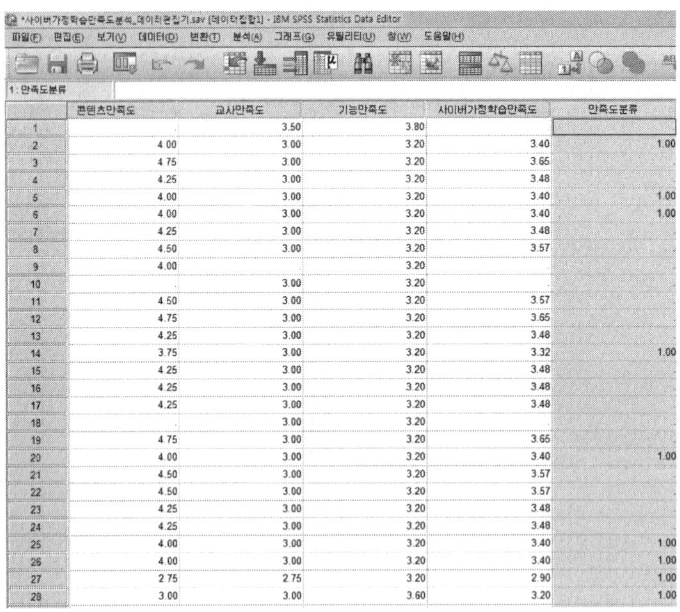

대화상자 4-11: 데이터 편집기

❶ 데이터 편집기 데이터 보기 창에 “만족도분류”와 그 아래에 1.00으로 나타난다.

❷ 동일한 방법으로 사이버가정학습만족도 ≥ 3.45라고 조건식에 작성하고, 숫자표형식(E)에 “2”를 입력한다.

❸ 기존 변수를 바꾸시겠습니까? 라는 메시지가 나타난다.

❹ 확인버튼을 클릭한다.

4) 같은 변수로 코딩변경

설문지를 설계할 때, 역채점 문항을 만들어 넣는 것은 일반적이다. 역채점 문항을 코딩할 때 2가지 방법이 있는데, 하나는 엑셀에 자료를 입력할 때 그 문항이 역채점 문항임을 알고 미리 변환하여 입력하는 것이고, 다른 하나는 설문지에 있는 상태로 그대로 입력한 후 SPSS에서 변수를 변환하는 것이다. 여기에서는 그 중에서 두 번째 방법을 설명하는데, 5점은 1점, 4점은 2점, 3점은 3점, 2점은 4점, 1점은 5점으로 변경하는 것이다. 예시에서는 기능만족2가 역채점 무항이다.

[화면캡처 4-3]의 SPSS의 메뉴바에서 변환(T)... → 같은 변수로 코딩변경(S)...을 선택하면 [대화상자 4-12]가 나타난다.

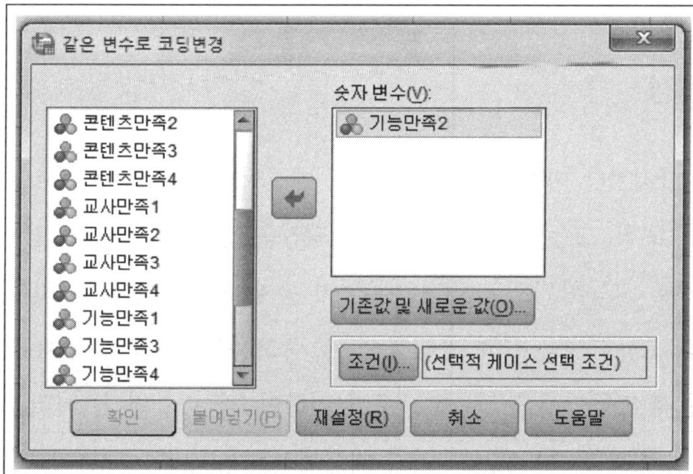

대화상자 4-12 : 같은 변수로 코딩변경

❶ 좌측 상자의 "기능만족2"를 숫자변수(V) 상자로 이동시킨다.

❷ 기존값 및 새로운 값(O)...을 클릭한다.

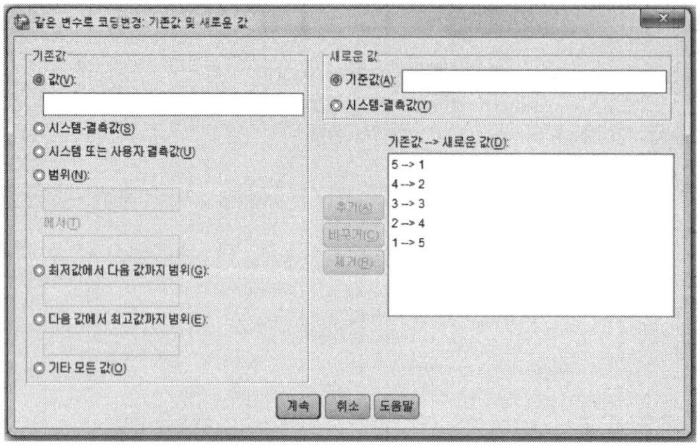

**대화상자 4-13:
같은 변수로 코딩변경:
기존값 및 새로운 값**

❶ 좌측 기존값 ◉값(V) 상자에 "5"를 입력하고 우측 새로운 값 ◉기준값(A) 상자에 "1"을 입력하고 추가버튼을 클릭한다.

❷ 기존값→새로운값(D) 상자에 "5→1"이 생긴다.

❸ 4→2, 3→3, 2→4, 1→5 도 위와 동일한 방법으로 변경한다.

5) 다른 변수로 코딩변경

경우에 따라서는 변수를 합치거나 버려야 할 때가 있다. 예컨대, 학교급을 묻는 질문에 초등학생 150명, 중학생 100명, 고등학생 3명으로 표집되었을 경우, 고등학생 3명을 갖고 초등학생 vs. 중학생 vs. 고등학생으로 집단분류하여 통계를 분석할 수는 없다. 오히려 이 경우는 중학생과 고등학생을 합쳐 초등학생 vs, 중고등학생으로 나누어 분석하는 편이 낫다. 물론 이 때 고등학생을 결측값으로 처리하여(3을 9로 변경) 버리고, 초등학생과 중학생 집단만을 비교할 수도 있다. 여기 예시에서는 중학생과 고등학생을 합치는 것을 설명한다.

[화면캡처 4-3]의 SPSS의 메뉴바에서 변환(T)... → 다른 변수로 코딩변경(R)...을 선택하면 [대화상자 4-14]가 나타난다.

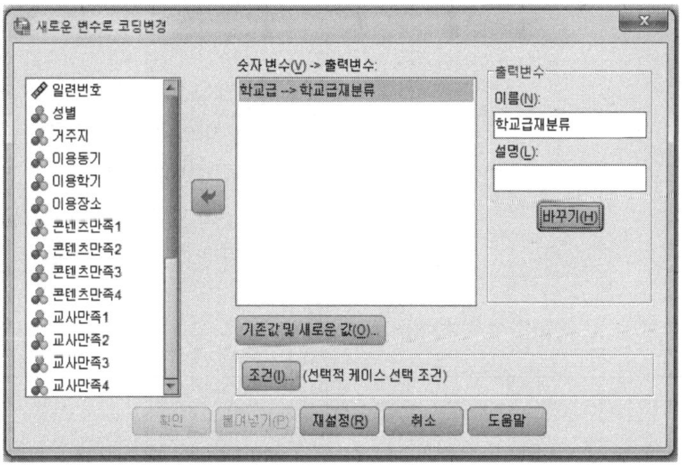

대화상자 4-14: 새로운 변수로 코딩변경

❶ 좌측 상자에서 "학교급"을 선택하여 숫자변수(V)→출력변수 상자 안으로 이동시킨다.

❷ 출력변수 이름(N)에 "학교급재분류"라고 입력하고 바꾸기(H) 버튼을 클릭한다.

❸ 기존값 및 새로운 값(O)...을 클릭한다.

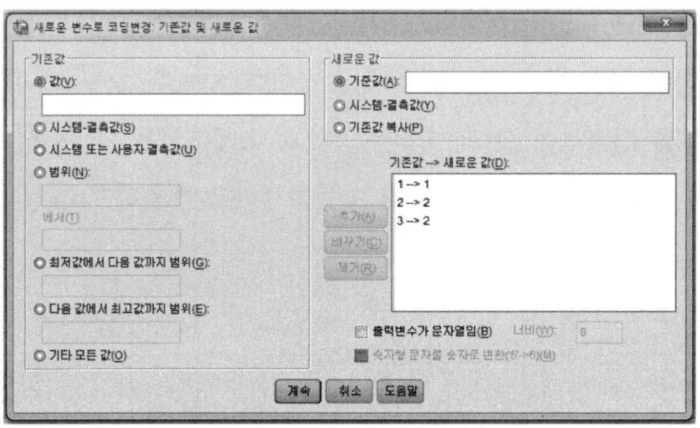

대화상자 4-15: 새로운 변수로 코딩변경 : 기존값 및 새로운 값

❶ 좌측 기존값 ◉값(V) 상자에 "1"을 입력한다.

❷ 우측 새로운 값 ◉기준값(A)에 "1"을 입력하고 추가버튼을 클릭한다.

❸ 기준값→새로운값(D) 상자에 "1→1"이 생긴다.

❹ 2→2, 3→2도 위와 같은 방법으로 변경한다.

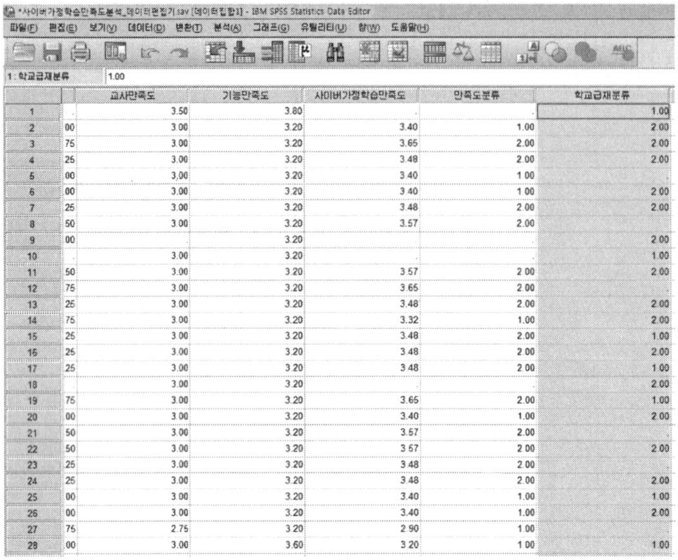

대화상자 4-16:

❶ 데이터 편집기 창에 "학교급재분류"라는 변수이름과 그 아래에 1.00과 2.00으로 나타난다.

❷ 변수값 설명([대화상자 4-3])에서 "학교급재분류" 변수값에 "1"은 초등학생, "2"는 중·고등학생으로 작성한다.

6) 케이스의 선택

이미 자료입력과 코딩이 다 된 데이터 중에서 원하는 데이터만을 갖고 통계분석을 하고 싶은 경우가 있다. 이를 위해 원하는 데이터가 있는 설문지만을 뽑아 다시 처음부터 입력과 코딩을 해야 한다면 여간 짜증나는 일이 아닐 것이다. SPSS는 모두 입력된 데이터 중에서 원하는 부분을 선택하여 그 데이터만을 갖고 통계분석을 할 수 있는 기능을 갖고 있다. 여기 사례에서는 코딩자료로부터 초등학생만을 추출하고 싶었다.

[화면캡처 4-3]의 SPSS의 메뉴바에서 데이터(D)... → 케이스 선택(S)...을 선택하면 [대화상자 4-17]이 나타난다.

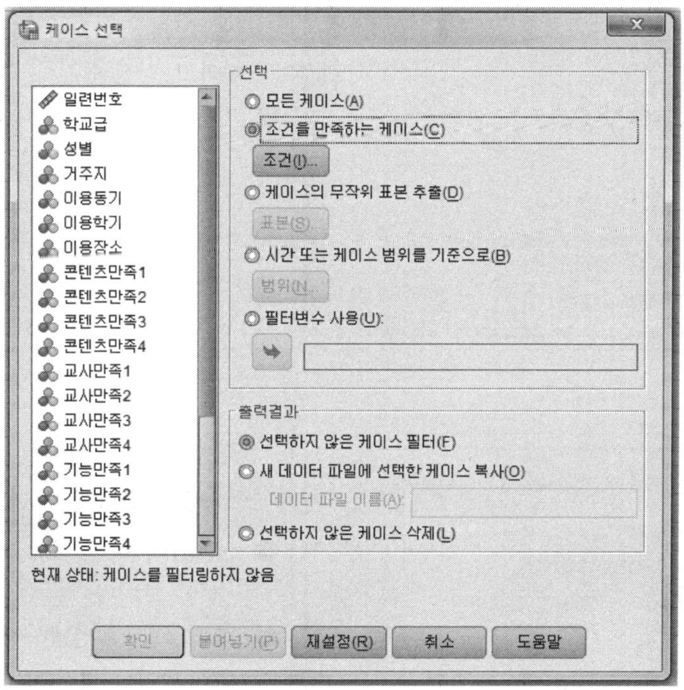

대화상자 4-17: 케이스 선택

❶ ◉조건을 만족하는 케이스(C)에서 조건(I)...을 클릭한다.

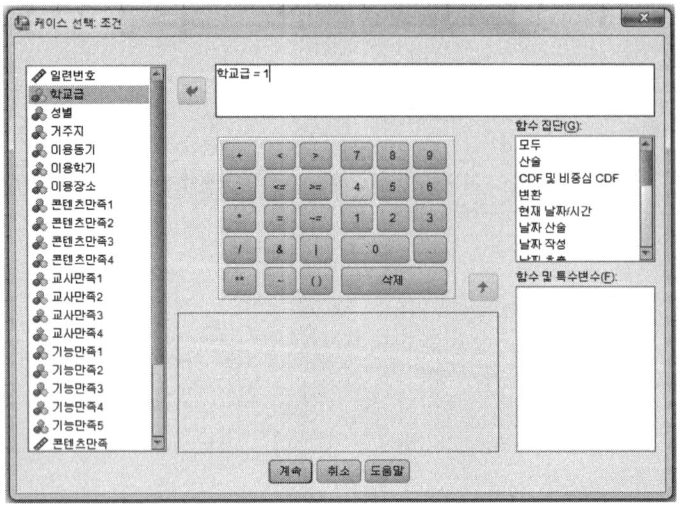

대화상자 4-18: 케이스 선택: 조건

❶ 좌측 상자에서 "학교급"을 우측 빈 상자로 이동시켜 "학교급=1"이라고 작성한다.

❷ 계속버튼을 클릭한다.

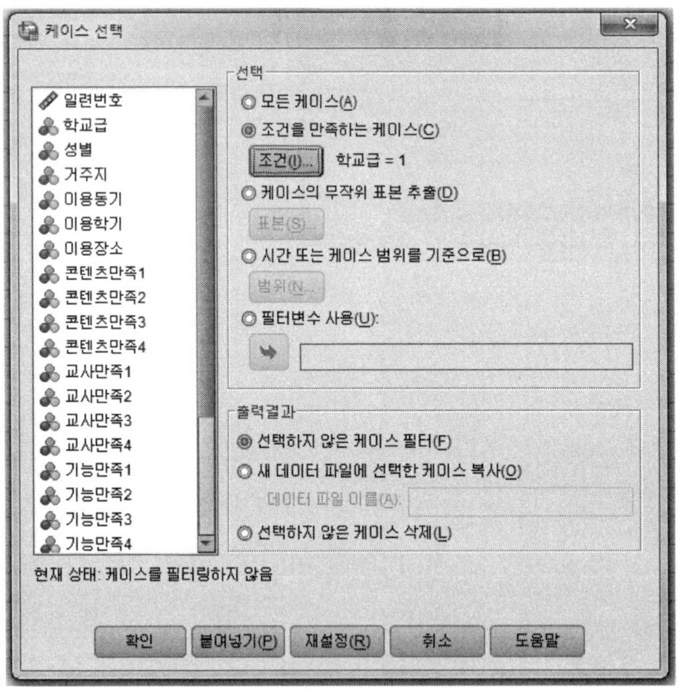

대화상자 4-19: 케이스 선택

❶ 조건(I) 우측에 "학교급=1"이 보인다.

❷ 출력결과 ◉선택하지 않은 케이스 필터(F)를 선택한다.
(기존 그대로 지정)

❸ 이 때 ◎새 데이터파일에 선택한 케이스 복사(O)를 선택하면 새 데이터파일의 이름을 작성하여 새 데이터 파일을 만들 수 있다.

❹ 확인버튼을 클릭한다.

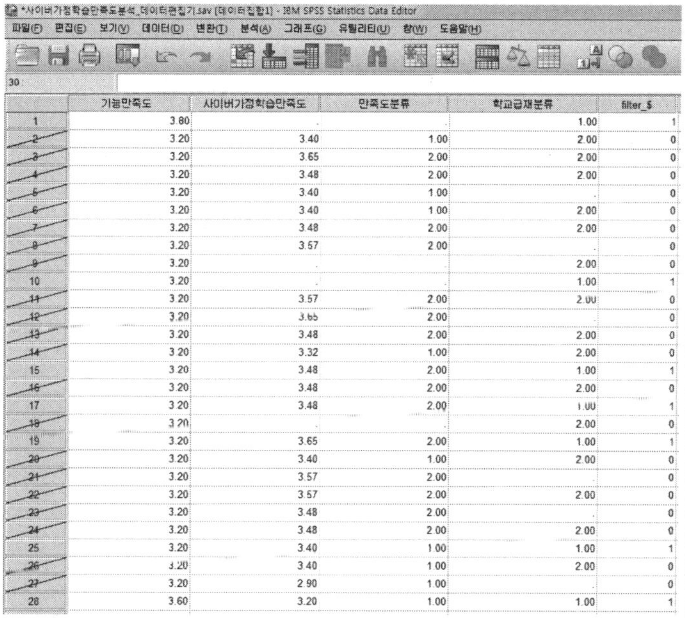
*사이버가정학습만족도분석_데이터편집기.sav [데이터집합1] - IBM SPSS Statistics Data Editor

	기쁨만족도	사이버가정학습만족도	만족도분류	학교급재분류	filter_$
1	3.80	.	.	1.00	1
2	3.20	3.40	1.00	2.00	0
3	3.20	3.65	2.00	2.00	0
4	3.20	3.48	2.00	2.00	0
5	3.20	3.40	1.00	.	0
6	3.20	3.40	1.00	2.00	0
7	3.20	3.48	2.00	2.00	0
8	3.20	3.57	2.00	.	0
9	3.20	.	.	2.00	0
10	3.20	.	.	1.00	1
11	3.20	3.57	2.00	2.00	0
12	3.20	3.65	2.00	.	0
13	3.20	3.48	2.00	2.00	0
14	3.20	3.32	1.00	2.00	0
15	3.20	3.48	2.00	1.00	1
16	3.20	3.48	2.00	2.00	0
17	3.20	3.48	2.00	1.00	1
18	3.20	.	.	2.00	0
19	3.20	3.65	2.00	1.00	1
20	3.20	3.40	1.00	2.00	0
21	3.20	3.57	2.00	.	0
22	3.20	3.57	2.00	2.00	0
23	3.20	3.48	2.00	.	0
24	3.20	3.48	2.00	2.00	0
25	3.20	3.40	1.00	1.00	1
26	3.20	3.40	1.00	2.00	0
27	3.20	2.90	1.00	.	0
28	3.60	3.20	1.00	1.00	1

대화상자 4-20: 데이터편집기

❶ 화면 우측 Filter 아래칸에 초등학생은 1로 표시되고, 나머지 학생들은 0으로 표시된 변수가 나타난다.

❷ 초등학생이 아닌 학생들은 일련번호에 ⍁필터된 것이 보인다.

❸ 이 상태에서 통계분석을 실시하면 1로 표시된 자료만을 분석한다.

3. SPSS 분석 메뉴 기초

이 절에서는 구체적인 통계법을 적용하기에 앞서 기본적으로 알고 있어야 하는 빈도분석, 기술통계에 대한 예시와 신뢰도 분석방법을 제시하였다. 여기에서 사용하는 예시는 〈표 4-1〉 사이버가정학습 만족도 설문지 예시와 그것을 코딩한 것을 보여주는 [화면캡처 4-1]의 내용을 갖고 설명한다.

1) 빈도분석

〈표 4-1〉의 사이버가정학습 만족도 설문지에서 문항 4. 5, 6은 각각 사이버가정학습

의 이용동기, 이용학기, 이용장소에 대한 문항으로 설문참여자의 몇 명과 몇 %가 응답의 보기처럼 답했는지를 알아보고자 하는 것이다. 모두 명명척도로 구성되어 있기 때문에 점수로 측정되는 것은 아니다.

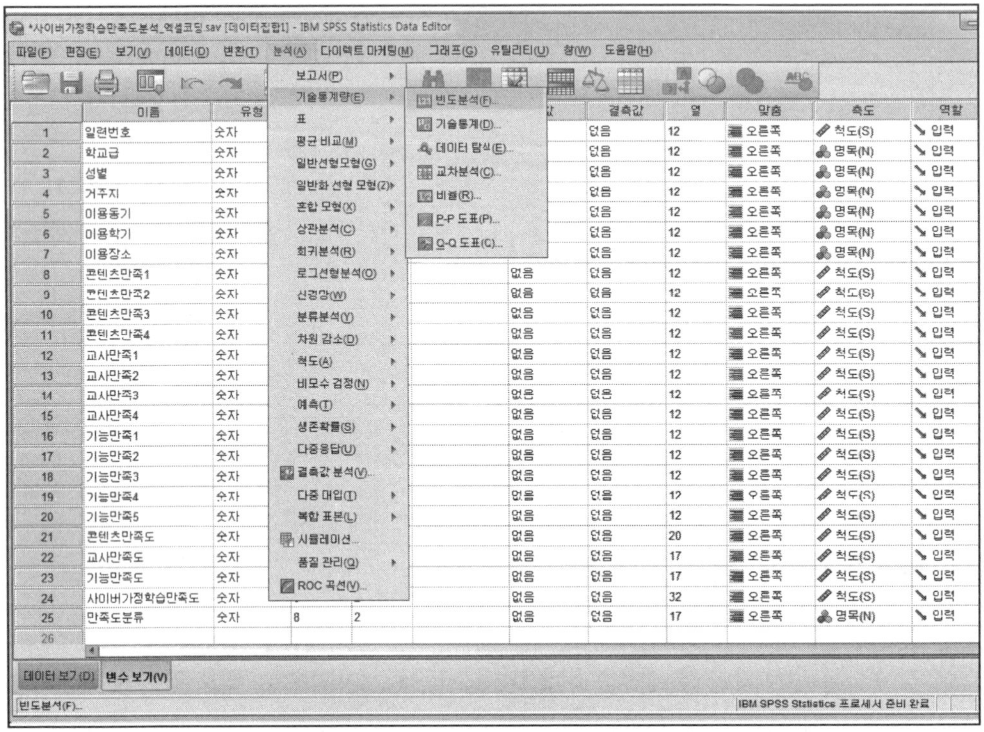

[화면캡처 4-4] SPSS의 분석 메뉴

[화면캡처 4-4]에서 보는 것처럼 SPSS의 메뉴바에서 분석(A) → 기술통계량(E) → 빈도분석(F)...을 선택하면 [대화상자 4-21]이 나타난다.

대화상자 4-21: 빈도분석

❶ 좌측 상자에는 모든 변수가 나타난다.

❷ 우측 변수(V) 상자 안으로 빈도분석을 할 변수를 선택하여 이동시킨다.

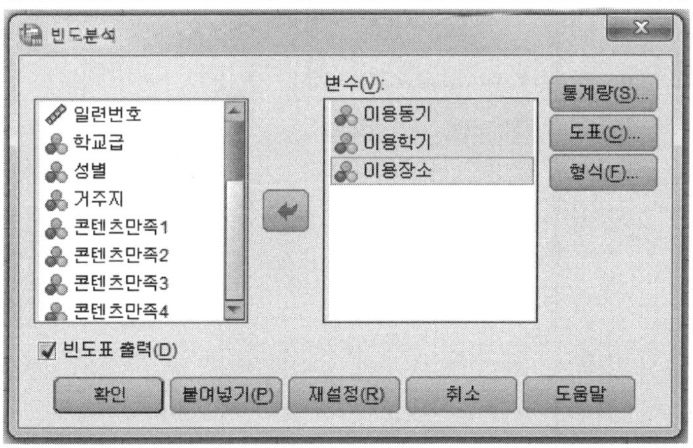

대화상자 4-22: 빈도분석

❶ 좌측 상자에서 “이용동기”, “이용학기”, “이용장소”를 선택하여 변수(V) 상자 안으로 이동시킨다.

❷ 통계량(S)...을 클릭한다.

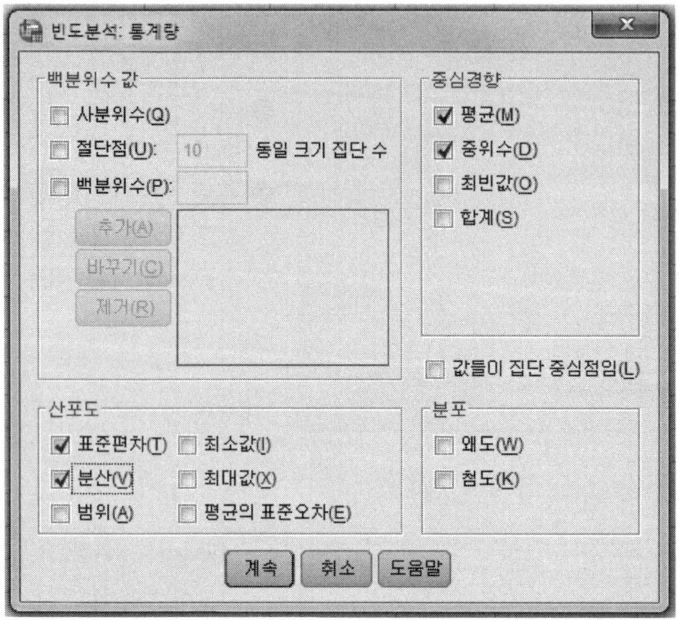	**대화상자 4-23: 빈도분석: 통계량** ❶ 우상 중심경향에서 ☑평균(M), ☑중위수(D)를 선택한다. ❷ 좌하 산포도에서 ☑표준편차(T), ☑분산(V)을 선택한다. ❸ 계속버튼을 클릭한다. ❹ [대화상자 4-22]의 확인버튼을 클릭한다.

이용동기

		빈도	퍼센트	유효 퍼센트	누적퍼센트
유효	1	4	14.3	14.3	14.3
	2	7	25.0	25.0	39.3
	3	17	60.7	60.7	100.0
	합계	28	100.0	100.0	

이용학기

		빈도	퍼센트	유효 퍼센트	누적퍼센트
유효	1	14	50.0	50.0	50.0
	2	9	32.1	32.1	82.1
	3	5	17.9	17.9	100.0
	합계	28	100.0	100.0	

이용장소

		빈도	퍼센트	유효 퍼센트	누적퍼센트
유효	1	3	10.7	10.7	10.7
	2	7	25.0	25.0	35.7
	3	18	64.3	64.3	100.0
	합계	28	100.0	100.0	

대화상자 4-24: SPSS 출력결과

❶ [대화상자 4-22] 확인버튼을 클릭하면 좌측의 출력결과가 제시된다.

❷ 이용동기, 이용학기, 이용장소에서 유효 1, 2, 3은 〈표 4-1〉 설문문항의 각 응답보기에 해당한다.

❸ 이용동기 중에서는 선생님의 권유가, 이용학기 중에서는 1학기가, 이용장소는 집에서가 가장 많은 빈도를 나타내고 있다.

2) 기술통계

3장에서 설명한 것처럼 기술통계는 수집된 자료를 정량적으로 정리하여 나타내 주는 것으로 평균, 표준편차, 백분율, 중앙값, 분포도 등을 이용하여 자료를 요약하고 그 특성을 보여주는 것이다. 비록 기술통계만을 제시하며 연구를 마치는 경우는 극히 드물지만 전혀 없는 것은 아니다. 추리통계를 실시한 거의 모든 연구에서 추리통계의 분석결과를 제시하기에 앞서 기술통계의 분석결과를 제시하는 것이 일반적이다.

[화면캡처 4-4]의 SPSS의 메뉴바에서 분석(A)... → 기술통계량(E) → 기술통계(D)을 선택하면 [대화상자 4-25]가 나타난다.

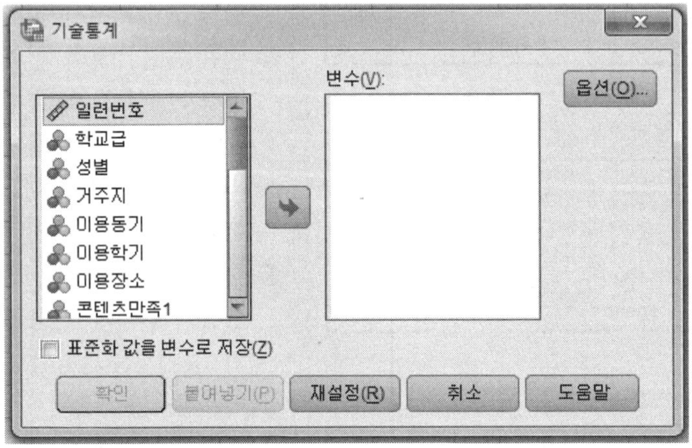

대화상자 4-25: 기술통계

❶ 좌측 상자에는 모든 변수가 나타난다.

❷ 우측 변수(V) 상자 안으로 기술통계를 할 변수를 이동시킨다.

❸ 필요하면 "표준화 값을 변수로 저장(Z)"을 선택하여 표준점수도 구한다.

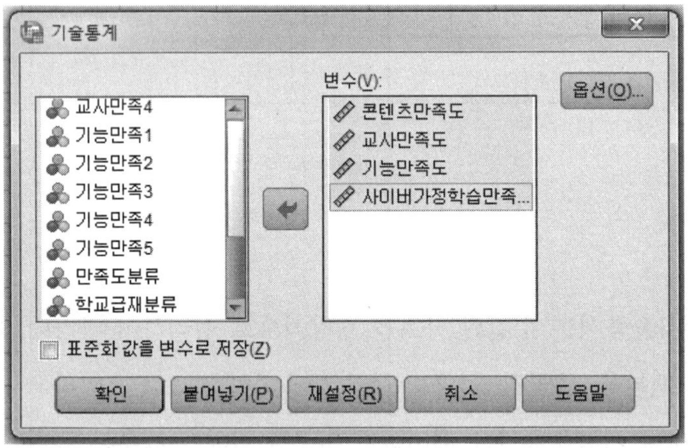

대화상자 4-26: 기술통계

❶ 좌측 상자에서 "콘텐츠만족", "교사만족", "기능만족", "사이버가정학습만족도"를 선택하여 변수(V) 상자 안으로 이동시킨다.

❷ 옵션(O)...을 클릭한다.

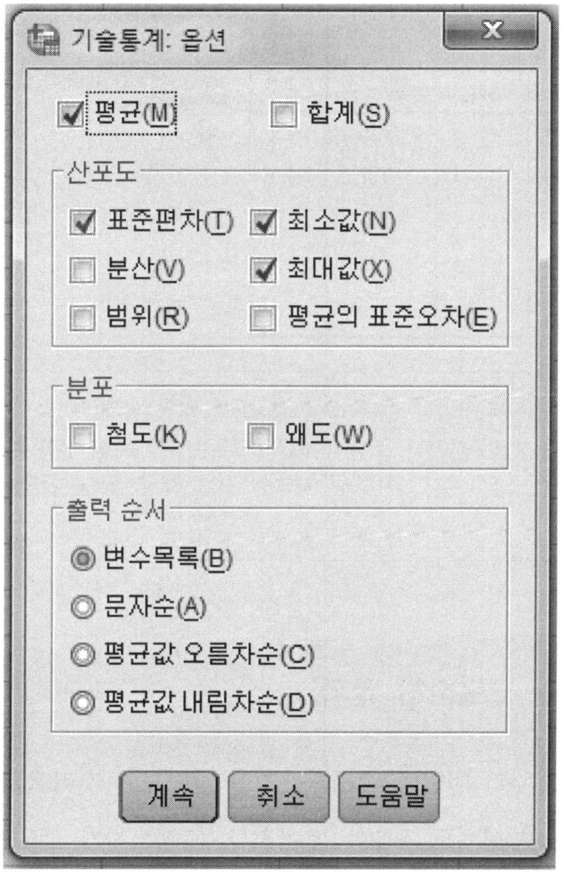

대화상자 4-27: 기술통계: 옵션

❶ ☑평균(M), ☑표준편차(T), ☑최소값(N), ☑최대값(X) 등 필요한 내용을 선택한다.

❷ 계속버튼을 클릭한다.

❸ [대화상자 4-26] 확인버튼을 클릭한다.

기술통계량

	N	최소값	최대값	평균	표준편차
콘텐츠만족	25	3	5	4.15	.468
교사만족	27	3	4	3.01	.109
기능만족	28	3	4	3.22	.175
사이버가정학습만족도	24	3	4	3.45	.174
유효수 (목록별)	24				

대화상자 4-28: SPSS 출력결과

❶ 각 만족도의 최소·최대값, 평균과 표준편차가 제시되어 있다.

※ 사례수 N이 다른 이유는 결측값, 즉 누군가는 설문지에 체크하지 않았기 때문이다.

※ 콘텐츠만족을 예로 들어 설명하면, 설문참여자 25명 중에서 모두는 3점(보통이다) 이상으로 체크하였으며, 그 중에서는 몇 명은 5점(매우 그렇다)을 체크한 것을 알 수 있다. 25명의 콘텐츠만족 평균은 4.15다.

3) 신뢰도 분석(신뢰도 계수 크로바하 알파)

3장에서 설명한 것처럼, 측정오차가 얼마나 존재하는지를 알아보는 것이 신뢰도 분석의 목적이다. 측정오차가 커지면 신뢰도 계수는 낮아지고, 측정오차가 작으면 신뢰도 계수는 높아진다. 신뢰도 계수 산출은 메트릭 자료로 측정하고자 하는 종속변인마다 모두 해야 하는 것이 옳다. 여기 예시를 갖고 예를 들면, 〈표 4-1〉 설문지는 콘텐츠 만족도, 교사 만족도, 기능 만족도라는 총 3개의 종속변인을 갖고 있다. 따라서 총 3개의 신뢰도 계수를 산출해야 한다. 예시에서는 콘텐츠만족 요인의 문항들이 동일한 하나의 개념으로 평가될 수 있는지 판단하기 위해서 신뢰도 계수를 산출하였다.

[화면캡처 4-4]의 SPSS의 메뉴바에서 분석(A) → 척도(A) → 신뢰도 분석(R)...을 선택하면 [대화상자 4-29]가 나타난다.

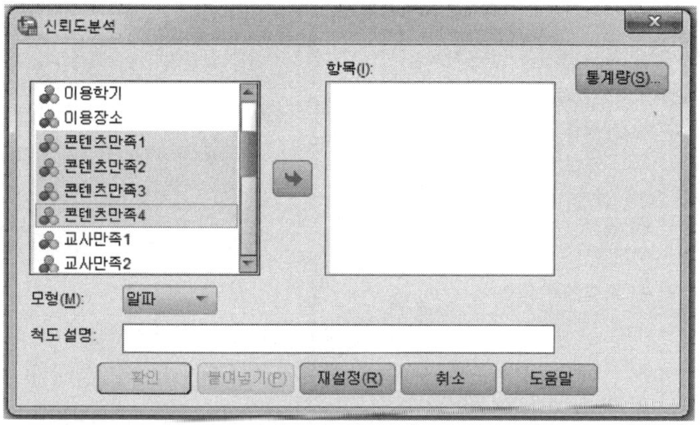

대화상자 4-29: 신뢰도분석

❶ 좌측 상자에 모든 변수가 나타난다.

❷ 우측 항목(I) 상자안으로 신뢰도 계수를 산출할 변수를 선택한다.

대화상자 4-30: 신뢰도분석

❶ 좌측 상자에서 "콘텐츠만족1", "콘텐츠만족2", "콘텐츠만족3", "콘텐츠만족4"를 선택하여 항목(I) 상자 안으로 이동시킨다.

❷ 통계량(S)...을 클릭한다.

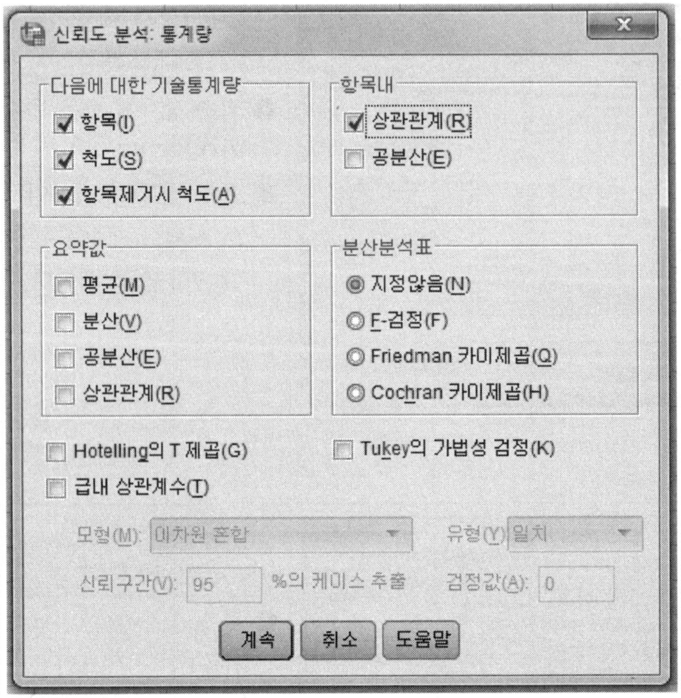

대화상자 4-31: 신뢰도분석: 통계량

❶ 좌상의 다음에 대한 기술통계량에서 ☑항목(I), ☑척도(S), ☑항목제거시 척도(A)를 선택한다.

❷ 우상의 항목내에서 ☑상관관계(R)를 선택한다.

❸ 계속버튼을 클릭한다.

❹ [대화상자 4-30]확인버튼을 클릭한다.

항목 총계 통계량

	항목이 삭제된 경우 척도 평균	항목이 삭제된 경우 척도 분산	수정된 항목-전체 상관관계	제곱 다중 상관관계	항목이 삭제된 경우 Cronbach 알파
콘텐츠만족1	12.68	2.727	.762	.	.438
콘텐츠만족2	11.80	1.833	.609	.	.267
콘텐츠만족3	13.56	2.340	.011	.	.934
콘텐츠만족4	11.76	2.107	.676	.	.290

Standardized item alpha = .799

대화상자 4-32: SPSS 출력결과

❶ 콘텐츠만족도를 측정한 4개 문항의 신뢰도 계수가 .799로 나타나고 있다.

❷ 문항을 제외했을 때 신뢰도값의 변화가 우측에 제시되어 있다. 이 예시에서 콘텐츠만족3 문항을 제외하면 신뢰도 계수가 .934로 상승되는 것을 보여준다.

항목 총계 통계량

	항목이 삭제된 경우 척도 평균	항목이 삭제된 경우 척도 분산	수정된 항목-전체 상관관계	제곱 다중 상관관계	항목이 삭제된 경우 Cronbach 알파
콘텐츠만족1	9.67	1.462	.993	.	.975
콘텐츠만족2	8.78	.641	.979	.	.889
콘텐츠만족4	8.74	.892	.989	.	.799

Standardized item alpha = .995

대화상자 4-33: SPSS 출력결과

❶ 콘텐츠만족3 문항을 삭제한 후, 다시 신뢰도 계수를 산출한 결과 문항의 신뢰도 계수가 .995로 크게 높아진 것을 나타내고 있다. 즉, 이 3개의 문항은 콘텐츠만족도를 측정함에 있어서, 앞서 4개의 문항으로 측정하는 것보다 더 측정의 오차가 적다는 것을 알 수 있다.

PART 2

기초 통계법의 종류

PART II는 PART I에서 기술한 통계법의 기초적인 내용을 바탕으로 통계법의 구체적인 종류를 설명하고 있다. 설명의 내용 안에는 어떤 상황, 어떤 목적, 어느 조건일 때 과연 어느 통계법을 사용해야 하는지, 꼭 알아야 할 개념과 따라야 할 구체적인 절차는 무엇인지를 밝히고 있으며, 각 통계법의 연구사례가 들어있다. 독자는 이 연구사례를 통해 통계법을 쉽게 이해할 수 있을 것이다.

PART II는 PART I과 유기적으로 연결되어 있다. PART I의 내용을 이해하지 못한 상태에서는 PART II의 내용도 이해하기 어렵다. 통계법에 대한 확실한 이해를 위하여 PART II와 PART I를 왔다 갔다 하면서 읽을 것을 권한다.

PART II의 9개 Chapter의 내용구조는 다음과 같이 모두 동일하게 구성되어 있다.

1. **목적:** 나의 연구목적은 그 통계법으로 가능한가?
2. **자료수집:** 나의 연구에서 어떻게 자료를 수집해야 하는가?
3. **주요 개념들:** 나는 어떤 개념들을 알아야 하는가?
4. **가정과 조건:** 나의 연구가 어떤 가정과 조건을 충족해야 하는가?
5. **종류와 연구예시:** 내가 선택한 통계법은 어떤 하위종류가 있고, 어떤 연구가 있는가?
6. **통계 분석절차:** 나의 연구는 어떤 절차를 따라야 하는가?
7. **주의사항:** 나의 연구에서 주의해야 할 것은 무엇인가?
8. **연구사례:** 실제 연구에서 어떻게 사용할 수 있을까?

각각의 연구사례 기술은 다음과 같이 모두 동일하게 구성되어 있다. 그리고 SPSS의 화면캡처를 첨부함으로써, 실제 연구와 통계분석을 수행할 때 SPSS 통계 소프트웨어를 활용할 수 있도록 하였다.

1) **연구상황:** 왜 그러한 통계법을 사용하였는가에 대한 연구상황
2) **설문문항 예시:** 데이터를 어떻게 수집했는가에 대한 설명과 예시
3) SPSS **수행절차:** 화면캡처를 통하여 통계법을 따라할 수 있도록 수행절차 제시
4) **논문작성의 실제:** 통계법이 사용되어 실제로 작성된 논문
5) **통계분석 절차와 논문의 분석:** 각 통계법 종류에서 제시되어 있는 "6. 통계분석 절차"에 따라 작성된 논문의 분석과 해석에 대한 구체적인 설명
6) **기타:** 참고사항, 더 논의되어야 할 사항들

Chapter 05 t-검정

t-검정(t-test)은 종종 영어 이름 그대로 쓰기도 하며 자주 "티 테스트"라고 불린다.

1. 목적

t-검정은 2개 집단 간의 평균의 크기를 비교하는 통계법이다. 즉, 2개 집단의 평균의 크기를 비교하여 그 차이가 유의미한 것인지를 검증하는 것이다. 집단이 오직 2개일 때만 사용 가능하며, 집단이 세 개 이상이 되면 분산분석을 사용한다. t-검정은 분산분석의 한 형태에 속한다.

2. 자료수집

1) 실험연구 상황

모집단에서 표본을 뽑아 2개의 집단으로 나누어 배치한 후에 한 집단에게는 실험처치를 하고(실험집단 혹은 처치집단) 다른 집단은 처치를 하지 않는다(통제집단). 그런 다음에 측정을 통하여 두 집단의 평균을 구하고, 실험집단과 통제집단의 평균의 차이에 대해 t-검정을 실시한다.

2) 설문지를 통한 조사연구 상황

연구자가 설문대상자를 실험집단과 통제집단으로 미리 나눌 필요는 없다. 대신에 연구자는 설문지에서 설문참여자가 체크한 여러 배경변인들 중에서 2개의 집단으로 나눈 다음에 각각 그 집단들의 종속변인의 평균을 구한다. 예컨대, 배경변인의 하나가 성별이라면 남자집단과 여자집단으로 나누어 평균을 구할 수 있고, 배경변인의 하나가 인문계 학교와 전문계 학교로 2개로 되어 있다면 이 2개의 집단의 평균을 구할 수 있으며, 배경변인의 하나가 학생들의 성적이라면 성적 상(上)집단과 하(下)집단으로 나누어 평균을 구할 수 있다. 그런 다음에 2개의 집단간 평균의 차이에 대해 t-검정을 실시한다.

3. 주요 개념들

1) t값

t-검정을 통한 가설검증을 위하여 계산되는 값, 즉 검정통계량이다. 계산되는 t값은 음수의 값(−)도 가질 수 있는데[1], t값이 양수냐 음수냐는 가설검증에서 아무런 영향을 미치지 못한다. 절대값이 클수록 통계적으로 유의미할 가능성이 커진다.

2) Levene의 등분산 검정

독립표본 t-검정을 위해서는 표본들이 등분산성 가정을 충족시켜야 한다. Levene의 등분산 검정은 표본들이 이 가정을 충족하는지를 알아보는 검정으로 SPSS를 사용하면 결과가 제시된다. 독립표본검정 결과 표의 'Levene의 등분산 검정'이 그것이다. '등분산이 가정됨'의 유의확률이 .05보다 크면, 이 가정을 만족하므로 같은 선상의 t값과 유의확률을 보면 되고, '등분산이 가정됨'의 유의확률이 .05보다 작으면, 이 가정을 만족하지 못하므로 아래쪽 '등분산이 가정되지 않음' 선상의 t-값과 유의확률을 보면 된다([대화상자 5-6] 참조).

1) t-검정은 2개 집단의 평균의 크기를 비교하는 통계법이므로, t값을 구하는 과정에서 어느 한 집단의 평균값(A)에서 다른 집단의 평균값(B)을 뺀다(A−B). 이 때 A가 B보다 크면 t값은 양수값(+)을, A가 B보다 작으면 음수값(−)을 갖게 된다. 그러나 어느 경우든지 t값은 +, −의 부호만 다르고 절대값은 같다. t-검정 결과는 동일하다.

4. 가정과 조건

t-검정은 분산분석의 한 형태이므로 가정과 조건이 분산분석과 거의 동일하다.

- 비교하려는 2개의 모집단의 분포는 정규분포를 이루어야 한다(3장의 정규성 내용 참조).
- 2개의 독립표본일 경우 비교하려는 모집단의 분산은 균일해야 한다(3장의 등분산성 내용 참조).
- 측정되는 관찰치들은 서로 독립적이어야 한다(3장의 독립성 내용 참조).
- 종속변인은 양적변인(메트릭 자료/등간척도 또는 비율척도)으로 측정되어야 한다(2장의 척도 내용 참조).
- 독립변인은 질적변인(비메트릭 자료/명명척도)으로 변환해야 한다(2장의 척도 내용 참조).

5. 종류와 연구예시

t-검정은 평균을 비교하려는 집단이 2개다. 이 2개의 집단이 어떤 방식으로 구성되어 있는지에 따라 t-검정의 종류가 나뉜다. 종속변인의 수와는 관계없다.

1) 단일표본 t-검정

단일표본 t-검정은 집단의 수는 2개지만, 1개 집단의 평균은 다른 방법으로 이미 구한 상태 혹은 알려진 상태이고, 다른 1개 집단의 평균만 연구자가 실제로 측정하거나 조사해서 구해야 할 때 사용된다. 획득한 집단의 평균과 연구자가 측정과 조사를 통해 획득한 집단의 평균을 비교하기 위한 것이다. 이미 획득한 집단의 평균의 예로서는 사전 문헌조사를 통해 얻은 평균이거나 어느 보고서나 학술지에 기재된 평균들이 있다. 구체적인 예로서, OECD 국가의 고등학생 수학능력 평균 점수가 100점 만점 기준으로 84점일 때, 우리나라 고등학생의 수학능력 점수는 OECD 평균인 84점보다 같은지 다른지를 비교하려 할 때 단일표본 t-검정을 사용한다. 이 때 연구자가 OECD 평균을 실험이나 조사를 통해 직접 구할 필요는 없다. 공신력있는 기관에서 발행하는 보고서에 발표되기 때문이다. 그러나 연구자는 우리나라 고등학생들의 표본을 추출해서 실험 또는 조사를 해야 한다. 다음은 단일표본 t-검정을 통해서 수행할 수 있는 다양한 연구 예시다.

- 특정한 교수법에 따른 학업성취도와 전국 규모의 학업성취도의 차이
  (이 때 전국규모 학업성취도 점수는 알려져 있음)
- A지역의 가구당 소득과 ㅇㅇ신문이 조사한 대도시 가구의 소득의 차이
  (이 때 ㅇㅇ신문은 대도시 가구 소득을 발표했음)
- Y대학의 지능지수와 전국 대학생 지능지수의 차이
  (이 때 전국 대학생의 지능지수는 공개되어 있음)

2) 독립표본 t-검정

독립표본 t-검정을 위해서는 연구자가 비교하려는 2개 집단 모두의 평균을 구해야 한다. 이 때 두 집단은 서로 독립적이어야 한다('독립적'이라는 의미는 3장의 독립성

내용 참조). 다음은 독립표본 t-검정을 통해서 수행할 수 있는 다양한 연구예시다.

- 상이한 교수법 유형(독립변인, 교수법 A vs. B)에 따른 학생들의 학업성취도(종속변인)의 차이
- 성별(독립변인, 남 vs. 여)에 따른 특정 행동과 태도점수(종속변인)의 차이
- 학업능력 수준(독립변인, 상 vs. 하)에 따른 직업선택 결정요인점수(종속변인)의 차이

3) 종속표본 t-검정

종속표본 t-검정도 연구자가 2개 집단 모두의 평균을 구한다. 종속표본 t-검정에는 3가지 형태가 있다. 첫 번째 형태는 추출된 표본의 모집단들이 서로 관계가 있어서 표본을 추출할 때 독립적이지 않고 종속적이기 때문에 발생한다. 종속표본이란 연구를 위한 집단을 추출할 때 연관된 2개가 함께 뽑히는 것을 말한다. 예를 들어, 부부간 비교를 한다고 하면, 표본을 추출할 때 어느 한 사람(남편 A)이 뽑히면 자동적으로 다른 한 사람(남편 A의 아내 B)도 뽑힌다. 계속해서 남편 갑을 뽑으면 그의 아내인 을도 함께 뽑는다. 이런 방식으로 다수를 표본으로 추출을 하여 비교할 남편집단과 아내집단을 만들고 이 두 집단의 평균을 비교한다[2]. 다음은 이런 형태의 종속표본 t-검정을 통해서 수행할 수 있는 다양한 연구예시다.

2) 물론 남편집단과 아내집단을 만들 때, 이런 방식의 종속표본으로 추출하지 않고 독립표본으로 만들 수 있다. 남편들과 아내들을 짝짓지 않고 별개로 추출하여 남편집단과 아내집단을 만드는 것이다. 독립표본으로 연구하면 남편 A와 남편 갑이 추출되었다 하더라도 그의 아내인 B와 을이 반드시 추출되리라는 보장은 없다. 그렇게 되면 독립표본 t-검정이 되지만, 종속표본으로서 갖는 의의는 사라진다. 독립표본이냐 종속표본이냐는 연구의 목적이나 시사점에 따라 연구자가 선택해야 할 몫이다.

- 쌍둥이 형제(독립변인)의 직업선택 결정요인점수(종속변인)의 차이
- 남매 혹은 형제(독립변인)의 부모에 대한 기대치(종속변인)의 차이

두 번째 형태는 집단은 1개 밖에 없지만 평균을 두 번 구해서 비교하는 것이다. 대표적인 경우가 1개 집단에 대하여 실험처치 효과를 살펴보기 위하여 사전–사후검사를 실시하는 것이다. 사전검사를 실시하고 실험처치를 한 다음에 사후검사를 실시하여 사전–사후검사 점수를 비교했는데 이 때 사후검사 점수가 사전검사 점수보다 크고 이 차이가 통계적으로 유의미하였다면, 처치효과가 있다고 말할 수 있다. 다음은 이런 형태의 종속표본 t-검정을 통해서 수행할 수 있는 다양한 연구예시다.

- 중학교 학생을 대상으로 한 학교폭력 예방 프로그램 A(독립변인)의 효과 (이 때 예방 프로그램 A를 실시하기 전에 사전검사를 하고, 예방 프로그램 A를 실시한 후에 사후검사를 함)
- 교수법 A(독립변인) 시행 전과 후의 외국어 학업성취도(종속변인)의 차이

세 번째 형태는 1개 집단이 2개의 실험이나 조사에 참여한 경우다. 예컨대, Y대학 교육학과 학생들이 수강하는 A과목과 B과목의 만족도 점수의 크기를 비교하려 할 때다. 주의할 사항은 동일한 집단의 상이한 종속변인 평균점수 2개를 비교한다는 점이다. A과목의 만족도 점수와 B과목의 만족도 점수는 상이한 것이다. 다음은 이런 형태의 종속표본 t-검정을 통해서 수행할 수 있는 다양한 연구예시다.

- A지역 청소년들이 참여한 프로그램 A와 프로그램 B의 효과점수(종속변인)의 차이
- 중고등학교 학생들의 영어와 수학 과목 선호도(종속변인)의 차이

종속표본 t-검정은 이처럼 자료가 서로 짝지어져 있다고 하여 paired t-test(짝진 표본 t-검정)라고 불리기도 한다. 또한 첫 번째 형태의 t-검정은 표본이 서로 대응하고 있다고 해서 대응표본 t-검정, 두 번째와 세 번째 형태의 t-검정은 표본이 같다하여 동일표본 t-검정이라고도 한다. 일반적으로 t-검정을 사용한 연구논문은 "◇◇◇◇(독립변인)이 ▽▽▽▽(종속변인)에 미치는 효과(또는 영향)"라는 제목을 갖는다.

6. 통계 분석절차

1) 가설의 설정

- **영가설**: 독립변인에 따른 두 집단의 종속변인 평균점수는 차이가 없다.
  - 예시: 교수법 유형(A vs. B)에 따른 학생의 학업성취도에는 차이가 없다. 또는 교수법 유형은 학생의 학업성취도에 효과가 없다(영향을 미치지 않는다).

- **대립가설**: 독립변인에 따른 두 집단의 종속변인 평균점수는 차이가 있다.
  - 예시: 교수법 유형(A vs. B)에 따른 학생의 학업성취도에는 차이가 있다. 또는 교수법 유형은 학생의 학업성취도에 효과가 있다(영향을 미친다).

2) 검정통계량 계산

통계프로그램을 통해 검정통계량 t값과 이에 해당하는 유의확률 p값을 구한다. t값의 절대 값이 커질수록 통계적 유의성이 높아진다.

3) 가설의 기각 및 채택

t값에 해당하는 유의확률 p값이 .05, .01, .001보다 크면 영가설을 채택하며, 작으면 영가설을 기각하고 대립가설을 채택한다. 영가설을 기각한다는 것은 독립변인이 종속변인에 효과가 있음을 의미한다.

4) 해석과 정리

영가설을 채택하든 기각하든 통계결과에 대한 해석이 요구된다. 다양한 표(기술통계표, t-검정결과표 등)를 이용하여 여러 통계값들을 기록하고 그에 대한 적절한 해설을 기술하는 것이다. 필요하면 그래프를 그려 넣는다.

7. 연구사례 1: 독립표본 t-검정

1) 연구상황

이 사례는 비만여부에 따라 초등학생의 스트레스에 차이가 있는지를 분석한 것이다. 이를 위해 비만인 초등학생집단과 정상체중의 초등학생집단으로 나누어 설문지로 스트레스에 대한 의견을 알아보았다. 독립변인은 비만여부이며, 종속변인은 스트레스 점수인데, 스트레스는 부모스트레스, 가정환경스트레스, 친구스트레스, 학업스트레스, 교사 및 학교스트레스의 하위영역을 구성되어 있다. t-검정 중에서 2개의 집단에 속한 학생들은 동일한 학생들이 아니기 때문에 독립표본 t-검정을 적용하였다[3].

---

3) 이 사례는 실제의 데이터를 이용한 실제 연구논문이다. 이 책을 위하여 논문의 내용을 편집하였음을 밝힌다.

2) 설문문항 예시

자료수집 방법은 설문지로써 연구참여자가 문항내용을 읽고 빈칸에 체크하도록 되어 있다. 4점 Likert 척도로 구성되어 있다.

〈표 5-1〉 스트레스 설문문항 예시

번호	문 항 내 용	스트레스를			
		전혀 받지 않는다	별로 받지 않는다	약간 받는다	많이 받는다
1	부모님(엄마, 아빠, 조부모)이 늘 공부하라고 말씀하셔서				
2	부모님(엄마, 아빠, 조부모)이 내 생각이나 의견을 존중해주지 않아서				
3	부모님(엄마, 아빠, 조부모)이 나에게 시키는 일이 많아서				
4	부모님(엄마, 아빠, 조부모)이 내 학업성적에 너무 신경을 쓰셔서				
…	…………………………				

3) SPSS 수행절차

코딩된 데이터를 SPSS에서 불러낸 후 [화면캡처 5-1]의 SPSS 분석 메뉴에서 다음과 같이 수행한다([대화상자 5-1]~[대화상자 5-6]).

분석(A) → 평균 비교(M) → 독립표본 T검정(T)...

[화면캡처 5-1] SPSS 분석 메뉴

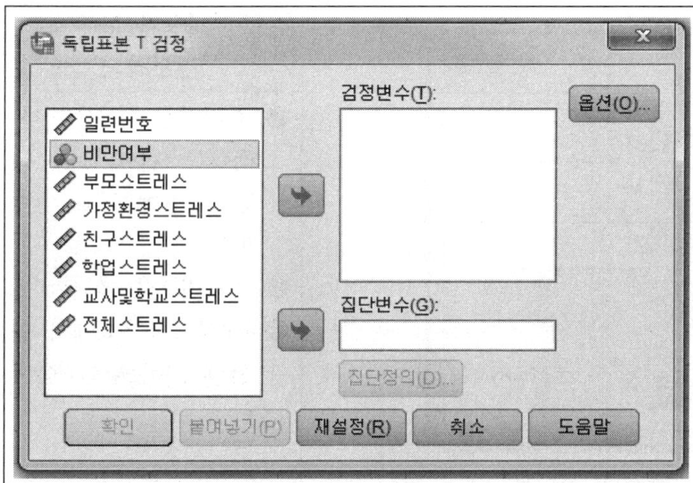

대화상자 5-1: 독립표본 T검정

❶ 좌측 상자에는 모든 변수가 나타난다.

❷ 우측 검정변수(T) 상자에는 종속변인이, 집단변수(G) 상자에는 독립변인이 들어간다.

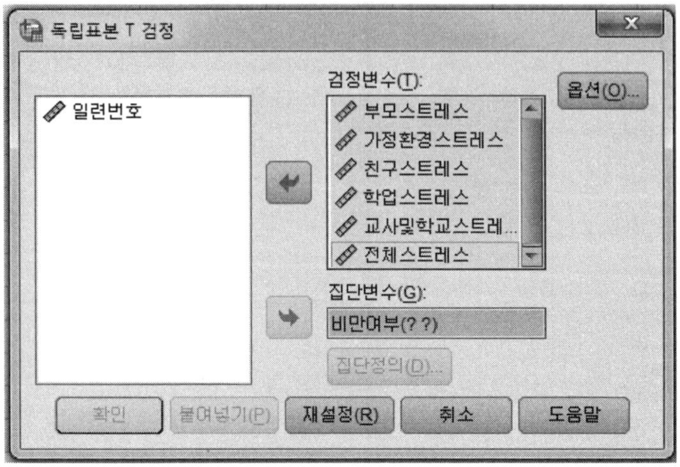

대화상자 5-2: 독립표본 T검정

❶ 변수명 “부모/가정환경/친구/학업/교사및학교/전체스트레스”를 선택한 후 이를 검정변수(T) 상자 안으로 이동시킨다.

❷ 변수명 “비만여부”를 선택하여 집단변수(G) 상자 안으로 이동시키면“비만여부(? ?)”가 나타난다.

❸ 집단정의(D)... 버튼을 클릭한다.

대화상자 5-3: 집단정의

❶ ◉지정값 사용(U)에서 집단 1: 안에 “1”을 집단 2: 안에 “2”를 입력한다.

❷ 계속버튼을 클릭한다.

❸ [대화상자 5-2]에서 옵션(O)... 버튼을 클릭한다.

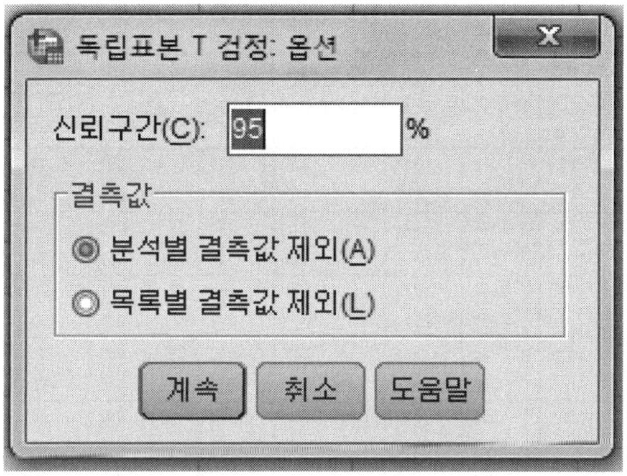

대화상자 5-4: 독립표본 T검정 : 옵션

❶ 신뢰구간(C): 95%가 기본 설정되어 있다.

❷ 결측값에서 ◉분석별 결측값 제외(A)가 기본 설정되어 있다.

❸ 계속버튼을 클릭한다.

❹ [대화상자 5-2]에서 확인버튼을 클릭한다.

집단통계량

	비만여부	N	평균	표준편차	평균의 표준오차
부모스트레스	표준	215	2.03	.636	.043
	비만	120	2.04	.504	.046
가정환경스트레스	표준	216	1.39	.494	.034
	비만	121	1.58	.454	.041
친구스트레스	표준	217	1.41	.613	.042
	비만	118	1.98	.626	.058
학업스트레스	표준	215	1.94	.738	.050
	비만	120	1.84	.650	.059
교사및학교스트레스	표준	218	1.56	.490	.033
	비만	120	1.83	.585	.053
전체스트레스	표준	205	1.67	.474	.033
	비만	115	1.84	.385	.036

대화상자 5-5: SPSS 출력결과 1

❶ 집단통계량 출력결과를 확인한다.

❷ 평균, 표준편차, 사례수(N) 값을 〈사례 1〉안의 t-검정 분석결과표에 입력한다.

독립표본 검정

		Levene의 등분산 검정		평균의 동일성에 대한 t-검정						
									차이의 95% 신뢰구간	
		F	유의확률	t	자유도	유의확률 (양쪽)	평균차	차이의 표준오차	하한	상한
부모스트레스	등분산이 가정됨	9.075	.003	-.219	333	.826	-.015	.067	-.148	.118
	등분산이 가정되지 않음			-.234	295.170	.815	-.015	.063	-.139	.110
가정환경스트레스	등분산이 가정됨	1.229	.268	-3.485	335	.001	-.190	.055	-.297	-.083
	등분산이 가정되지 않음			-3.569	266.316	.000	-.190	.053	-.295	-.085
친구스트레스	등분산이 가정됨	.106	.745	-8.051	333	.000	-.569	.071	-.708	-.430
	등분산이 가정되지 않음			-8.000	236.037	.000	-.569	.071	-.709	-.429
학업스트레스	등분산이 가정됨	4.428	.036	1.228	333	.220	.099	.081	-.060	.258
	등분산이 가정되지 않음			1.273	273.197	.204	.099	.078	-.054	.252
교사및학교스트레스	등분산이 가정됨	7.149	.008	-4.507	336	.000	-.269	.060	-.387	-.152
	등분산이 가정되지 않음			-4.282	211.309	.000	-.269	.063	-.393	-.145
전체스트레스	등분산이 가정됨	6.224	.013	-3.219	318	.001	-.167	.052	-.268	-.065
	등분산이 가정되지 않음			-3.411	277.928	.001	-.167	.049	-.263	-.070

대화상자 5-6: SPSS 출력결과 2

❶ 독립표본 검정 출력결과를 확인한다.

❷ Levene의 등분산 검정을 보면서 두 집단간 분산이 동질한 지를 확인한다. F값 우측의 유의확률이 .05보다 크면(p〉.05), 두 집단은 동질하므로 "등분산이 가정됨"과 같은 줄의 t값과 유의확률을 선택한다. 가정환경스트레스(F=1.229, p=.268), 친구스트레스(F=.106, p=.745)는 각각의 유의확률이 .05보다 크므로 등분산이 가정된다. 따라서 t값으로 각각 -3.485, −8.051, p값(유의확률)으로 각각 .001, .000을 선택하여 〈사례 1〉안의 t-검정 분석결과표에 입력한다.

❸ Levene의 등분산 검정을 보면서 두 집단간 분산이 동질한 지를 확인한다. F값 우측의 유의확률이 .05보다 작으면(p〈 .05), 두 집단은 동질하지 않으므로 "등분산이 가정되지 않음"과 같은 줄의 t값과 유의확률을 선택한다. 부모스트레스(F=9.075, p=.003), 학업스트레스(F=4.428, p=.036), 교사및학교스트레스(F=7.149, p=.008), 전체스트레스(F=6.224, p=.013)는 각각의 F값의 유의확률이 .05보다 작으므로 등분산이 가정되지 않는다. 따라서 t값으로 각각 −.234, 1.273, −4.282, −3.411, p값(유의확률)으로 각각 .815, .204, .000, .001을 선택하여 〈사례 1〉안의 t-검정 분석결과표에 입력한다.

4) 논문작성의 실제

사례 1 비만여부에 따른 아동의 스트레스 차이 분석

초등학생의 비만과 정상체중 아동 간의 스트레스에 차이가 있는지를 분석하기 위해 독립표본 t-검정 분석 결과는 다음의 〈표〉와 같다.

〈표〉 비만여부에 따른 스트레스에 대한 독립표본 t-검정 분석결과

		스트레스			t	p
		N	평균	표준편차		
부모 스트레스	정상체중	219	2.03	.636	-.234	.815
	비만	121	2.04	.504		
가정환경 스트레스	정상체중	219	1.39	.494	-3.485	.001
	비만	121	1.58	.454		
친구 스트레스	정상체중	219	1.41	.613	-8.051	.000
	비만	121	1.98	.626		
학업 스트레스	정상체중	219	1.94	.738	1.273	.204
	비만	121	1.84	.650		
교사 및 학교 스트레스	정상체중	219	1.56	.490	-4.282	.000
	비만	121	1.83	.585		
전체 스트레스	정상체중	219	1.67	.474	-3.411	.001
	비만	121	1.84	.385		

〈표〉에서 제시된 결과를 보면, 전체 스트레스에서 비만이 정상체중 아동보다 평균이 더 높게 나타났다. 비만여부에 따라 두 집단에서 전체 스트레스에 유의미한 차이가 있는지를 살펴보기 위해 독립표본 t-검정을 실시한 결과 통계적으로 유의미한 차이가 나타났다($t=-3.411$, $p=.001$). 또한 하위영역 중 가정환경, 친구, 교사 및 학교 스트레스 영역에서는 비만여부에 따라 통계적으로 유의미한 차이를 보였다. 즉 초등학생인 경우 비만 아동이 정상체중 아동보다 가정환경, 친구, 교사 및 학교 영역에서 스트레스 수준이 더 높음을 의미한다.

※ 출처: 영남대학교 교육대학원 미간행 논문

5) 통계분석 절차와 논문의 분석

(1) 가설의 설정

이 사례는 독립변인(비만여부)이 미치는 종속변인에 대한 6개의 영가설과 대립가설을 설정하였다.

- 영가설1: 정상체중아동과 비만아동의 부모스트레스 점수는 차이가 없다.
- 영가설2: 정상체중아동과 비만아동의 가정환경스트레스 점수는 차이가 없다.
- 영가설3: 정상체중아동과 비만아동의 친구스트레스 점수는 차이가 없다.
- 영가설4: 정상체중아동과 비만아동의 학업스트레스 점수는 차이가 없다.
- 영가설5: 정상체중아동과 비만아동의 교사및학교스트레스 점수는 차이가 없다.
- 영가설6: 정상체중아동과 비만아동의 전체스트레스 점수는 차이가 없다.

(2) 검정통계량 계산

- 영가설 1의 t값과 이에 해당하는 유의확률 p값을 구하였다(t=−.234, p=.815).
- 영가설 2의 t값과 이에 해당하는 유의확률 p값을 구하였다(t=−3.485, p=.001).
- 영가설 3의 t값과 이에 해당하는 유의확률 p값을 구하였다(t=−8.051, p=.000).
- 영가설 4의 t값과 이에 해당하는 유의확률 p값을 구하였다(t=1.273, p=.204).
- 영가설 5의 t값과 이에 해당하는 유의확률 p값을 구하였다(t=−4.282, p=.000).
- 영가설 6의 t값과 이에 해당하는 유의확률 p값을 구하였다(t=−3.411, p=.001).

(3) 가설의 기각 및 채택

2개의 종속변인(부모스트레스, 학업스트레스)의 유의확률 p값이 유의수준 .05보다 크므로 영가설을 수용하고, 4개의 종속변인(가정환경스트레스, 친구스트레스, 교사 및 학교스트레스, 전체스트레스)의 유의확률 p값은 각각 유의수준 .01, .001, .001, .01보다 작으므로 영가설을 기각하고 대립가설을 채택하였다.

(4) 해석과 정리

영가설을 수용한 종속변인 2개 집단의 평균값들(2.03과 2.04 및 1.94와 1.84)은 통계적으로 유의미한 차이가 없음을 의미하며, 영가설을 기각한 종속변인 4개 집단의 평균값들(1.39와 1.58, 1.41과 1.98, 1.56과 1.83, 1.67과 1.84)은 통계적으로 유의미한 차이가 있음을 의미한다.

이처럼 평균점수를 비교해 보니, 비만인 초등학생들이 정상체중인 초등학생들보다 전체적으로 스트레스를 더 많이 받고 있는데, 그 스트레스의 하위영역은 가정환경스트레스, 친구스트레스, 교사 및 학교스트레스다.

6) 기타

논문이나 보고서에 제시하는 분석결과 표는 SPSS의 출력결과를 그대로 옮겨놓을 필요는 없다. 사례수, 평균, 표준편차, 통계검정량 등 보여주어야 할 필요한 정보가 제시된다면, 표는 이해하기 쉬운 형태로 작성하는 것이 좋다. 독립표본 t-검정 분석결과 표를 다음처럼 약간 다르게 만들 수도 있다.

〈표 5-2〉 비만여부에 따른 스트레스에 대한 독립표본 t-검정 분석결과

	부모스트레스		가정환경스트레스		친구스트레스	
	정상체중	비만	정상체중	비만	정상체중	비만
N	219	121	219	121	219	121
평균	2.03	2.04	1.39	1.58	1.41	1.98
표준편차	.636	.504	.494	.454	.613	.626
	t=-.234(p=.815)		t=-3.485(p=.001)		t=-8.051(p=.000)	

	학업스트레스		교사및학교스트레스		전체스트레스	
	정상체중	비만	정상체중	비만	정상체중	비만
N	219	121	219	121	219	121
평균	1.94	1.84	1.56	1.83	1.67	1.84
표준편차	.738	.650	.490	.585	.474	.385
	t=1.273(p=.204)		t=-4.282(p=.000)		t=-3.411(p=.001)	

8. 연구사례 2: 동일표본(대응표본) t-검정

1) 연구상황

이 사례는 유아를 대상으로 생태체험활동 프로그램이 생명존중 인식에 미치는 효과를 분석한 것이다. 이를 위해 만 5세반 유아들을 대상으로 생태체험활동을 하기 전에 사전검사를 실시하였고, 생태체험활동을 받은 후 사후검사를 실시하였다. 사전 · 사후 검사 모두 설문지를 이용하였다. t-검정 중에서 두 집단이 아니라 한 개의 집단에서 2개의 평균을 비교하는 것이기 때문에 동일표본(대응표본) t-검정을 적용하였다[4].

4) 이 사례는 실제의 데이터를 이용한 실제 연구논문이다. 이 책을 위하여 논문의 내용을 편집하였음을 밝힌다.

2) 설문문항 예시

자료수집 방법은 설문지로써 연구참여자가 문항내용을 읽고 빈칸에 체크하도록 되어 있다. 3점 Likert 척도로 구성되어 있다.

〈표 5-3〉 생명존중 인식 설문문항 예시

※ 해당란에 ∨표 해주세요.　　　　ㅇ－그렇다, △－보통, 잘 모르겠다, ×－아니다

진술	내 용	ㅇ	△	×
생명 존중 태도	1. 동물들은 꽃과 나무와 같이 살아야 합니다.			
	2. 동물들은 주사를 놓거나 실험을 하는 곳에 사용해도 됩니다.			
	3. 사람에게 해를 끼치는 동물은 잡아도 됩니다.			
	....			
생명 존중 지식	1. 꽃과 나무도 밤에 잠을 잡니다.			
	2. 오염되지 않은 흙이 새싹을 더 잘 키웁니다.			
	3. 작은 물고기를 잡지 않아야 큰 물고기로 자랄 수 있습니다.			
	....			
생명 존중 행동	1. 나는 길가에 예쁜 꽃이 있으면 꺾어서 집으로 가지고 갑니다.			
	2. 나는 산에 가면 내가 사용한 쓰레기는 가지고 옵니다.			
	3. 친구들과 식물이나 동물에 이름을 자주 이야기 합니다.			
	....			

3) SPSS 수행절차

코딩된 데이터를 SPSS에서 불러낸 후 [화면캡처 5-2]의 SPSS 분석 메뉴에서 다음과 같이 수행한다([대화상자 5-7]~[대화상자 5-11]).

분석(A) → 평균 비교(M) → 대응표본 T검정(P)...[5)]

[화면캡처 5-2] SPSS 분석 메뉴

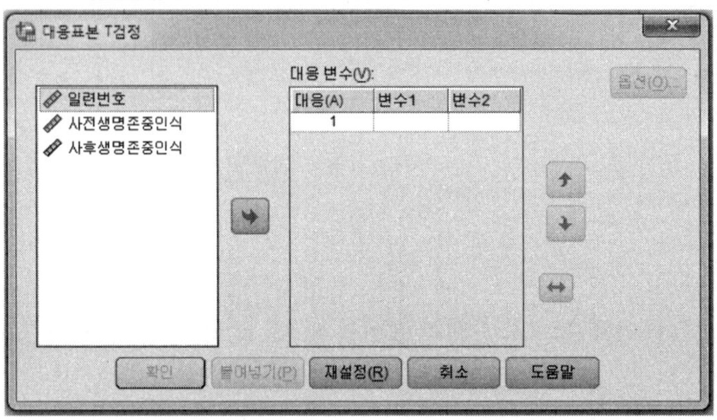

대화상자 5-7: 대응표본 T검정

❶ 좌측 상자에는 모든 변수가 나타난다.

❷ 우측의 대응변수(V) 상자에는 종속변인이 들어간다.

※ 독립표본 t-검정과는 달리, 코딩할 때 동일표본이기 때문에 집단구분을 할 수 없어서 좌측 상자에 집단구분 변수가 없다.

5) SPSS에서는 종속표본 t-검정은 모두 동일표본 t-검정으로 표현하고 있다.

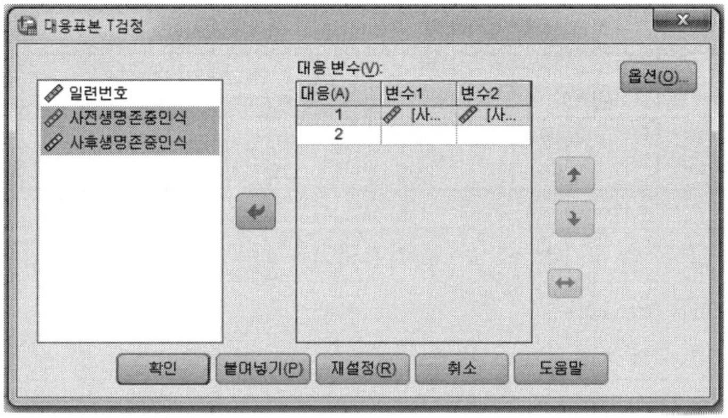

대화상자 5-8: 대응표본 T검정

❶ 변수명 "사전생명존중인식"과 "사후생명존중인식"을 선택하여 대응변수(V) 상자 안으로 이동시킨다.

❷ 옵션(O)... 버튼을 클릭한다.

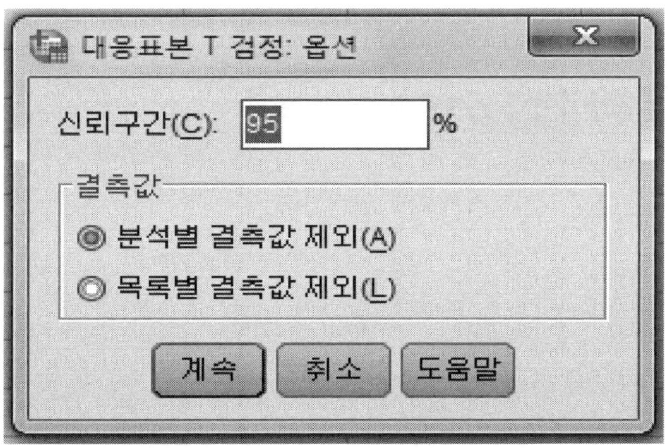

대화상자 5-9: 대응표본 T검정: 옵션

❶ 신뢰구간 퍼센트(C): 95%가 기본 설정되어 있다. 원하는 신뢰구간을 입력할 수 있다.

❷ 결측값에서 ◉분석별 결측값 제외(A)로 기본 설정되어 있다.

❸ 계속버튼을 클릭한다.

❹ [대화상자 5-8]에서 확인버튼을 클릭한다.

대응표본 통계량

		평균	N	표준편차	평균의 표준오차
대응 1	사전생명존중인식	2.14	55	.207	.028
	사후생명존중인식	2.55	55	.357	.048

대화상자 5-10: SPSS 출력결과 1

❶ 대응표본 통계량 출력결과를 확인한다.

❷ 평균, 표준편차, 사례수(N) 값을 〈사례 2〉안의 t-검정결과표에 입력한다.

대응표본 검정

		대응차					t	자유도	유의확률 (양쪽)
		평균	표준편차	평균의 표준오차	차이의 95% 신뢰구간				
					하한	상한			
대응 1	사전생명존중인식 - 사후생명존중인식	-.409	.311	.042	-.493	-.325	-9.762	54	.000

대화상자 5-11: SPSS 출력결과 2

❶ 대응표본 검정 출력결과를 확인한다.

❷ t, 유의확률(양쪽)을 〈사례 2〉안의 t-검정결과표에 입력한다.

4) 논문작성의 실제

사례 2 생태체험활동 프로그램에 의한 유아의 생명존중 인식 효과 분석

생태체험활동 프로그램이 유아의 생명존중 인식에 미치는 효과를 분석하기 위해 대응표본 t-검정한 결과는 다음의 〈표〉와 같다.

〈표〉 생태체험활동 프로그램에 의한 유아의 생명존중 인식에 대한 대응표본 t-검정 결과

	사전 생명존중인식	사후 생명존중인식
평균	2.14	2.55
표준편차	.207	.357
사례 수	55	55
t=−9.762, p=.000		

〈표〉에 제시된 바와 같이 사후 생명존중 인식 평균이 사전 생명존중 인식 평균보다 높았으며, 생태체험활동 프로그램에 의한 유아의 사전−사후 생명존중 인식 간에 유의미한 차이가 있는지를 살펴보기 위해 대응표본 t-검정을 실시한 결과 통계적으로 유의미한 차이가 나타났다(t=−9.762, p=.000). 이러한 결과는 생태체험활동 프로그램이 유아의 생명존중 인식에 영향을 미치고 있다는 것을 의미한다.

※ 출처: 영남대학교 교육대학원 미간행 논문

5) 통계분석 절차와 논문의 분석

(1) 가설의 설정

이 사례는 종속변인(사전−사후검사 점수의 차이)에 대한 1개의 영가설과 대립가설을 설정하였다.

- 영가설: 유아의 생명존중인식에 대한 사전검사 점수와 사후검사 점수는 차이가 없다.

(2) 검정통계량 계산

- 영가설의 t값과 유의확률 p값을 구하였다($t=-9.762$, $p=.000$).

(3) 가설의 기각 및 채택

종속변인(생명존중 인식의 사전−사후검사의 차이)의 유의확률 p값이 유의수준 .001보다 작으므로 영가설을 기각하고 대립가설을 채택하였다.

(4) 해석과 정리

영가설을 기각한 종속변인의 평균값들(2.14와 2.55)은 통계적으로 유의미한 차이가 있음을 의미한다. 사후검사 점수가 사전검사 점수보다 높게 나타나서 생태체험활동 프로그램이 유아의 생명존중인식 변화에 효과가 있음을 알 수 있다.

6) 기타

설문지 구성을 보면, 생명존중 인식이 여러 하위영역(생명존중태도, 생명존중지식, 생명존중행동)으로 나누어 있음을 알 수 있다. 이 사례처럼 생명존중 인식을 1개의 종속변인으로 분석할 것이 아니라 3개로 나누어 분석할 수도 있다.

Chapter 06 분산분석

분산분석(analysis of variance)은 흔히들 '변량분석'이라고도 하며, F값을 사용하기 때문에 간단히 'F-검정'이라고도 한다. 영어로는 ANOVA라고 쓰며 읽을 때는 일반적으로 '아노바'라고 한다. 즉 분산분석, 변량분석, F-검정, 아노바 모두 같은 통계법에 대한 명칭이다.

1. 목적

분산분석은 2개 집단 이상의 평균점수들 간의 차이가 통계적으로 유의미한지를 검증하는 통계법이다. 2개 집단을 포함하여 그 이상의 집단 평균점수들의 크기를 비교하는 통계법이다. 즉, 각 집단의 평균점수들이 서로 유의미하게 차이가 나는지를 알아보는 것이다. 사실상, 5장에서 기술한 t-검정은 집단이 2개인 분산분석의 한 특수한 형태에 속한다.

2. 자료수집

1) 실험연구 상황

모집단에서 표본을 뽑아 2개 이상의 집단으로 나누어 배치한 후에, 예컨대 3개 집단으로 나누었다면 첫째 집단에 실험처치 A를 시행하고, 둘째 집단에는 실험처치 B를 시행하며, 셋째 집단에는 아무런 처치를 하지 않는다(통제집단 C). 또는 세 집단 모두 실험처치 A, B, C를 처치할 수도 있다. 그런 다음에 검사를 실시하여 세 집단의 평균을 구하고, 세 집단 간의 평균의 크기에 대해 분산분석을 실시한다.

2) 설문지를 통한 조사연구 상황

연구자가 설문대상자를 실험집단과 통제집단으로 미리 나눌 필요는 없다. 대신에 연구자는 설문지에서 피험자가 체크한 배경변인 혹은 독립변인들 중에서 선택하여 3개 이상의 집단으로 나눈 다음에 각각 그 집단의 종속변인의 평균을 구한다. 예컨대, 배경변인이 1, 2, 3학년의 학년이고 이를 독립변인으로 사용하고자 한다면, 각 학년별 집단으로 종속변인의 평균을 구한다. 또한 예컨대, 설문참여자의 학업능력을 상, 중, 하로 나누어 이를 독립변인으로 삼았다면, 각 상, 중, 하 집단별로 종속변인의 평균을 구하면 되고, 예컨대, 거주지역(도시, 농촌, 산촌, 어촌)을 독립변인으로 하고자 한다면, 4개의 지역별 종속변인 평균을 구할 수 있다. 그런 다음에 각 독립변인별, 즉 학년별, 학업능력별, 거주지역별로 종속변인 평균의 크기에 대해 분산분석을 실시한다.

3. 주요 개념들

1) F값

분산분석을 통한 가설검정을 위하여 계산되는 값, 즉 검정통계량이다. F값은 항상 양수(+) 값만을 갖는다. F값이 클수록 통계적으로 유의미할 가능성이 커진다.

2) 주효과와 상호작용 효과

주효과는 종속변인에 미치는 독립변인의 효과를 일컫는다. 어느 연구자가 피드백의 유무(있음, 없음)와 교수자의 반응유형(수용, 부정)에 따른 학생들의 학업성취도의 차이를 분산분석을 통해 연구한다고 가정하면, 독립변인은 피드백의 유무와 교수자의 반응유형의 2개이며 종속변인은 학생들의 학업성취도 점수가 된다. 이 때 각각의 독립변인들은 종속변인에 대해 주효과라고 하는데, 분산분석 가설검증 결과에 따라 주효과 1(피드백의 유무)과 주효과 2(반응유형)는 통계적으로 '유의하다(효과가 있다, 영향을 미친다)', '유의하지 않다(효과가 없다, 영향을 미치지 않는다)'라고 말한다. 독립변인의 개수가 주효과의 개수라 보면 된다.

통계법에서 말하는 상호작용 효과는 2개 이상의 독립변인이 결합하여 각각 개별적인 영향력(주효과) 보다 큰 영향력을 발휘할 때 혹은 효과를 보일 때 '주효과 간에 상호작용 효과가 있다'라고 한다. 독립변인이 2개인 분산분석에서 주효과 1, 2는 종속변인에 대한 독립변인의 효과를 따로 따로 분리하여 분석하고 있는 것인데(이 예에서 1. 피드백이 있음이 피드백이 없음보다 학업성취도가 높은가 혹은 피드백이 없음이 피드백 있음보다 학업성취도가 높은가, 2. 수용적 반응일 때가 부정적 반응일 때보다 학업성취도가 높은가 혹은 부정적 반응일 때가 수용적 반응일 때보다 학업성취도가 높은가), 만일 2개의 독립변인이 상호 조합되면 다르게 영향을 미칠 수도 있다. 예컨대, 피드백이 없을 때 부정적 반응보다는 수용적 반응에서 학업성취도가 더 높고, 피드백이 있을 때 수용적 반응보다는 부정적 반응에서 학업성취도가 높을 수 있다. 성취도 점수는 어느 한 가지 변인에 따라서 결정되는 것이 아니라 피드백의 유무와 반응유형의 결합에 따라 달라지는 것이다. 만일 이런 결과가 나왔다면, 주효과 1, 2는 '상호작용 효과가 있다'라고 말하게 된다.

독립변인이 2개 이상인 분산분석에서 주효과와 상호작용 효과라는 표현은 함께 가는 용어다. 위의 예에서 분산분석의 결과는 크게 4가지가 나오는데, 첫째는 주효과 및 상호작용 효과가 없는 경우(통계적으로 유의하지 않은 경우)([그림 6-3]), 둘째는 주효과도 있고 상호작용 효과도 있는 경우([그림 6-1], [그림 6-2]), 셋째는 주효과는 있는데 상호작용 효과가 없는 경우([그림 6-4]), 넷째는 주효과는 없고 상호작용 효과만 있는 경우이다([그림 6-5]).

주효과와 상호작용 효과가 있는지 없는지는 통계 프로그램에서 도출되는 결과를 보면 알 수 있다. 달리 표현하면, 분산분석은 주효과와 상호작용 효과를 알아보기 위한 통계법인 것이다. 다만 여기서 주의할 점은 상호작용 효과가 있을 때 이를 주효과와 함께 어떻게 해석할 것이냐이다. 일반적으로 상호작용 효과가 있으면 이를 그래프로 나타내고 적절한 설명을 첨부하게 된다.

예를 들어 설명하면 다음과 같다. 각 피드백 유무와 반응유형에 따른 학업성취도 평균이 〈표 6-1〉로 나왔다고 가정하자. 이 표에서는 표준편차는 생략하였다. 그리고 주효과 1(반응유형), 주효과 2(피드백 유무), 상호작용효과 모두 통계적으로 유의하게 나왔다고 하자. 그렇다면, 이는 평균점수인 11.51과 17.80이 차이가 있다(주효과 1)는 것을 의미하며, 또한 평균점수인 12.08과 17.23이 차이가 있다(주효과 2)는 것을 의미한다. 즉, 교수자의 수용반응에서 학생들은 높은 학업성취도를, 피드백이 있을 때 학생들은 높은 학업성취도를 보이고 있는 것이다. 그러나 상호작용 효과가 어떻게 되는지는 표에서 쉽게 알 수 없기 때문에 그림을 그려서 확인할 필요가 있다([그림 6-1]).

〈표 6-1〉 피드백 유무와 교수자 반응유형에 대한 학업성취도 평균점수

		교수자 반응유형		
		부정	수용	계
피드백	없음	12.78	11.39	12.08
	있음	10.25	24.22	17.23
	계	11.51	17.80	

분산분석의 결과는 피드백이 있을 때가 피드백이 없을 때보다 평균점수보다 통계적으로 유의하게 높게 나왔지만, [그림 6-1]에서 보면, 부정반응일 때는 피드백이 없는 경우에 더 학업성취도 점수가 높게 나타났다. 또한 수용반응일 때는 피드백이 있는 경우에 학업성취도 점수가 훨씬 높게 나타났다. 이런 결과가 보여주는 것은, 피드백은 교수자의 부정반응일 때보다 수용반응일 때가 더 긍정적인 효과가 있다는 점이다.

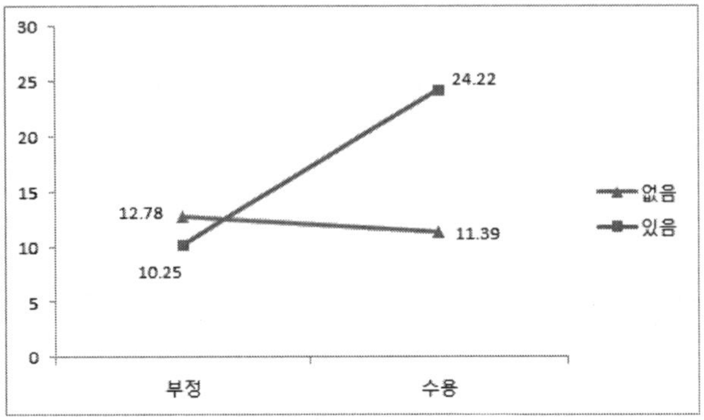

[그림 6-1] 피드백의 유무와 교수자 반응유형 간의 상호작용 효과

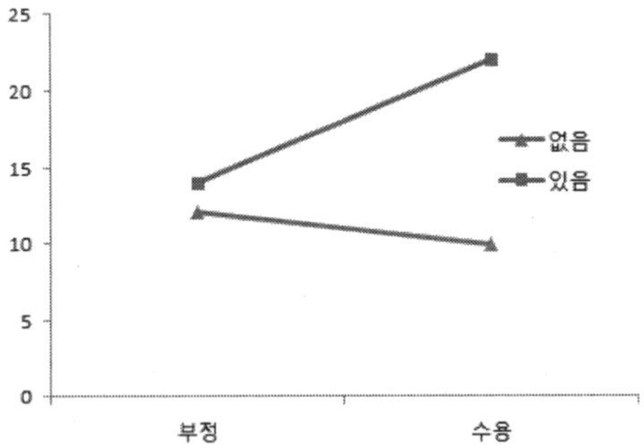

[그림 6-2] 주효과, 상호작용효과 모두 있음

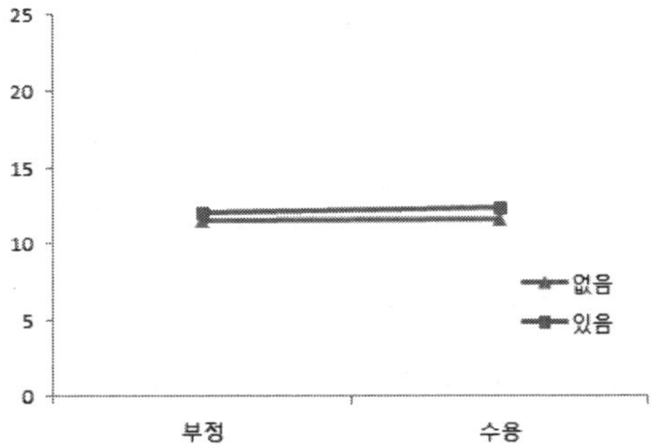

[그림 6-3] 주효과, 상호작용 효과 모두 없음

※ 상호작용 효과에서 선이 반드시 교차할 필요는 없다.

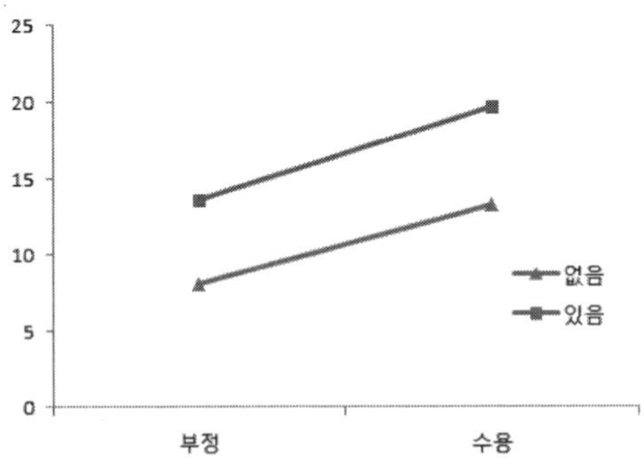

[그림 6-4] 주효과만 있음

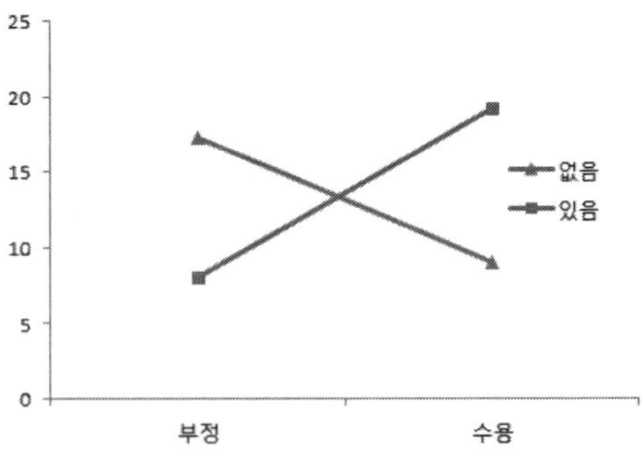

[그림 6-5] 상호작용 효과만 있음

3) 사후검정 혹은 사후분석

집단이 3개(예컨대 A, B, C) 이상의 분산분석 결과가 통계적으로 유의미하게 나왔을 때, A, B, C 집단의 평균들이 모두 서로 간에 유의미하게 차이가 난다고 말하는 것은 아니다. A와 B, A와 C, B와 C의 3가지 조합 중에 어느 하나의 경우라도 유의미하게 차이가 나면 분산분석의 결과는 유의미하게 나온다. 그런데 분산분석의 결과는 어느 집단 혹은 어느 집단들 간에는 차이가 있지만 그것들이 구체적으로 어느 집단들 사이에서 차이가 있는지는 알려주지 않는다. 사후검정은 차이가 나는 집단들이 어느 집단들인지를 알기 위한 것이다. 따라서 사후검정은 집단이 최소 3개 이상인 분산분석에서 통계적으로 유의미한 경우 반드시 기술하게 된다. 집단의 2개인 경우(t-검정)는 집단 비교의 경우의 수가 하나이기 때문에, 즉 어느 집단들에서 차이가 나는지 명백하기 때문에 사후검정이 필요하지 않다. 분산분석 결과가 통계적으로 유의미하지 않은 경우도 사후검정이 필요없다. 차이가 나는 집단이 없기 때문이다. 대표적인 사후검정은 Scheffé(세페)법, Tukey(투키)법, Bonferroni(본페로니)법이 있다[1]. 연구자는 사후검증에 절차에 대해 크게 걱정할 필요는 없다. 통계프로그램을 이용하여 분산분석을 할 때, 사후분석 창에서 Scheffé, Bonferroni, Tukey를 (혹은 3개 모두를) 체크하면 그 결과를 보여준다([대화상자 6-4] 참조).

4. 가정과 조건

다음과 같은 가정과 조건을 만족시켜야 분산분석을 실시할 수 있다.

---

1) 엄밀히 말하여 집단의 사례수가 같으면 Tukey법을 사용하고 집단의 사례수가 다르면 Scheffé법이나 Bonferroni 법을 사용하는 것이지만, 많은 논문에서 이를 구별하지 않고 사용하는 것으로 보인다.

- 비교하려는 모집단의 분포는 정규분포를 이루어야 한다(3장의 정규성 내용 참조).
- 비교하려는 모집단의 분산은 균일해야 한다(3장의 등분산성 내용 참조).
- 측정되는 관찰치들은 서로 독립적이어야 한다(3장의 독립성 내용 참조).
- 종속변인은 양적변인(메트릭 자료/등간척도 또는 비율척도)으로 측정되어야 한다(2장의 척도 내용 참조).
- 독립변인은 질적변인(비메트릭 자료/명명척도)으로 변환해야 한다(2장의 척도 내용 참조).

5. 종류와 연구예시

분산분석의 종류는 독립변인이 몇 개가 있는지에 따라 나누어진다. 종속변인의 수는 관계없다. 독립변인이 1개면 일원분산분석(one way ANOVA), 2개면 이원분산분석(two way ANOVA), 3개면 삼원분산분석(three way ANOVA)이 된다. 대체적으로 독립변인의 수가 3개를 넘게 되면, 연구자가 다루어야 할 가설과 상호작용 효과 등이 많고 이를 해석하는데 매우 복잡하고 어려워지므로 실제 연구에서 사원분산분석 이상을 사용한 경우는 찾을 수 없다. 학술지에서 분산분석을 실시한 연구를 보게 된다면, 이원분산분석을 사용한 연구일 가능성이 가장 크고, 다음으로 일원분산분석을 사용한 연구다. 삼원분산분석은 드물게 발견할 수 있다[2].

1) 일원분산분석

일원분산분석은 독립변인이 1개로서, 다음은 이를 통해서 수행할 수 있는 다양한

2) 이 책에서는 삼원분산분석은 다루지 않는다.

연구예시다.

- 교수자의 발문유형(독립변인: 예컨대 진위형, 단답형, 사고형 발문)에 따른 학생들의 읽기능력 및 만족도(종속변인)의 차이
- 상이한 교수법(독립변인: 예컨대 A, B, C, D 교수법)에 따른 학생들의 학업성취도(종속변인)의 차이
- 거주지역(독립변인: 예컨대 도시, 농촌, 어촌)에 따른 가구당 소득(종속변인)의 차이
- 부모의 경제적 수준(독립변인: 예컨대 상, 중, 하)에 따른 사교육비 지출(종속변인)의 차이
- 청소년의 진로의식 만족도 수준(독립변인: 예컨대 최상, 상, 하, 최하)에 따른 청소년의 직업기대치(종속변인)의 차이

첫 번째 연구예시를 예로 들어 설명하면, 독립변인은 교수자의 발문유형 1개로서 3개의 수준(진위형, 선택형, 개방형)을 갖고 있으며, 종속변인은 2개로서 읽기능력과 만족도다. 마지막 연구예시의 경우는 4개(최상, 상, 하, 최하)의 수준을 갖고 있는 독립변인 1개(진로의식 만족도 수준)와 종속변인 1개(직업기대치)를 갖고 있다.

독립변인: 교수자의 발문유형

진위형	선택형	개방형

※실험참여자는 3개의 집단 중 1곳에 배정된다.

[그림 6-6] 일원분산분석의 집단설계의 예

여기서 독립변인의 개수와 독립변인의 수준을 혼동하면 안 된다. 분산분석에서 독립변인의 수준은 1개의 독립변인이 몇 개의 집단으로 나누어지는지를 의미한다. t-검정의 경우는 독립변인이 1개이고 수준은 2개인 일원분산분석의 한 경우이다.

연구자의 관심에 따라 독립변인과 종속변인의 자리에 다양한 변인들로 대체할 수 있다. 일반적으로 일원분산분석을 사용한 연구논문은 "◇◇◇◇(독립변인)이 ▽▽▽▽(종속변인)에 미치는 효과(또는 영향)"라는 제목을 갖는다.

2) 이원분산분석

이원분산분석은 독립변인이 2개로서, 다음은 이를 통해서 수행할 수 있는 다양한 연구예시다.

- 교수자의 발문유형(독립변인: 예컨대 진위형, 단답형, 사고형 발문)과 교수자의 반응유형(독립변인: 수용, 부정)에 따른 학생들의 읽기능력(종속변인)의 차이
- 상이한 교수법(독립변인: 예컨대 A, B, C, D 교수법)과 학생의 지능수준(독립변인: 상, 하)에 따른 학생들의 학업성취도(종속변인)의 차이
- 거주지역(독립변인: 예컨대 도시, 농촌, 어촌)과 직업의 종류(독립변인: 사무직, 근로직, 전문직)에 따른 가구당 소득(종속변인)의 차이
- 부모의 경제적 수준(독립변인: 예컨대 상, 하)과 학생의 학업능력(독립변인: 상, 하)에 따른 사교육비 지출(종속변인)의 차이
- 청소년의 진로의식 만족도 수준(독립변인: 예컨대 최상, 상, 하, 최하)과 성별(독립변인: 남, 여)에 따른 청소년의 직업기대치의 차이

첫 번째 연구예시를 예로 들어 설명하면, 독립변인은 2개(교수자의 발문유형과 교수자의 반응유형), 종속변인은 1개(읽기능력)이다. 독립변인의 수준은 각각 3개와 2개이다. 이 경우 일반적으로 3×2 ANOVA라고 표현하고 'three by two 아노바'라고 읽는다. 그리고 평균을 구해야 하는 총 집단의 수는 6개가 된다. 만일 3×2×2 ANOVA가 있다면, 이 경우는 독립변인이 3개이고, 각각의 수준은 3개, 2개, 2개며 총 집단의 수는 12개인 삼원분산분석이 된다.

독립변인 1: 교수자의 발문유형

독립변인 2: 교수자의 반응유형		진위형	선택형	개방형	계
	수용	ㄱ	ㄴ	ㄷ	(ㄱ+ㄴ+ㄷ) 평균
	부정	ㄹ	ㅁ	ㅂ	(ㄹ+ㅁ+ㅂ) 평균
	계	(ㄱ+ㄹ) 평균	(ㄴ+ㅁ) 평균	(ㄷ+ㅂ) 평균	

※ 실험참여자는 위의 ㄱ~ㅂ의 6개 집단 중 1곳에 배정됨.
※ 교수자의 발문유형의 차이 비교는 (ㄱ+ㄹ)평균, (ㄴ+ㅁ)평균, (ㄷ+ㅂ)평균을 비교함(주효과 1).
※ 교수자의 반응유형의 차이 비교는 (ㄱ+ㄴ+ㄷ)평균과 (ㄹ+ㅁ+ㅂ)평균을 비교함(주효과2).

[그림 6-7] 이원분산분석의 집단설계의 예

일원분산분석과 마찬가지로 연구자의 관심에 따라 독립변인과 종속변인의 자리에 다양한 변인들로 대체할 수 있다. 일반적으로 이원분산분석을 사용한 연구논문은 "◇◇◇◇(독립변인 1)과 ㅁㅁㅁ(독립변인 2)이 ▽▽▽▽(종속변인)에 미치는 효과"라는 제목을 갖는다.

6. 통계 분석절차

1) 가설의 설정

일원분산분석은 독립변인이 미치는 종속변인에 대한 영가설이 1개다.

- **영가설**: 독립변인에 따른 집단 간의 종속변인 평균점수는 차이가 없다.
  - 예시: 교수자의 발문유형에 따른 학생들의 읽기능력에는 차이가 없다. 또는 교수자의 발문유형은 학생들의 읽기능력에 효과가 없다(영향을 미치지 않는다).
- **대립가설**: 독립변인에 따른 집단 간의 종속변인 평균점수는 차이가 있다.
  - 예시: 교수자의 발문유형에 따른 학생들의 읽기능력에는 차이가 있다. 또는 교수자의 발문유형은 학생들의 읽기능력에 효과가 있다(영향을 미친다).

이원분산분석은 3개의 영가설(교차설계의 경우)이 존재한다.

① 독립변인 1: 주효과 1(예시: 교수자의 발문유형)

- **영가설**: 독립변인 1에 따른 집단 간의 종속변인 평균점수는 차이가 없다.
  - 예시: 교수자의 발문유형에 따른 학생들의 읽기능력에는 차이가 없다. 또는 교수자의 발문유형은 학생들의 읽기능력에 효과가 없다(영향을 미치지 않는다).
- **대립가설**: 독립변인 1에 따른 집단 간의 종속변인 평균점수는 차이가 있다.
  - 예시: 교수자의 발문유형에 따른 학생들의 읽기능력에는 차이가 있다. 또는 교수자의 발문유형은 학생들의 읽기능력에 효과가 있다(영향을 미친다).

② 독립변인 2: 주효과 2(예시: 교수자의 반응유형)

- **영가설**: 독립변인 2에 따른 집단 간의 종속변인 평균점수는 차이가 없다.
  - 예시: 교수자의 반응유형에 따른 학생들의 읽기능력에는 차이가 없다. 또는 교수자의 반응유형은 학생들의 읽기능력에 효과가 없다(영향을 미치지 않는다).
- **대립가설**: 독립변인 2에 따른 집단 간의 종속변인 평균점수는 차이가 있다.
  - 예시: 교수자의 반응유형에 따른 학생들의 읽기능력에는 차이가 있다. 또는 교수자의 반응유형은 학생들의 읽기능력에 효과가 있다(영향을 미친다).

③ 상호작용(interaction) 효과(예시: 발문유형×반응유형)

- **영가설**: 집단들 사이에는 상호작용 효과가 없다.
  - 예시: 교수자의 발문유형과 교수자의 반응유형에는 상호작용 효과가 없다.
- **대립가설**: 집단들 사이에는 상호작용 효과가 있다.
  - 예시: 교수자의 발문유형과 교수자의 반응유형에는 상호작용 효과가 있다.

2) 검정통계량 계산

통계프로그램을 통해 검정통계량인 F값과 이에 해당하는 유의확률 p값을 구한다. F값이 커질수록 통계적 유의성이 높아진다.

3) 가설의 기각 및 채택

F값에 해당하는 유의확률 p값이 .05, .01, .001보다 크면 영가설을 채택하며, 작으면 영가설을 기각하고 대립가설을 채택한다. 영가설을 기각한다는 것은 독립변인이 종속

변인에 효과가 있음을 의미한다.

4) 사후검정

사후검정은 영가설을 기각했을 때만 필요하다. 유의미한 결과는 어느 집단 간에서 차이가 나고 있는지는 밝히지 않기 때문이다. 일반적으로 Scheffé법이나 Bonferroni법, Tukey법을 많이 이용한다.

5) 해석과 정리

연구자는 영가설을 채택하든 기각하든 통계결과에 대한 해석을 한다. 통계프로그램이 제시하는 다양한 표(기술통계표, 분산분석결과표 등)를 연구상황에 맞게 편집 · 이용하여 여러 통계값들을 기록하며, 이에 대한 적절한 해석과 결과 해석에 대한 이유를 논리적으로 기술한다. 필요하면 그래프를 그려 넣는다. 이원분산분석에서 상호작용 효과가 나타나면, 해석을 할 때 주의가 필요하다. 상호작용 효과에 대한 그래프를 엑셀과 같은 프로그램을 이용하여 만들어 삽입하고, 주효과와 상호작용 효과를 비교하면서 설명해야 한다. 이 때 먼저 주효과를 설명하고 상호작용에서 그 주효과가 어떻게 변하는지를 설명해야 한다. 이처럼 주효과가 상호작용에 의해 변할 때, 이를 '주효과의 분해'라고 말한다.

7. 주의사항

이 책에서 설명하는 것처럼 독립변인의 개수로 분산분석의 종류를 구분할 수도 있지만, 연구설계를 어떻게 하느냐에 따라 무선설계(흔히 '교차설계'라고도 함), 무선구획설계(흔히 '내재설계'라고도 함), 반복설계, 분할구획요인설계로 구분할 수도 있다. 이 책에서 설명하고 있는 분산분석을 연구설계에 따른 종류로 보면 무선설계에 속한다. 연구설계에 따른 종류는 연구자가 연구에 영향을 미칠 수 있는 변인을 통제하기 위한 방법들인데, 구체적인 집단배치, 분석절차 및 방법에서 독립변인의 개수로 분류한 종류들과 큰 차이가 없다. 이 책에서는 이에 대해 상세히 다루지 않았다.

8. 연구사례 1: 일원분산분석

1) 연구상황

이 사례는 중학생의 학업성적 수준에 따라 학업스트레스에 미치는 효과를 분석한 것이다. 이를 위해 중학생의 학업성적 수준은 하위권, 중위권, 상위권으로 구분하였다. 독립변인은 중학생의 학업성적 수준이며, 종속변인은 학업스트레스 점수다. 스트레스 점수는 설문지를 이용하여 측정하였다. 독립변인이 1개이고 집단의 수가 3개이기 때문에 일원분산분석을 적용하였다[3].

3) 이 사례는 실제의 데이터를 이용한 실제 연구논문이다. 이 책을 위하여 논문의 내용을 편집하였음을 밝힌다.

2) 설문문항 예시

자료수집 방법은 설문지로써 연구참여자가 문항내용을 읽고 빈칸에 체크하도록 되어 있다. 5점 Likert 척도로 구성되어 있다.

〈표 6-2〉 학업스트레스 설문문항 예시

번호	문 항 내 용	전혀 그렇지 않다	가끔 그렇다	보통 그렇다	자주 그렇다	언제나 그렇다
1	시험에 대한 압박감이 있을 때 스트레스를 받는다.					
2	숙제가 많을 때 스트레스를 받는다.					
3	공부를 해도 이해가 되지 않을 때 스트레스를 받는다.					
4	학원에서 오랜 시간 동안 공부할 때 스트레스를 받는다.					
…	....					

3) SPSS 수행절차

코딩된 데이터를 SPSS에서 불러낸 후 [화면캡처 6-1]의 SPSS 분석 메뉴에서 다음과 같이 수행한다([대화상자 6-1]~[대화상자 6-8]).

분석(A) → 평균 비교(M) → 일원배치 분산분석(O)…[4)]

4) SPSS는 일원분산분석을 일원배치분산분석이라고 표현한다.

[화면캡처 6-1] SPSS 분석 메뉴

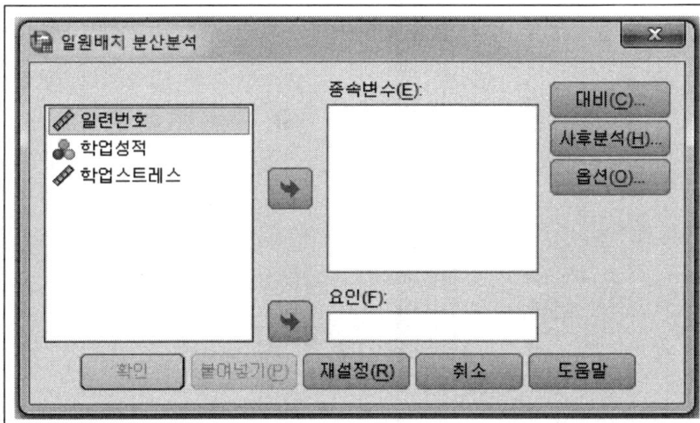

대화상자 6-1: 일원배치 분산분석

❶ 좌측 상자에는 모든 변수가 나타난다.

❷ 우측 종속변수(E) 상자에는 종속변인이, 요인(F) 상자에는 독립변인이 들어간다.

※ 대화상자 속의 요인(F)은 이 책 13장에서 말하는 요인분석의 '요인'과 다른 의미다.

※ 좌측 상자의 학업성적은 하위권, 중위권, 상위권의 수준을 말한다.

대화상자 6-2: 일원배치 분산분석

❶ 변수명 “학업스트레스”를 선택하여 종속변수(E) 상자 안으로 이동시킨다.

❷ “학업성적” 변수를 선택하여 요인(F) 상자 안으로 옮긴다.

❸ 대비(C)... 버튼을 클릭한다.

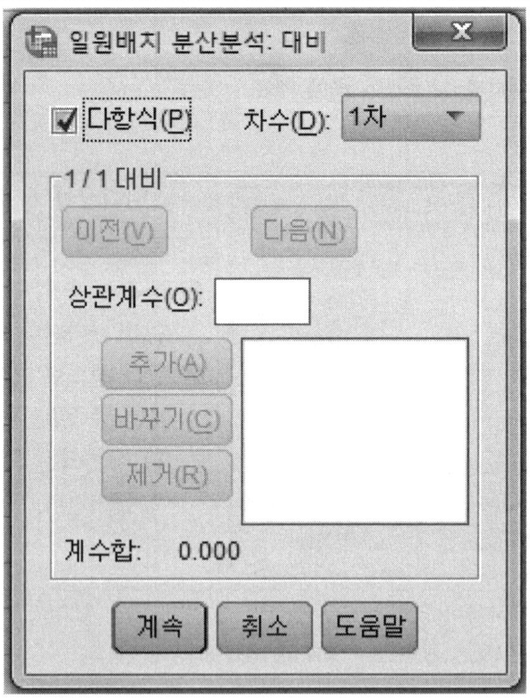

대화상자 6-3: 일원배치 분산분석: 대비

❶ ☑다항식(P)을 선택한다. 그리고 다항식의 차수(D)인 1차 다항식이 기본 설정되어 있다.

❷ 계속버튼을 클릭한다.

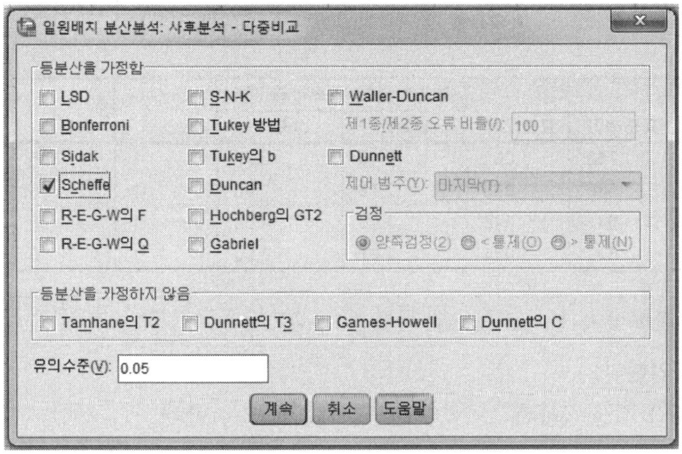

대화상자 6-4:
일원배치 분산분석:
사후분석-다중비교

❶ 등분산을 가정함에서 ☑Scheffe를 선택한다. 필요하면, Bonferroni, Tukey 등을 선택한다.
❷ 계속버튼을 클릭한다.

대화상자 6-5:
일원배치 분산분석: 옵션

❶ 통계량에서 ☑기술통계(D)를 신댁한다.
❷ ☑분산동질성 검정(H)을 선택한다.
❸ 평균도표(M)를 선택한다.
❹ 결측값에서 ◉분석별 결측값 제외(A)를 선택한다.
❺ 계속버튼을 클릭한다.
❻ [대화상자 6-2]에서 확인버튼을 클릭한다.

기술통계

학업스트레스

	N	평균	표준편차	표준오차	평균에 대한 95% 신뢰구간		최소값	최대값
					하한값	상한값		
상위권	88	2.61	.763	.081	2.45	2.77	1	5
중위권	415	2.85	.579	.028	2.79	2.90	1	5
하위권	196	2.99	.641	.046	2.90	3.08	1	5
합계	699	2.86	.632	.024	2.81	2.90	1	5

대화상자 6-6: SPSS 출력결과 1

❶ 기술통계 출력결과를 확인한다.

❷ 평균, 표준편차, 사례수(N) 값을 〈사례 1〉안의 분산분석표에 입력한다.

일원배치 분산분석

학업스트레스

			제곱합	df	평균 제곱	F	유의확률
집단-간	(조합됨)		8.907	2	4.453	11.497	.000
	선형 항	가중되지 않음	8.776	1	8.776	22.656	.000
		가중됨	8.604	1	8.604	22.212	.000
		편차	.303	1	.303	.781	.377
집단-내			269.595	696	.387		
합계			278.501	698			

대화상자 6-7: SPSS 출력결과 2

❶ 분산분석 출력결과를 확인한다.

❷ 집단-간(조합됨)에서 거짓(F=11.497)과 유의확률(p=.000)을 〈사례 1〉안의 분산분석표에 입력한다.

다중 비교

종속 변수: 학업스트레스

Scheffe

(I) 학업성적	(J) 학업성적	평균차(I-J)	표준오차	유의확률	95% 신뢰구간	
					하한값	상한값
상위권	중위권	-.235*	.073	.006	-.41	-.06
	하위권	-.380*	.080	.000	-.58	-.18
중위권	상위권	.235*	.073	.006	.06	.41
	하위권	-.146*	.054	.027	-.28	-.01
하위권	상위권	.380*	.080	.000	.18	.58
	중위권	.146*	.054	.027	.01	.28

*. 평균차는 0.05 수준에서 유의합니다.

대화상자 6-8: SPSS 출력결과 3(사후검정)

❶ 다중 비교 출력결과를 확인한다. 다중 비교는 전체 집단간 평균의 차이가 존재하며 등분산을 가정하였을 때 Scheffé법를 이용한 사후검정 결과를 보여주는 것이다.

❷ 집단 간 평균차와 유의확률을 통해 어떤 집단에서 차이가 존재하는지 확인한다. 상위권인 경우를 보면, 중위권 점수와 하위권 점수 모두에서 차이가 난다(유의확률이 .006, .000으로 모두 .05보다 작다). 모두 중위권과 하위권의 점수가 상위권의 점수보다 더 크다(위의 표에서 평균차를 보거나 [대화상자 6-6]에서 평균을 비교하라).

❸ 중위권인 경우를 보면, 하위권 점수와 차이가 난다(유의확률이 .027로 .05보다 작다). 하위권의 점수가 중위권의 점수보다 더 크다(위의 표에서 평균차를 보거나 [대화상자 6-6]에서 평균을 비교하라).

❹ 따라서 집단 간의 차이는 상위권〈중위권〈하위권임을 알 수 있다.

❺ 상위권을 a, 중위권을 b, 하위권 c로 임의로 정하고, 〈사례 1〉안의 분산분석표 유의확률 칸 아래에 a〈b〈c 또는 c〉b〉a를 입력한다. 이는 모든 집단 간에 차이가 있다는 것을 뜻한다.

4) 논문작성의 실제

사례 1 중학생의 학업성적에 따른 학업스트레스에 미치는 효과

중학생의 학업성적에 따라 학업스트레스에 차이가 있는지를 분석하기 위해 일원배치 분산분석 결과는 다음의 〈표〉와 같다.

〈표〉 학업성적에 따른 학업스트레스에 대한 일원배치 분산분석 결과

		N	평균	표준편차	F	p
학업 성적	상위권(a)	88	2.61	.763	11.497	.000 (c)b)a)
	중위권(b)	415	2.85	.579		
	하위권(c)	196	2.99	.641		
	합계	699	2.86	.632		

〈표〉에서 제시된 결과를 보면, 학업스트레스에서 학업성적이 하위권인 중학생의 평균이 가장 높게 나타났으며, 그 다음은 중위권, 상위권 순이었다. 학업성적에 따라 세 집단에서 학업스트레스에서 통계적으로 유의미한 차이가 있는지를 살펴보기 위해 일원배치 분산분석을 실시한 결과 학업스트레스에서 통계적으로 유의미한 차이가 나타났다(F=11.497, p=.000). 집단 간 차이가 있음에 따라 사후검증을 실시한 결과, 성적이 하위권 학생이 중위권, 상위권 학생보다, 중위권 학생이 상위권 학생보다 학업스트레스를 많이 받는 것으로 나타났다. 이는 성적이 나쁠수록 학업스트레스를 더 많이 받는 것을 의미한다.

※ 출처: 영남대학교 교육대학원 미간행 논문

5) 통계분석 절차와 논문의 분석

(1) 가설의 설정

독립변인(학업성적 수준)이 미치는 종속변인(학업스트레스)에 대한 1개의 영가설과 대립가설을 설정하였다.

- 영가설: 학업성적 수준에 따른 학업스트레스 점수에는 차이가 없다.

(2) 검정통계량 계산

- 영가설의 F값과 유의확률 p값을 구하였다(F=11.497, p=.000).

(3) 가설의 기각 및 채택

F값에 해당하는 유의확률 p값이 .001보다 작으므로 영가설을 기각하고 대립가설을 채택하였다.

(4) 사후검정

집단이 3개가 있고, 영가설을 기각했으므로 사후검정이 필요하였다. 분산분석의 유의미한 결과는 집단 간에 차이가 있다는 것을 알려줄 뿐이며, 구체적으로 어느 집단들 간에 차이가 있는지는 밝히지 않고 있기 때문이다. [대화상자 6-7]의 Scheffé법 결과를 보면서 상위권〈중위권〈하위권임을 확인하고, 〈표〉안에 표시를 하였다.

(5) 해석과 정리

영가설을 기각한 평균점수(2.61, 2.85, 2.99)들은 통계적으로 유의미한 차이가 있음을 의미하는데, 사후검정 결과 상위집단(2.61)과 중위집단(2.85)에서도, 상위집단(2.61)과 하위집단(2.99)에서도, 중위집단(2.85)과 하위집단(2.99)에서도 모두 집단 간의 차이가 나타났고, 그 점수의 크기는 상위권<중위권<하위권 순으로 점수가 커진다는 것을 알 수 있다. 학업스트레스는 학업성적 수준이 낮아질수록 더 커진다고 말할 수 있다.

6) 기타

통계분석 결과표는 독자가 쉽게 이해할 수 있게끔 연구자가 작성할 수 있다고 14장에서 기술하였다. 아래의 표는 유의확률 p값을 제시하지 않고 F값에 *를 붙인 것을 보여주고 있다. 이 표에서는 F값의 정확한 유의확률을 제시하지 않고 대신에 그 p값의 유의수준만을 제시하고 있다. 즉 유의수준 .001에서 영가설을 기각할 수 있음을 보여주고 있는 것이다. 그리고 정확한 유의확률은 모르지만, 그 값은 .001보다는 작은 수라는 것은 알 수 있다. 만일 F값의 유의확률이 .003이었다면, F값 옆에는 별이 2개(**)가 붙고, 표 아래에 **p<.01이라고 기술되어 있을 것이다. 이런 표를 제시한 연구논문도 많이 발견된다.

〈표 6-3〉 학업성적에 따른 학업스트레스에 대한 일원분산분석 결과

		N	평균	표준편차	F
학업성적	상위권	88	2.61	.763	11.497*** (하>중>상)
	중위권	415	2.85	.579	
	하위권	196	2.99	.641	
	합계	699	2.86	.632	

***p<.001

다음은 분산분석을 이용한 많은 논문이나 보고서에 자주 등장하는 표를 소개하고자 한다. 다음의 표 양식은 분산분석의 결과표로서 반드시 알아둘 필요가 있는 것이다. 어떤 연구에서는 제곱합을 SS(sum of squares), 자유도를 df(degree of freedom), 평균제곱을 MS(mean square)처럼 영어로 표기하기도 한다. 참고로 F값은 학업성적의 평균제곱값을 오차의 평균제곱값으로 나눈 것이다(4.453÷.387≒11.497)[5].

〈표 6-4〉 학업성적에 따른 학업스트레스에 대한 일원분산분석 결과

	제곱합	자유도	평균제곱	F	유의확률
학업성적	8.907	2	4.453	11.497	.000
오차	269.595	696	.387		
합계	278.501	698			

9. 연구사례 2: 이원분산분석(Two way ANOVA)

1) 연구상황

이 사례는 초등학생의 학습태도와 마술 프로그램 적용유무에 따라 수학학습동기에 차이가 있는지를 분석하는 것이다. 이를 위해 학습태도는 담임교사의 도움을 얻어 학생들을 학습태도가 나쁜 집단, 학습태도가 보통 집단, 학습태도가 좋은 집단으로 분류하고, 마술 프로그램에 대해서는 적용한 집단과 적용하지 않은 집단으로 구분하였다. 독립변인은 2개로 학습태도의 수준과 마술 프로그램 적용유무이며, 종속변인은 수학학

5) 4.453÷.387을 전자계산기로 계산하면 11.506으로 나오는데, 이는 표에 제시된 11.497과 같지 않다. 왜 그럴까? 표에 제시된 4.453, .387이 소수 넷째자리에서 모두 반올림 상태의 값이기 때문이다. 통계프로그램은 반올림 없이 계산을 하지만 계산된 값을 제시할 때는 통계프로그램 이용자가 설정한 소수점 자리까지 반올림해서 제시해준다.

습동기 점수로 설문지로 측정하였다. 독립변인이 2개이며, 집단의 수가 총 6개이기 때문에 이원분산분석을 적용하였다. [그림 6-8]은 3×2집단설계를 나타낸다[6].

		독립변인 1: 학습태도		
		나쁨	보통	좋음
독립변인 2: 마술프로그램적용	적용함			
	적용안함			

[그림 6-8] 이원분산분석의 집단설계

2) 설문문항 예시

자료수집 방법은 설문지로써 연구참여자가 문항내용을 읽고 빈칸에 체크하도록 되어 있으며, 5점 Likert 척도로 구성되어 있다.

〈표 6-5〉 수학 학습동기 설문문항 예시

번호	문항	매우 그렇다	그렇다	보통이다	그렇지 않다	전혀 그렇지 않다
1	수학수업에서 배운 내용은 훗날 나에게 유용할 것 같다.					
2	수학수업을 잘할 것 같은 자신감이 생겼다.					
3	수학수업 시간 동안 주의집중이 잘 되지 않는다.					
4	수학수업 내용이 중요하다고 생각한다.					
...	....					

6) 이 사례는 실제의 데이터를 이용한 실제 연구논문이다. 이 책을 위하여 논문의 내용을 일부분 편집하였음을 밝힌다.

3) SPSS 수행절차

코딩된 데이터를 SPSS에서 불러낸 후 [화면캡처 6-2]의 SPSS 분석 메뉴에서 다음과 같이 수행한다([대화상자 6-9]~[대화상자 6-20]).

분석(A) → 일반선형모형(G) → 일변량(U)

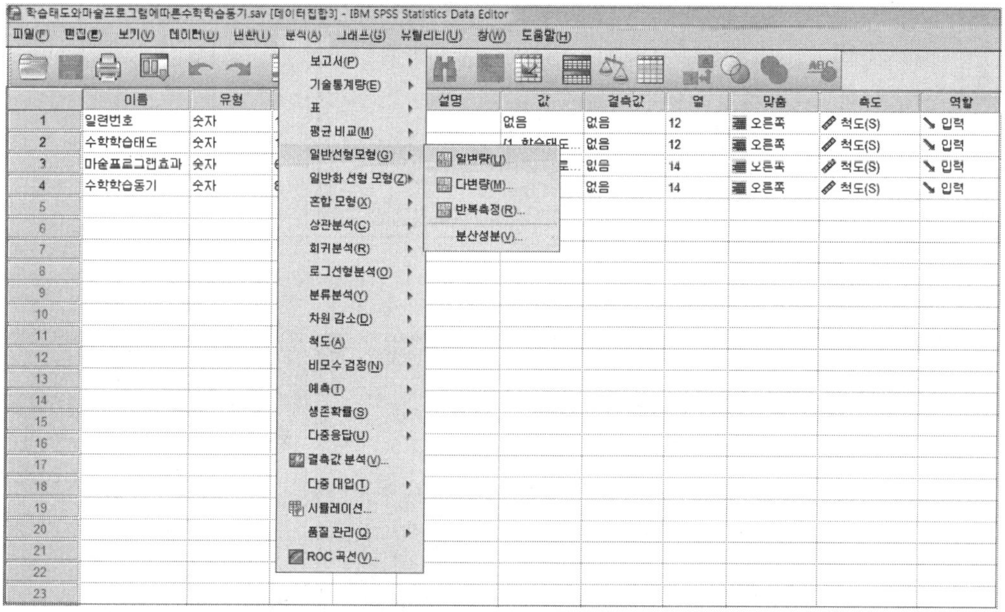

[화면캡처 6-2] SPSS 분석 메뉴

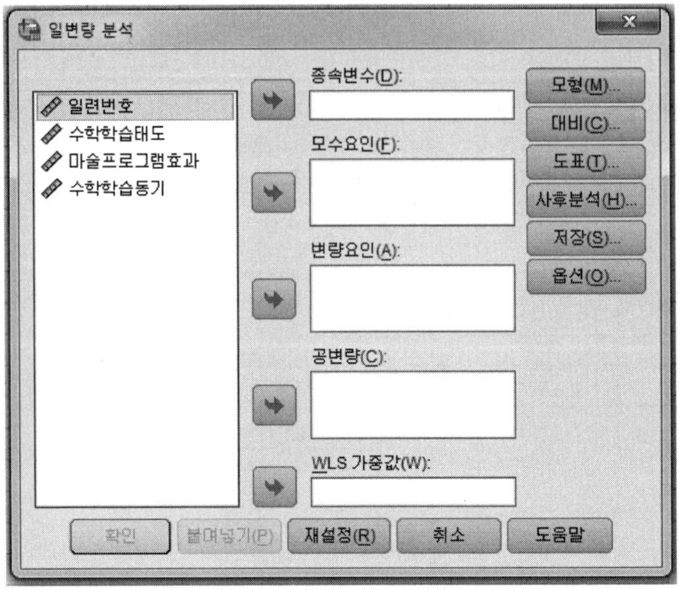

대화상자 6-9: 일변량 분석

❶ 좌측 상자에는 모든 변수가 나타난다.

❷ 우측 종속변수(D) 상자에는 종속변인이, 모수요인(F) 상자에는 독립변인이 들어간다.

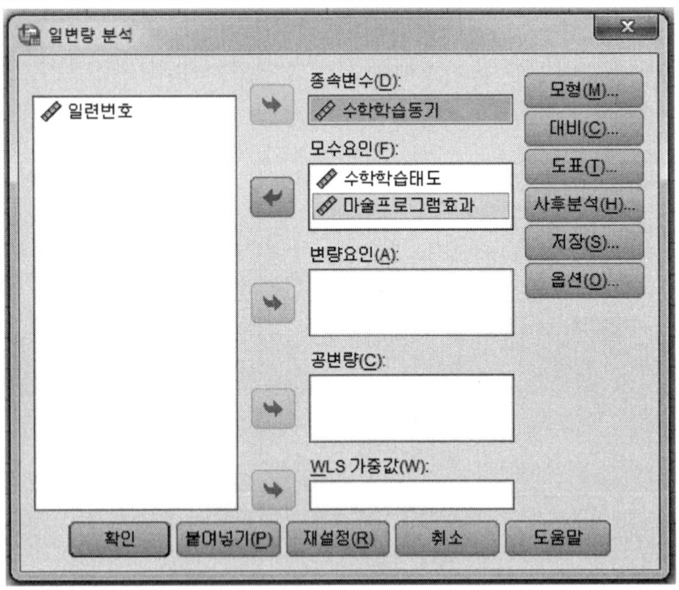

대화상자 6-10: 일변량 분석

❶ 변수명 "수학학습동기"를 선택하여 종속변수(D) 상자 안으로 이동시킨다.

❷ 변수명 "수학학습태도", ""마술프로그램효과"를 선택하여 모수요인(F) 상자 안으로 이동시킨다.

❸ 모형(M)... 버튼을 클릭한다.

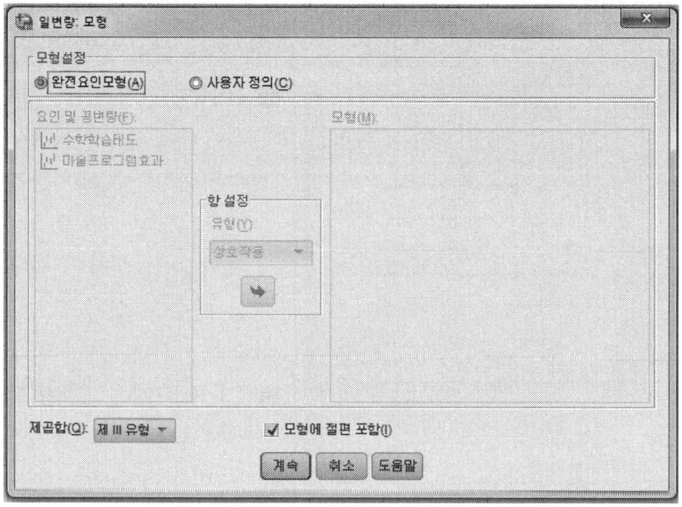

대화상자 6-11: 일변량: 모형

❶ 모형설정에서 주요 효과나 상호작용효과를 나타내는 ◉ 완전요인모형(A)이 기본 설정되어 있다.
❷ 제곱합(Q) 계산방법에 있어 제III유형과 ☑모형에 절편포함(I)이 기본 설정되어 있다.
❸ 계속버튼을 클릭한다.

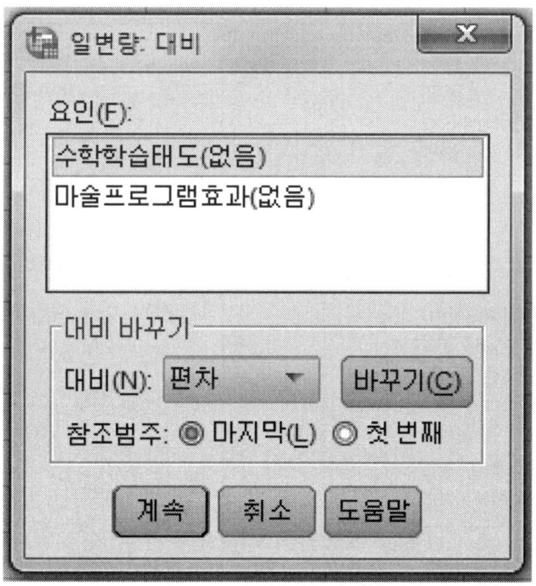

대화상자 6-12: 일변량: 대비

❶ 대비 바꾸기 대비(N)에서 편차를 선택한다.
❷ 참조범주는 ◉마지막(L)이 기본 설정되어 있다.
❸ 계속버튼을 클릭한다.

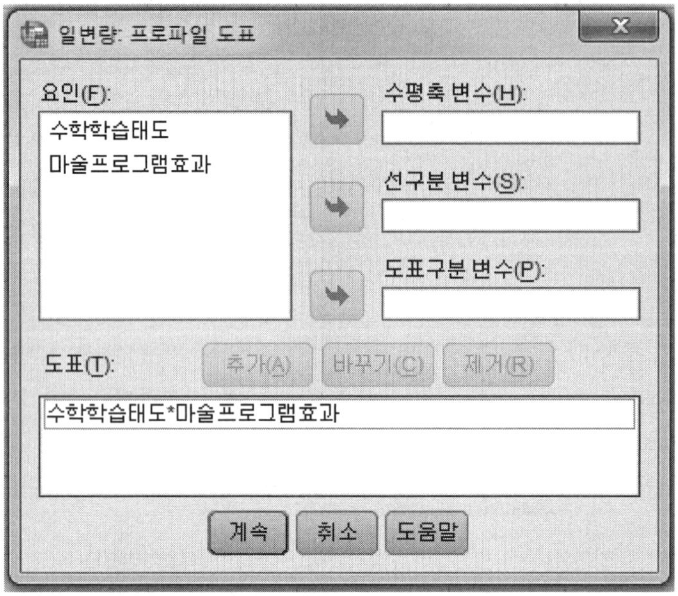

대화상자 6-13: 일변량: 프로파일 도표

❶ 요인(F) 상자안의 "수학학습태도"를 선택하여 수평축 변수(H) 상자 안으로, "마술프로그램효과"를 선택하여 선구분 변수(S) 상자 안으로 이동시킨다.

❷ 도표(T)에서 추가(A) 버튼을 누른다. 그러면 "수학학습태도*마술프로그램효과"가 나타난다.

❸ 계속버튼을 클릭한다.

대화상자 6-14: 일변량: 관측평균의 사후분석 다중비교

❶ 좌측 요인(F) 상자에 있는 "수학학습태도" 변인을 사후검정변수(P) 상자로 이동시킨다. "마술프로그램효과"는 집단수가 2개 이므로 선택할 필요가 없다.

❷ 등분산으로 가정함에서 ☑Scheffe(C)를 체크하고 계속 버튼을 클릭한다. 필요하면 Bonferroni, Tukey도 선택할 수 있다.

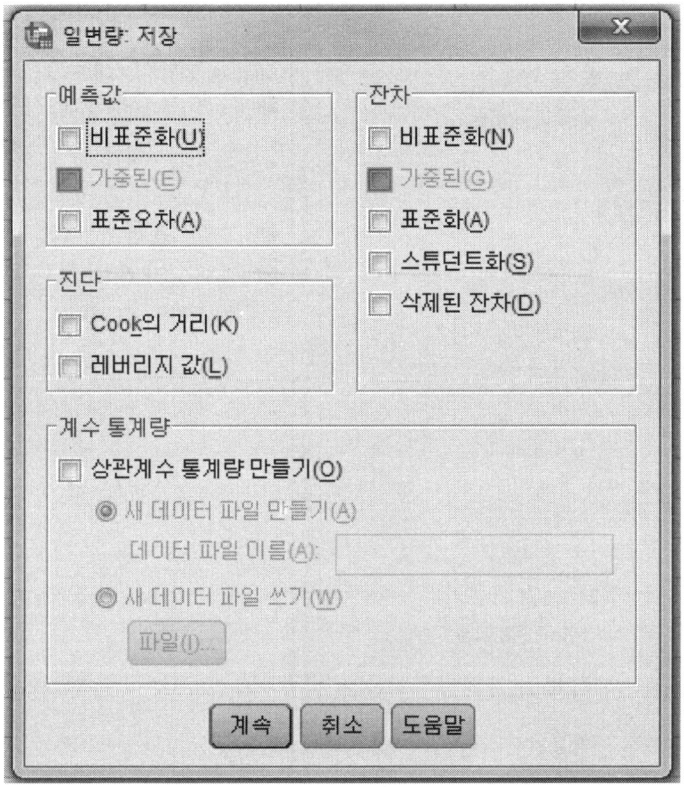

대화상자 6-15: 일변량: 저장

❶ 예측값, 진단, 잔차 등을 선택하여 이용할 수 있다. 본 예시에서는 이를 선택하지 않았다.

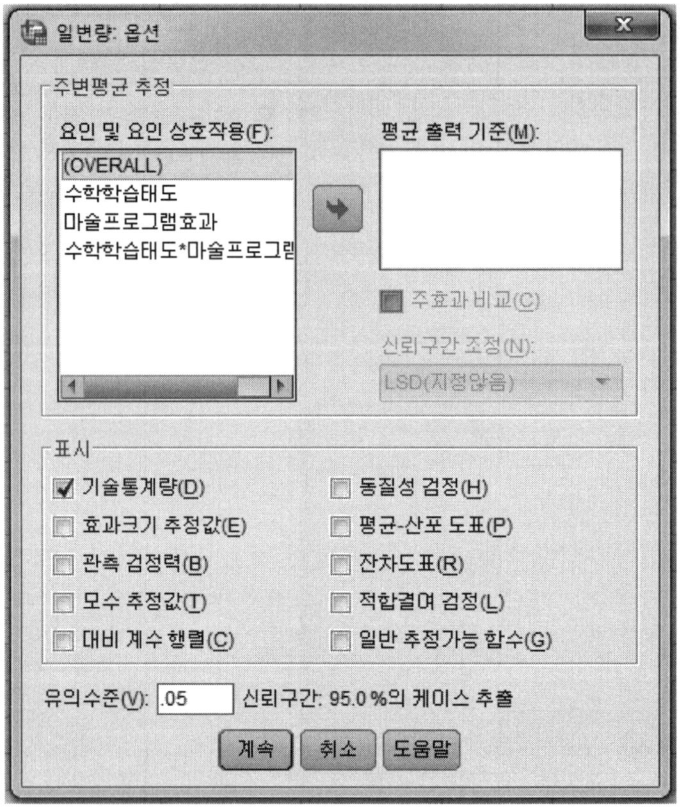

대화상자 6-16: 일변량: 옵션

❶ 아래 표시에서 ☑기술통계량(D)만을 선택하였다.

❷ 계속버튼을 클릭한다.

❸ [대화상자 6-10]에서 확인버튼을 클릭한다.

기술통계량

종속 변수: 수학학습동기

수학학습태도	마술프로그램효과	평균	표준편차	N
학습태도나쁨	마술프로그램적용함	3.63	.705	11
	마술프로그램적용안함	3.13	.865	7
	합계	3.43	.787	18
학습태도보통	마술프로그램적용함	4.12	.205	7
	마술프로그램적용안함	3.38	.530	11
	합계	3.67	.565	18
학습태도좋음	마술프로그램적용함	4.82	.364	8
	마술프로그램적용안함	3.36	.434	9
	합계	4.05	.845	17
합계	마술프로그램적용함	4.13	.714	26
	마술프로그램적용안함	3.31	.592	27
	합계	3.71	.769	53

대화상자 6-17: SPSS 출력결과 1

❶ 기술통계량 출력결과를 확인한다.

❷ 평균, 표준편차, 사례수(N) 값을 〈사례 2〉안의 기술통계량표에 입력한다.

개체-간 효과 검정

종속 변수: 수학학습동기

소스	제 III 유형 제곱합	자유도	평균 제곱	F	유의확률
수정 모형	15.786[a]	5	3.157	9.921	.000
절편	715.801	1	715.801	2249.247	.000
수학학습태도	4.343	2	2.172	6.824	.003
마술프로그램효과	10.363	1	10.363	32.564	.000
수학학습태도 * 마술프로그램효과	2.099	2	1.050	3.298	.046
오차	14.957	47	.318		
합계	760.588	53			
수정 합계	30.743	52			

a. R 제곱 = .513 (수정된 R 제곱 = .462)

대화상자 6-18: SPSS 출력결과 2

❶ 개체-간 효과 검정 출력결과를 확인한다.

❷ 수학학습태도, 마술프로그램효과, 수학학습태도*마술프로그램효과 줄에서 제곱합(4.343, 10.363, 2.099), 자유도(2, 1, 2), 평균제곱(2.172, 10.363, 1.050), F값(6.824, 32.564, 3.298), 유의확률 p값(.003, .000, .046)을 확인하고 〈사례 2〉안의 이원분산분석 결과표에 입력한다.

❸ 오차의 제곱합(14.957), 자유도(47), 평균제곱(.318)과 수정합계의 제곱합(30.743), 자유도(52)를 확인하고 〈사례 2〉안의 이원분산분석 결과표에 입력한다.

다중 비교

종속 변수: 수학학습동기
Scheffe

(I) 수학학습태도	(J) 수학학습태도	평균차(I-J)	표준오차	유의확률	95% 신뢰구간	
					하한값	상한값
학습태도나쁨	학습태도보통	-.23	.188	.472	-.71	.24
	학습태도좋음	-.62*	.191	.009	-1.10	-.13
학습태도보통	학습태도나쁨	.23	.188	.472	-.24	.71
	학습태도좋음	-.38	.191	.144	-.87	.10
학습태도좋음	학습태도나쁨	.62*	.191	.009	.13	1.10
	학습태도보통	.38	.191	.144	-.10	.87

관측평균을 기준으로 합니다.
오류 조건은 평균 제곱(오류) = .318입니다.
*. 평균차는 .05 수준에서 유의합니다.

대화상자 6-19: SPSS 출력결과 3

❶ 수학학습태도에 집단이 3개 있으므로 다중비교 출력결과를 확인한다. 다중 비교는 집단 간 평균의 차이가 존재할 때, Scheffé법을 이용한 사후검정 결과를 보여주는 것이다.

❷ 집단 간 평균차와 유의확률을 통해 어떤 집단에서 차이가 존재하는지 확인한다. 학습태도나쁨은 학습태도보통과는 차이가 없지만(유의확률이 .472로 .05보다 크다), 학습태도좋음과는 차이가 난다(유의확률이 .009로 .01보다 작다). 학습태도나쁨이 학습태도좋음보다 학습동기가 낮다(위의 표에서 평균차를 보거나 [대화상자 6-17]에서 평균을 비교하라).

❸ 학습태도보통과 학습태도나쁨은 차이가 없고(유의확률이 .472로 .05보다 크다), 학습태도보통과 학습태도좋음도 차이가 없다(유의확률이 .144로 .05보다 크다).

❹ 따라서 집단 간의 차이는 학습태도나쁨〈학습태도좋음을 알 수 있다.

❺ 학습태도나쁨을 a, 학습태도보통을 b, 학습태도좋음을 c로 임의로 정하고, 〈사례 2〉안의 이원분산분석표 유의확률 칸 아래에 a〈c를 입력한다.

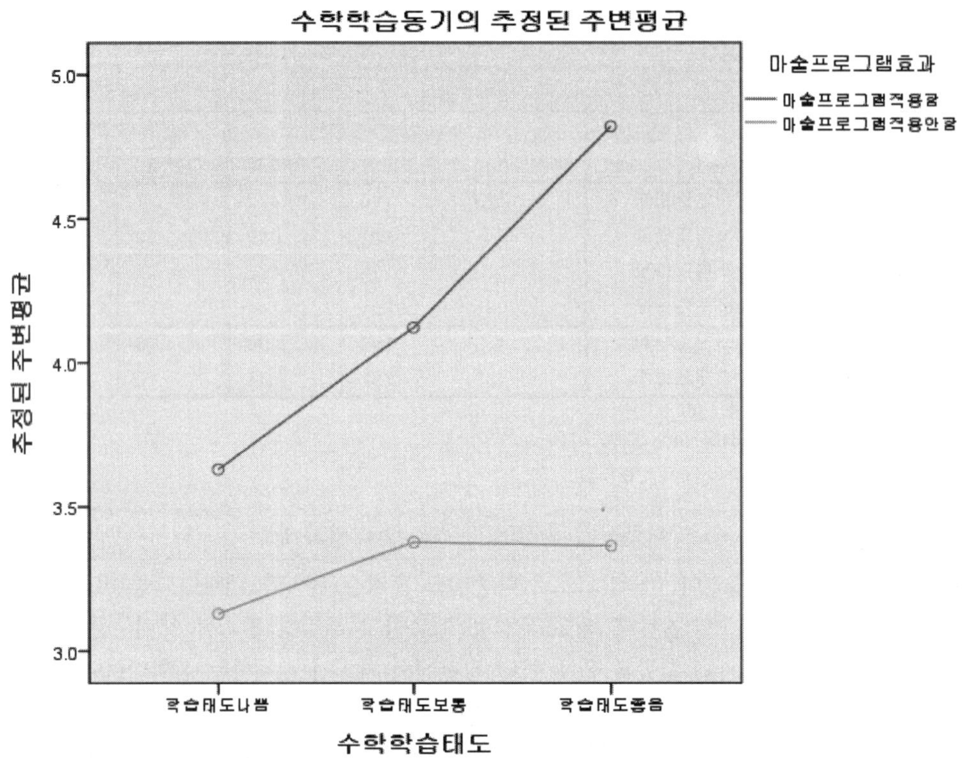

대화상자 6-20: SPSS 출력결과 4

❶ 수학학습동기의 추정된 주변평균 출력결과를 확인한다.

❷ 모든 학습태도 집단에서 마술 프로그램을 적용한 집단이 적용하지 않은 집단보다 높은 수학학습동기를 나타내고 있지만, 특히 학습태도가 좋은 집단에서 마술 프로그램을 적용했을 때 다른 학습태도 집단보다 마술 프로그램의 효과가 더 크게 나타나고 있음을 그래프로 확인한다. 이 그래프는 프로그램과 학습태도 수준은 수학 학습동기에 상호작용 효과가 있음을 보여준다.

❸ 그래프를 〈사례 2〉안에 위치시킨다.

4) 논문작성의 실제

사례 2 초등학생의 학습태도와 마술 프로그램 적용여부에 따른 수학 학습동기에 미치는 효과

초등학생의 학습태도와 마술 프로그램 적용여부에 따라 수학에 대한 학습동기에 차이가 있는지를 분석하기 위하여 이원분산분석 결과는 다음의 〈표 1〉, 〈표 2〉와 같다.

〈표 1〉 학습태도와 마술 프로그램 적용여부에 따른 수학 학습동기에 대한 기술통계량

		학습태도			합계
		나쁜집단(a)	보통집단(b)	좋은집단(c)	
마술 프로그램 적용함	평균	3.63	4.12	4.82	4.13
	표준편차	.705	.205	.364	.714
	사례 수	11	7	8	26
마술 프로그램 적용안함	평균	3.13	3.38	3.36	3.31
	표준편차	.865	.530	.434	.592
	사례 수	7	11	9	27
합계	평균	3.43	3.67	4.05	3.71
	표준편차	.787	.565	.845	.769
	사례 수	18	18	17	53

〈표 2〉 학습태도와 마술 프로그램 적용여부에 따른 수학 학습동기에 대한 이원분산분석 결과

항목	제곱합	자유도	평균제곱	F	유의확률
학습태도	4.343	2	2.172	6.824	.003 (a<c)
마술 프로그램 효과	10.363	1	10.363	32.564	.000
학습태도 × 마술 프로그램 효과	2.099	2	1.050	3.298	.046
오차	14.957	47	.318		
수정합계	30.743	52			

〈표 1〉, 〈표 2〉에서 제시된 결과를 보면, 수학 학습동기에 대한 학습태도에서는 학습태도 좋은 집단의 평균이 가장 높았으며 그 다음은 보통 집단, 나쁜 집단 순으로 나타났으며, 학습태도에 따라 수학 학습동기에 영향을 미치는지를 분석한 결과, 통계적으로 유의미한 차이가 있는지를 분석한 결과 통계적으로 유의미한 차이가 나타났다($F=6.824$, $p=.003$).

수학 학습동기에 대한 미술 프로그램 적용여부에서는 미술 프로그램을 적용한 집단의 평균이 적용하지 않은 집단의 평균보다 높게 나타났으며, 미술 프로그램 적용여부가 수학 학습동기에 영향을 미치는지를 분석한 결과, 통계적으로 유의미한 차이가 나타났다($F=32.564$, $p=.000$).

한편, 학습태도와 미술 프로그램 적용 여부 간의 상호작용을 분석한 결과 상호작용 효과가 유의미한 것으로 나타났다($F=3.298$, $p=.046$). 상호작용의 효과를 구체적으로 알아보기 위해 그래프는 다음의 [그림]과 같다.

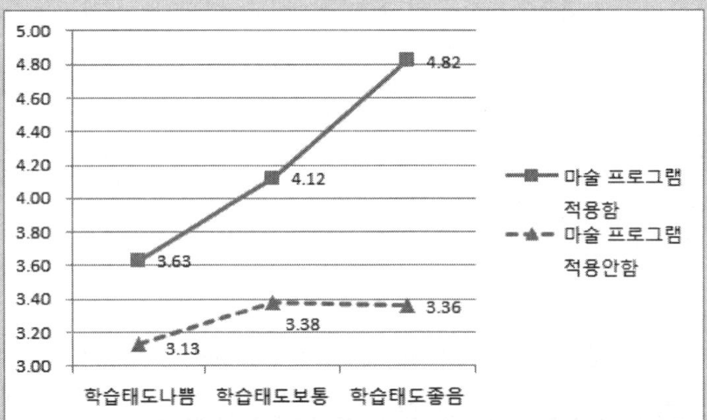

[그림] 수학학습동기에 대한 학습태도와 마술 프로그램 적용여부의 상호작용 효과

모든 학습태도 집단에서 마술 프로그램을 적용한 집단이 적용하지 않은 집단보다 높은 수학 학습동기를 나타내고 있지만, 특히 학습태도가 좋은 집단에 적용했을 때 다른 집단에 적용했을 때보다 마술 프로그램의 효과가 더 크게 나타나고 있음을 알 수 있다.

※ 출처: 영남대학교 교육대학원 미간행 논문

5) 통계분석 절차와 논문의 분석

(1) 가설의 설정

이원분산분석이므로 독립변인(학습태도 수준과 마술프로그램 적용유무)에 따른 종속변인(수학학습동기)에 대한 3개의 영가설과 대립가설을 설정하였다.

- 영가설 1: 학습자의 태도수준에 따른 수학학습동기에는 차이가 없다.
- 영가설 2: 마술프로그램 적용유무에 따른 수학학습동기에는 차이가 있다. 또는 마술프로그램은 수학학습동기에 효과가 없다.
- 영가설 3: 학습자의 태도수준과 마술프로그램 적용유무에는 상호작용 효과가 없다.

(2) 검정통계량 계산

- 영가설 1의 F값과 이에 해당하는 유의확률 p값을 구하였다(F=6.824, p=.003).
- 영가설 2의 F값과 이에 해당하는 유의확률 p값을 구하였다(F=32.564, p=.000).
- 영가설 3의 F값과 이에 해당하는 유의확률 p값을 구하였다(F=3.298, p=.046).

(3) 가설의 기각 및 채택

영가설 1, 2, 3의 각 F값에 해당하는 각 유의확률 p값이 .01, .001, .05보다 작으므로 영가설을 기각하고 대립가설을 채택하였다.

(4) 사후검정

학습태도수준에 집단이 3개가 있고, 그 영가설을 기각했으므로 사후검정이 필요하였다. 분산분석의 유의미한 결과는 집단 간에 차이가 있다는 것을 알려줄 뿐이며, 구체적으로 어느 집단들 간에 차이가 있는지는 밝히지 않고 있기 때문이다. [대화상자 6-19]의 Scheffé법 결과를 보면서 학습태도가 나쁜 집단(a)〈학습태도가 좋은 집단(c)을 확인하고, 〈사례 2〉안의 이원분산분석표에 기입하였다.

(5) 해석과 정리

영가설 1을 기각한 평균점수들(3.43, 3.67, 4.05)은 통계적으로 유의미하게 차이가 있기 때문에 학습태도가 좋으면 수학학습동기도 높다고 말할 수 있고, 영가설 2를 기각한 평균점수들(4.13과 3.31)은 통계적으로 유의미한 차이가 있기 때문에 마술 프로그램은 수학학습동기를 높여주는 것으로 말할 수 있다. 따라서 주효과 1, 2가 모두 종속변인에 효과가 있거나 혹은 영향을 미치고 있다.

한편, 영가설 3이 기각되었기 때문에 학습태도와 마술 프로그램의 사이에는 상호작용효과도 있다. 〈사례 2〉의 상호작용효과 그래프를 그려서 시각적으로 상호작용이 어떻게 일어나는지 확인해 보았다. 그림에서 보면 마술프로그램 적용한 집단이 적용하지 않은 집단보다 수학학습동기에 효과가 높다는 것을 확인했지만, 특히 그 효과는 학습태도가 좋아질수록 두드러지게 향상되는 것을 알 수 있다. 즉, 마술 프로그램은 학습태도 수준에 관계없이 수학학습동기에 효과가 있지만, 학습태도가 좋은 집단일수록 마술 프로그램의 효과가 높게 나타난다는 것이다.

07 Chapter 공분산분석

공분산분석(analysis of covariance)은 분산분석의 한 형태이다. 흔히들 '공변량분석'이라고 하며, 영어로는 줄여서 ANCOVA라고 쓰고 '안코바'라고 말한다.

1. 목적

기본 목적에서 분산분석과 같다. 즉, 공분산분석은 종속변인에 대한 2개 집단 이상의 평균점수들 간의 차이가 통계적으로 유의미한 것인지를 검증한다. 분산분석과의 차이점은 종속변인에 영향을 미칠 수 있는 중요한 외부 변인을 통제할 수 없는 경우, 또는 실험설계에서 그 외부 변인을 실험(처치)변인으로 설정할 수 없을 경우, 이 외부 변인을 공변인으로 설정함으로써 이 공변인이 종속변인에 미치는 효과를 제거한다는 점이다. 만일 이런 변인의 효과를 제거하지 않는다면, 집단 간의 종속변인의 점수의 차이가 순수하게 독립변인에 의한 것인지 아니면 외부의 변인(즉, 공변인)에 의한 것인지 확실치 않게 된다.

따라서 공분산분석을 시행하면, 종속변인에 영향을 미칠 수 있지만 실험처치로는 제거할 수 없는 변인의 효과를 제거한 상태에서 독립변인이 종속변인에 미치는 순수한 효과를 파악할 수 있는 장점이 있다. 특히 이론적으로 외부의 변인과 종속변인과의 관련성이 높다거나 혹은 여러 선행연구가 외부 변인과 종속변인과의 높은 상관관계를 보이고 있다면 이 외부 변인을 공변인으로 설정하여 공분산분석을 실시해야 한다.

2. 자료수집

1) 실험연구 상황

모집단에서 표본을 뽑아 여러 개의 집단으로 나누어 배치하고, 실험처치와 통제를 한다. 그런 후에 검사를 실시하여 집단들의 각 평균들을 구하고 그 차이를 비교한다. 이런 실험상황은 분산분석과 전혀 다르지 않다(6장 분산분석 참조). 차이점을 든다면, 연구자가 설정한 공변인의 점수를 다른 출처로부터 구하거나 아니면 직접 측정해야 한다는 것이다.

일반적으로 실험연구에서 가장 대표적인 공분산분석은 사전검사−실험처치−사후검사를 한 경우에 이루어진다. 사전검사를 공변인으로 설정하고, 사후검사를 종속변인으로 하여 공분산분석을 수행하는 것이다. 만일 공분산분석을 수행하지 않고 분산분석을 통해 실험집단과 통제집단 간의 사후검사 점수 차이가 통계적으로 유의하게 나타났다면, 연구자는 실험처치 변인, 즉 독립변인이 사후검사에 영향을 주었다고 말할 수 있을까? 실험처치를 받기도 전에 실험참여자는 사전검사 동안 무언가를 학습하거나 영향을 받을 수도 있다. 즉 사전검사는 사후검사에 효과를 줄 수 있다. 이 사후검사들 간의 통계적 차이가 독립변인의 효과인지 사전검사의 효과인지 어떻게 알 것인가? 이처럼 사전검사−실험처치−사후검사로 실험을 설계하는 연구는 사전검사 점수를 공변인으로 하는 공분산분석을 진지하게 고려해야 한다.

실험연구에서 공분산분석을 실시해야 하는 경우가 있다. 실험참여자를 여러 가지 불가피한 이유로 무선배치(혹은 무선할당) 시키지 못한 경우에 특히 그러하다. 예를 들어, 어느 한 연구에서 한 집단에는 지능지수가 높은 학생들로 이루어져 있고 다른 집단에는 지능지수가 낮은 학생들만 몰려있는 경우, 또 다른 한 연구에서 한 집단은 성적이 높은 학생들로 이루어져 있고, 다른 집단은 성적이 낮은 학생들로 이루어진 경우, 또한 어떤 연구에서 부모의 경제수준이 높은 사람들로만 집단이 이루어져 있고, 다른 집단은 낮은 사람들로만 이루어진 경우 등등이다. 만일 연구자가 이런 변인들을 실험처치 변인으로 설정하여 의도적으로 집단구성을 하였다면 상관없겠지만, 집단구성에 연구자의 의도가 없다면 실험처치 후에 실시된 검사점수가 순수하게 실험처치 변인의 효과라고 말할 수 없다. 지능점수, 학생들의 성적, 부모의 경제수준이 종속변인 검사점수에 중대한 영향을 미칠 수도 있는 것이다. 따라서 이러한 경우에는 지능점수, 학생들의 성적, 부모의 경제수준을 다른 출처를 통하여 구하거나 연구자가 측정하여 공변인으로 삼아야 한다.

2) 설문지를 통한 조사연구 상황

분산분석의 경우와 마찬가지로 실험집단, 통제집단으로 나눌 필요가 없으며, 설문지에서 피험자가 체크한 여러 변인들을 갖고, 즉 독립변인별로 집단을 나누어 개인들의 종속변인의 점수를 통해 평균을 구하고 이 평균점수를 비교하게 된다. 이 때 연구자는 설문참여자가 체크한 어떤 변인의 점수를 공변인으로 설정할 수 있다.

3. 주요 개념들

공분산분석은 분산분석의 한 형태이므로 주요 개념들이 분산분석의 주요 개념들과 같다.

1) **F값:** 분산분석 참조
2) **사후검정:** 분산분석 참조
3) **주효과와 상호작용 효과:** 분산분석 참조

4) 공변인

종속변인 점수에 영향을 미칠 수 있지만 독립변인으로 설정되지 않거나 설정할 수 없는 변인 중에서 연구자가 종속변인에 미치는 영향을 통제 혹은 제거할 목적으로 설정한 변인을 공변인이라고 한다. 분산분석은 종속변인에 영향을 미치는 독립변인의 효과를 확인하려는 통계법인데, 이를 위해서는 연구자가 독립변인 이외의 다른 변인들을 통제해야 한다. 즉, 모든 집단들이 동일조건 하에 있어야 한다. 만일 집단들이 동일조건에 있지 않아서 다른 변인들을 통제하지 못하면 종속변인에 미친 결과가 독립변인에 의한 것인지 다른 변인들에 의한 것인지 알 수 없게 된다[1]. 실제 연구에서는 여러 가지 불가피한 경우가 발생해서 연구자가 어떤 변인들은 통제할 수 없는 경우가 많이 발생한다. 이 때 연구자는 통제 못한 변인을 공변인으로 설정할 수 있다([대화상자 7-2] 참조).

실험연구에서 공변인의 대표적인 예는 사전검사 점수가 있다. 즉, 모든 집단에 먼저 사전검사를 실시하고, 이후에 실험처치를 하고, 실험이 끝난 후 사후검사를 실시했을 때이다. 만일 사전검사 점수 결과를 토대로 집단의 구성을 균등하게 만들었다면 굳이 사전검사 점수를 공변인으로 할 필요는 없지만, 집단을 균등하게 만들지 못하였다면 어느 한 집단에 사전검사 점수가 높게 나타난 연구참여자들이 몰려있을 가능성이 크다. 그렇다면 이 경우에는 사전검사가 사후검사에 영향을 미칠 것으로 예상이 가능하다. 또 하나의 예는 예컨대 어느 약에 대한 효과를 알아보고자 집단을 나누어 검사를 실시했는데, 그 집단의 구성을 균등하게 만들지 못해서 어느 한 집단에는 특정 약 성분에 대한 내성이 강한 참여자들이 많이 있을 가능성이 큰 경우가 발생했다고 하면, 또는 어느 교수법의 효과를 알아보고자 집단을 나누어 학업성취도 검사를 실시했는데, 우연하게도 어느 한 집단에 IQ가 매우 높은 학생들이 들어 있다면, 그리고 약의 내성에 대한 어떤 조치도 못했다면 또는 높은 IQ에 대한 조치도 못했다면, 약의 효과가 있다고 또는 교수법의 효과가 있다고 판단할 수 있을까? 이 때 약의 내성 점수를 미리 얻고, IQ 수치를 미리 파악하여 공변인으로 삼아 공분산분석을 하면 약의 내성과 IQ가 약의 효과와 학업성취도에 미치는 영향력을 제거할 수 있다.

---

1) 이런 경우를 흔히 '변인 간 혼재(confounding)'가 일어났다고 표현한다. 변인 간 혼재를 막기 위해서는 변인들의 통제가 필요한데, 가장 대표적인 통제가 무선표집과 집단에 그 표집을 무선배치(무선할당) 하는 것이다. 공분산분석은 모든 집단들이 동일조건으로 만들 수 없는 경우에 수학적 방식으로 공변인을 통제, 즉 변인 간 혼재를 제거하는 통계법이다. 무선표집과 무선배치를 통하여 변인 간 혼재를 막을 수 있다면 이렇게 해서 분산분석을 실시하는 것이 더 바람직하다.

4. 가정과 조건

공분산분석을 수행하기 위해서 필요한 가정과 조건은 분산분석과 같다(6장 분산분석 참조).

- 비교하려는 모집단의 분포는 정규분포를 이루어야 한다(3장의 정규성 내용 참조).
- 비교하려는 모집단의 분산은 균일해야 한다(3장의 등분산성 내용 참조).
- 측정되는 관찰치들은 서로 독립적이어야 한다(3장의 독립성 내용 참조).
- 종속변인은 양적변인(메트릭 자료/등간척도 또는 비율척도)으로 측정되어야 한다(2장의 척도 내용 참조).
- 독립변인은 질적변인(비메트릭 자료/명명척도)으로 변환해야 한다(2장의 척도 내용 참조).

여기에 한 가지가 더 추가된다.

- 공변인은 양적변인(메트릭 자료/등간척도 또는 비율척도)으로 구하거나 측정되어야 한다(2장의 척도 내용 참조).

여기서 '구한다'는 뜻은 예컨대 지능지수를 공변인으로 설정한다고 하면, 연구자가 연구를 수행하는 중에 피험자의 지능지수를 굳이 측정할 필요없이 다른 출처를 통해 지능지수를 얻을 수 있다는 의미다. 마찬가지로 만일 공변인이 피험자의 학력이라면, 피험자의 학력을 직접 측정하지 않고 담임교사로부터 학력점수를 얻을 수 있다. 물론 연구주제와 성격에 따라 연구자가 직접 공변인 점수를 측정할 수도 있다.

5. 종류와 연구예시

공분산분석의 종류, 공분산분석의 집단설계, 연구예시도 분산분석과 같다. 일원분산분석처럼 일원공분산분석, 이원분산분석처럼 이원공분산분석이 있다. 영어표현을 읽는 것도 분산분석과 마찬가지다. 'one way 안코바', 'two way 안코바' 또는 집단의 수를 언급하는 'two by two 안코바'처럼 말한다.

그런데 연구예시의 경우, 만일 연구에서 공변인이 중요한 위치를 차지하고 있다면, 다음과 같이 표현할 수 있다. 물론 다양한 표현이 가능하다.

- 학생들의 사전지식(공변인)을 고려한 상이한 교수법(독립변인: 예컨대 A, B, C, D 교수법)에 따른 학생들의 학업성취도(종속변인)의 차이
- 교수자의 발문유형(독립변인: 예컨대 진위형, 단답형, 사고형 발문)과 교수자의 반응유형(독립변인: 수용, 부정)이 학생들의 지능지수(공변인)에 따라 학생들의 읽기능력 및 만족도(종속변인)에 미치는 차이

분산분석과 마찬가지로 연구자의 관심에 따라 독립변인, 종속변인, 공변인의 자리에 다양한 변인들로 대체할 수 있다. 일반적으로 이원공분산분석을 사용한 연구논문은 "◇◇◇◇(독립변인)과 ㅁㅁㅁ(독립변인)이 ◇◇◇(공변인)에 따라 ▽▽▽▽(종속변인)에 미치는 효과(또는 영향)"라는 제목을 갖는다. 여기서 공변인이 연구자의 관점에서 중요하지 않다면 제목에서 생략도 가능하며, 때로는 공변인이 매우 중요한 경우라면 한 개의 독립변인을 생략하고 다른 한 개의 독립변인과 공변인을 사용하여 제목을 정하기도 한다.

6. 통계 분석절차

전체적인 통계의 분석절차, 논문에 제시하는 각종 표도 분산분석과 같다(분산분석 참조). 차이가 있다면 분산분석표와 아주 약간 다른 공분산분석표가 있으며, 해석을 할 때 공변인의 효과에 대해 간략히 언급하거나(공변인이 연구의 주요 관심사에서 벗어나 있을 때), 아니면 매우 깊이 있는 설명을 하게 된다(공변인이 연구의 주요 관심사의 하나일 때).

7. 연구사례

1) 연구상황

이 사례는 초등학생을 대상으로 놀이중심의 자기표현 훈련 프로그램이 자아존중감에 미치는 효과를 분석하는 것이다. 이를 위해 놀이중심의 자기표현 훈련 프로그램을 적용하는 실험집단과 적용하지 않는 통제집단으로 집단을 구분하였다. 독립변인은 훈련프로그램 적용유무이며 종속변인은 자아존중감 점수다. 2개의 집단으로 나누어 실험참가자를 배정한 후에, 2개 집단 모두 자아존중감 사전검사를 실시하고 실험집단에만 프로그램을 적용하였다. 실험처치가 끝난 후 2개 집단 모두 자아존중감 사후검사를 실시하였다. 하지만 사전점수 결과에 따라 실험대상자를 인위적으로 균등 배분할 수 없었기 때문에 훈련프로그램을 받고 난 후 측정한 사후검사 점수에서 사전검사 점수에 의한 영향을 제거하기 위하여, 사전검사 점수를 공변인으로 설정하고 사후검사 점수를 종속변인으로 하여 one-way 공분산분석(ANCOVA)를 적용하였다[2].

2) 설문문항 예시

자료수집 방법은 설문지로써 연구참여자가 문항내용을 읽고 빈칸에 체크하도록 되어 있다. 4점 Likert 척도로 구성되어 있다.

〈표 7-1〉 자아존중감 설문문항 예시

번호	문항	전혀 그렇지 않다	대체로 그렇지 않다	대체로 그렇다	항상 그렇다
1	나는 결심을 하고 그 결심대로 밀고 나갈 수 있다.				
2	나는 내 또래 친구들 사이에 인기가 있다.				
3	부모님은 나의 기분을 잘 맞춰주신다.				
4	나는 학교에서 실망하는 일이 가끔 있다.				
…	....				

3) SPSS 수행절차

코딩된 데이터를 SPSS에서 불러낸 후 [화면캡처 7-1]의 SPSS 분석 메뉴에서 다음과 같이 수행한다([대화상자 7-1]~[대화상자 7-10]).

분석(A) → 일반선형모형(G) → 일변량(U)...

2) 이 사례는 실제의 데이터를 이용한 실제 연구논문이다. 이 책을 위하여 논문의 내용을 편집하였음을 밝힌다.

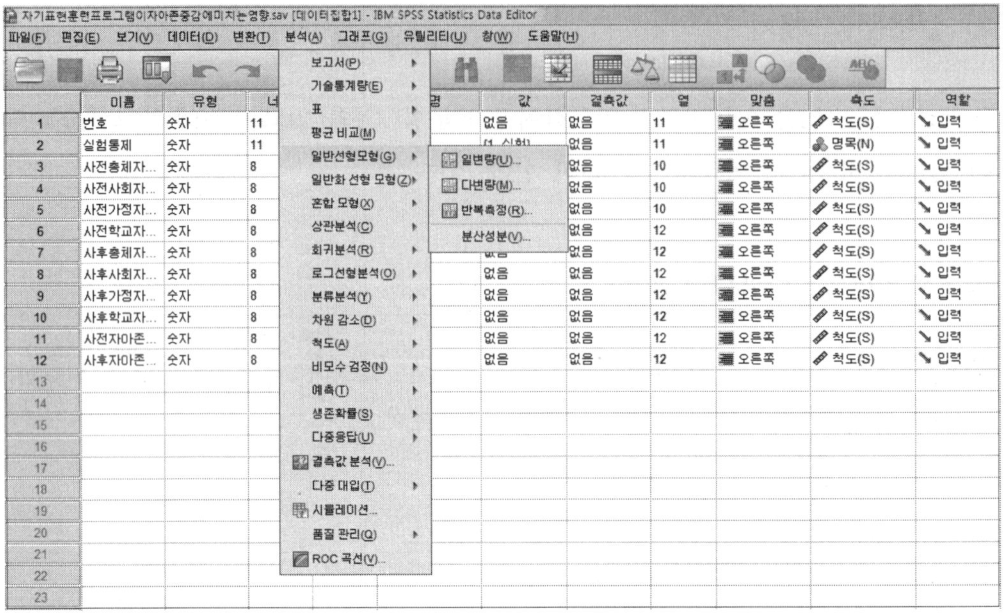

[화면캡처 7-1] SPSS 분석 메뉴

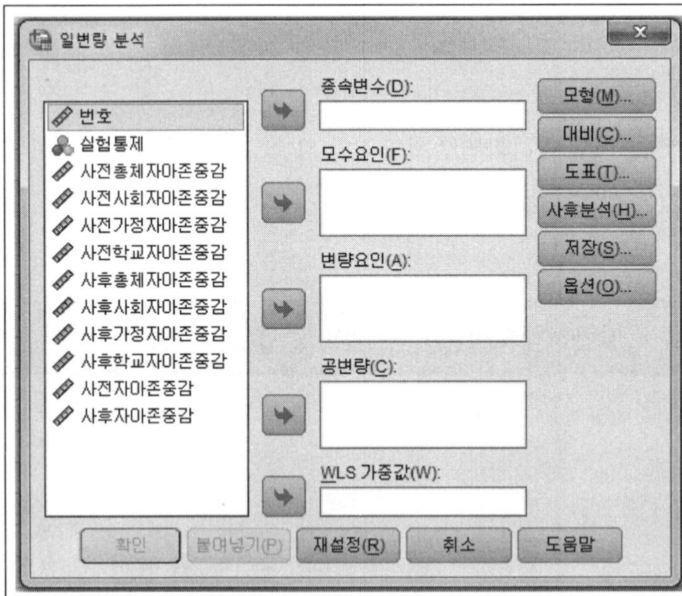

대화상자 7-1: 일변량 분석

❶ 좌측 상자에는 모든 변수가 나타난다.

❷ 우측 종속변수(D) 상자에는 종속변인이, 모수요인(F) 상자에는 독립변인이, 공변량(C) 상자에는 공변인이 들어간다.

	대화상자 7-2: 일변량 분석
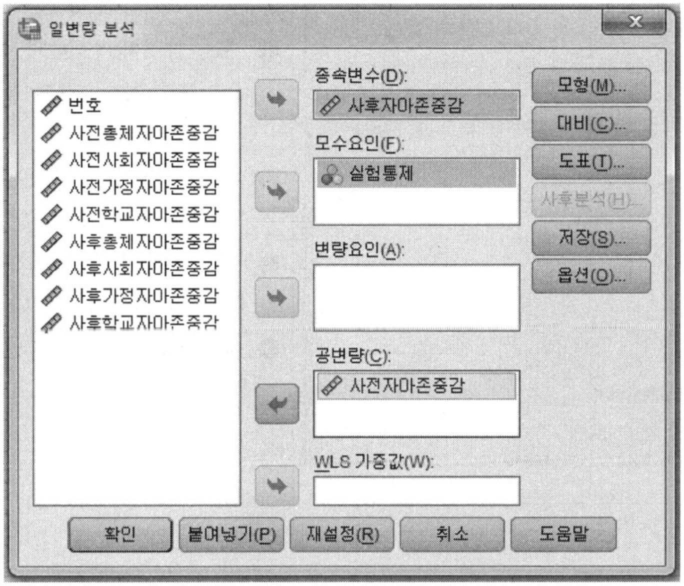	❶ 변수명 "사후자아존중감"을 선택하여 종속변수(D) 상자 안으로 이동시킨다. ❷ 변수명 "실험통제" 를 선택하여 모수요인(F) 상자 안으로 이동시킨다. ❸ 변수명 "사전자아존중감"을 선택하여 공변량(C) 상자 안으로 이동시킨다. ❹ 모형(M)... 버튼을 클릭한다.

※ 종속변인의 자아존중감 하위영역들이 여러 개 있지만 본 사례에서는 사전자아존중감과 사후자아존중감 만을 분석하였다.

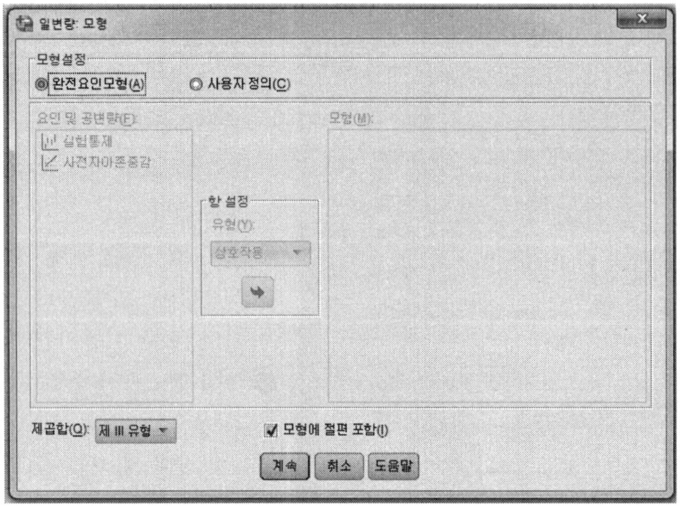

대화상자 7-3: 일변량: 모형

❶ 모형설정에서 ◉완전요인모형(A)이 기본 설정되어 있다.
❷ 제곱합(Q)에서 제Ⅲ유형이 기본 설정되어 있다.
❸ ☑모형에 절편 포함(I)이 기본 설정되어 있다.
❹ 계속버튼을 클릭한다.

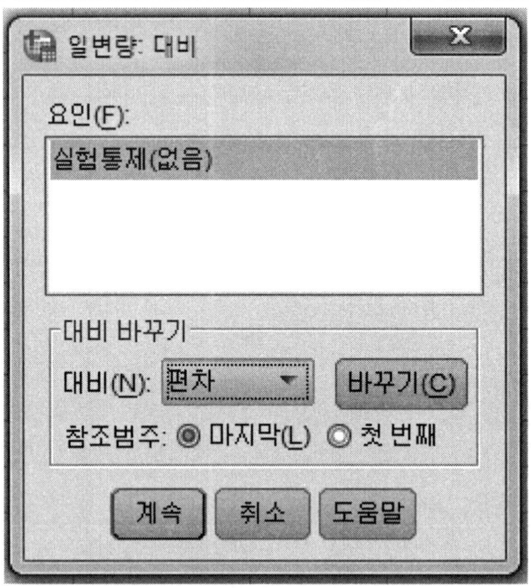

대화상자 7-4: 일변량: 대비

❶ 대비 바꾸기 대비(N)에서 편차를 선택한다.
❷ 참조범주에서는 ◉마지막(L)이 기본 설정되어 있다.
❸ 계속버튼을 클릭한다.

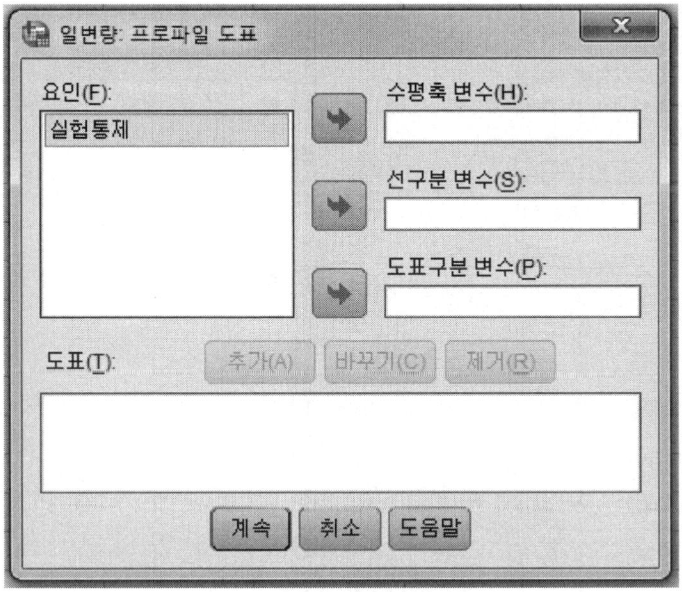

대화상자 7-5: 일변량: 프로파일 도표

❶ 수평축에 대한 요인을 지정하고 별도의 선과 도표에 대한 요인을 선택하여 도표를 지정할 수 있다. 본 예에서는 이를 선택하지 않았다.

❷ 계속버튼을 클릭한다.

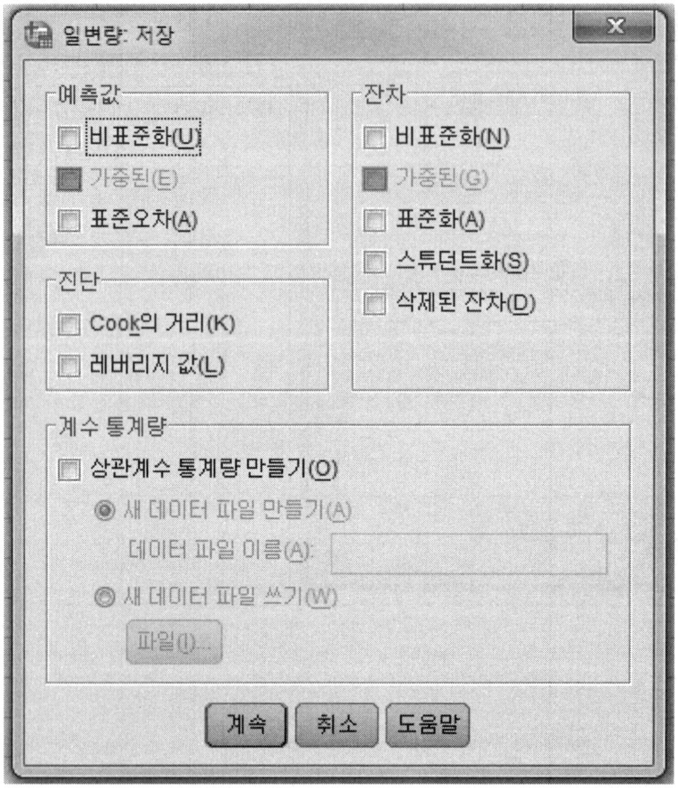

대화상자 7-6: 일변량: 저장

❶ 예측값, 진단, 잔차 등을 선택하여 이를 이용할 수 있다. 본 예에서는 이를 선택하지 않았다.

❷ 계속버튼을 클릭한다.

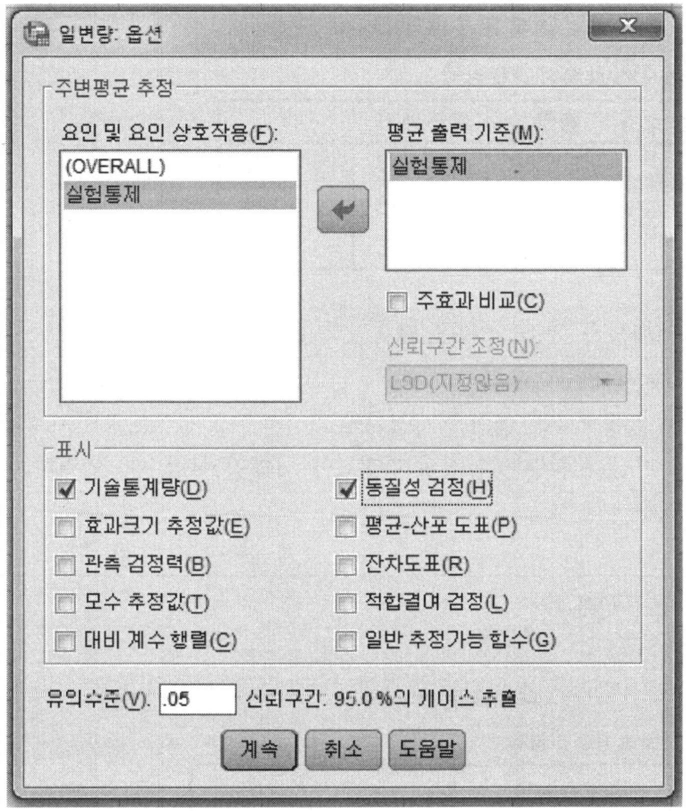

대화상자 7-7: 일변량: 옵션

❶ 주변평균 추정에서 “실험통제”를 선택하여 평균출력기준(M)창으로 옮긴다. (추후 수정된 사후평균 · 표준편차 값이 됨)

❷ 표시에서 ☑기술통계량(D), ☑동질성검정을 선택한다.

❸ 유의수준(V) .05가 기본 설정되어 있다.

❹ 계속버튼을 클릭한다.

❺ [대화상자 7-2]에서 확인버튼을 클릭한다.

기술통계량

종속 변수: 사후자아존중감

실험통제	평균	표준편차	N
실험	3.08	.353	27
통제	2.72	.445	24
합계	2.91	.436	51

대화상자 7-8: SPSS 출력결과 1

❶ 기술통계량 출력결과를 확인한다.

❷ 평균, 표준편차, 사례수(N) 값을 〈사례〉안의 검사시기별 자아존중감 점수표에서 사후검사 점수란에 입력한다. 사전검사 점수는 동질성 검정표에 나와있는 점수를 입력한다.

추정된 주변평균

실험통제

종속 변수: 사후자아존중감

실험통제	평균	표준오차	95% 신뢰구간	
			하한값	상한값
실험	3.027[a]	.056	2.913	3.140
통제	2.777[a]	.060	2.657	2.898

a. 모형에 나타나는 공변량은 다음 값에 대해 계산됩니다.: 사전자아존중감 = 2.76.

대화상자 7-9: SPSS 출력결과 2

❶ 추정된 주변평균 출력결과를 확인한다.

❷ 평균, 표준편차, 사례수(N) 값을 〈사례〉의 검사시기별 자아존중감 점수 표 안의 "공변인에 의한 수정된" 사후평균 · 표준오차 양식에 입력한다. 이 값들이 공변인에 의해 수정된 통계량들이다.

개체-간 효과 검정

종속 변수: 사후자아존중감

소스	제 III 유형 제곱합	자유도	평균 제곱	F	유의확률
수정 모형	5.473[a]	2	2.736	32.641	.000
절편	.200	1	.200	2.382	.129
사전자아존중감	3.767	1	3.767	44.936	.000
실험통제	.754	1	.754	8.999	.004
오차	4.024	48	.084		
합계	441.146	51			
수정 합계	9.497	50			

a. R 제곱 = .576 (수정된 R 제곱 = .559)

대화상자 7-10: SPSS 출력결과 3

❶ 개체-간 효과 검정 출력결과를 확인한다.

❷ 사전자아존중감과 실험통제의 칸에서 제곱합(3.767, .754), 자유도(1, 1), 평균제곱(3.767, .754), F값(44.936, 8.999), 유의확률 p값(.000, .004)을 확인하고 〈사례〉안의 공분산분석표에 입력한다.

❸ 오차의 제곱합(4.024), 자유도(48), 평균제곱(.084)와 수정합계의 제곱합(9.497), 자유도(50)를 〈사례〉안의 공분산분석표에 입력한다.

4) 논문작성의 실제

사례 **놀이중심의 자기표현 훈련 프로그램이 초등학생의 자아존중감에 미치는 효과**

본 연구의 실험집단과 통제집단 간의 동질성을 검증하고자 자아존중감의 사전검사에 대해 일원분산분석을 실시한 결과는 다음의 〈표〉와 같다. 통계분석 결과, 두 집단 간 유의미한 차이가 나타나지 않아 실험집단과 통제집단 간에 동질집단임을 확인하였다.

〈표〉 집단 간 자아존중감 동질성 검정

		평균	표준편차	F	p
자아존중감	실험집단(n=27)	2.82	.273	2.268	.139
	통제집단(n=24)	2.68	.374		
	합계	2.76	.328		

놀이중심의 자기표현 훈련 프로그램이 초등학생의 자아존중감에 미치는 효과를 알아보기 위해 프로그램 실시 전·후의 집단별 평균과 표준편차를 살펴보면 다음의 〈표〉와 같다.

〈표〉 검사시기별 자아존중감 점수

	사전검사		사후검사		공변인에 의해 수정된	
	평균	표준편차	평균	표준편차	사후평균	표준오차
실험집단(n=27)	2.82	.273	3.08	.353	3.03	.056
통제집단(n=24)	2.68	.374	2.72	.445	2.78	.060

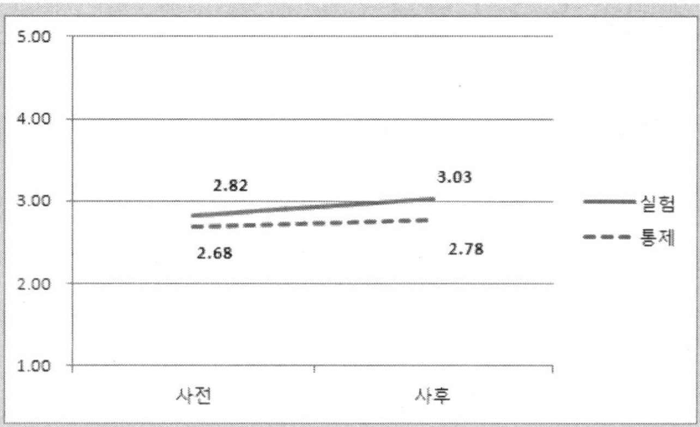

[그림] 자아존중감 검사시기별 점수 변화

자아존중감에서 나온 사전검사 점수를 공변인으로 한 사후검사 점수의 공분산분석 결과는 다음의 〈표〉와 같다.

〈표〉 집단에 따른 자아존중감의 공분산분석표

변산원	제곱합	자유도	평균제곱	F	유의확률
공변인	3.767	1	3.767	44.936	.000
집단	.754	1	.754	8.999	.004
오차	4.024	48	.084		
수정합계	9.497	50			

〈표〉에 제시된 바와 같이 자아존중감에 대해 두 집단의 평균을 비교해 보면, 실험집단이 통제집단보다 자아존중감 평균이 더 높게 나타났으며, 사전점수를 공변인으로 한 공분산분석에서 유의미한 차이가 나타났다(F=8.999, p=.004). 즉 놀이중심의 자기표현 훈련 프로그램이 초등학생의 자아존중감 향상에 긍정적으로 영향을 미치는 것을 알 수 있다.

※ 출처 : 영남대학교 교육대학원 미간행 논문

5) 통계분석 절차와 논문의 분석

(1) 가설의 설정

이 사례는 일원공분산분석이므로 독립변인(놀이중심의 자기표현 훈련 프로그램의 적용유무)에 따른 종속변인(자아존중감)에 대한 1개의 영가설과 대립가설을 설정하였다.

- 영가설: 놀이중심의 자기표현 훈련 프로그램을 받은 집단과 훈련 프로그램을 받지 못한 집단의 공변인에 의하여 수정된 자아존중감 점수는 차이가 없다.

(2) 검정통계량 계산

- 공변인의 영향에 대한 F값과 이에 해당하는 유의확률 p값을 구하였다(F=44.936, p=.000).
- 영가설의 F값과 이에 해당하는 유의확률 p값을 구하였다(F=8.999, p=.004).

(3) 가설의 기각 및 채택

영가설의 F값에 해당하는 유의확률 p값이 .01보다 작으므로 영가설을 기각하고 대립가설을 채택하였다.

(4) 사후검정

집단이 2개이므로 사후검정을 실시하지 않더라도 실험집단의 평균점수가 통제집단의 평균점수보다 크다는 것을 알 수 있다.

(5) 해석과 정리

사후검사의 평균점수들(3.08과 2.72)은 사전검사에 의하여 강하게 영향을 받은 것으로 나타났으므로(공변인의 F=44.936, p=.000), 공변인에 의하여 수정된 사후평균 점수들(3.03과 2.78)을 갖고 영가설을 세우고 그 차이를 비교하였는바, 그 차이가 통계적으로 유의미하게 나타났으므로 훈련 프로그램은 자아존중감에 효과가 있다.

6) 기타

〈사례〉안의 공분산분석표를 보면서 공분산분석을 좀 더 살펴보자. 만일 이 연구에서 공분산분석을 실시하지 않고 실험집단과 통제집단의 사후검사점수만을 갖고 일원분산분석을 실시했다면, 어떤 결과가 나왔을까? 아래의 〈표 7-2〉는 같은 데이터를 갖고 일원분산분석을 실시한 결과를 보여주고 있다. 〈사례〉안의 공분산분석표와 비교하였을 때, 여러 통계수치들이 달라져 있음을 볼 수 있다.

〈표 7-2〉 집단에 따른 자아존중감의 분산분석표

변산원	제곱합	자유도	평균제곱	F	유의확률
집단	1.706	1	1.706	10.727	.002
오차	7.791	49	.159		
수정합계	9.497	50			

분산분석의 결과에서도 실험집단과 통제집단의 사후검사 점수는 통계적으로 유의미하게 나타나고 있어서(F=10.727, p=.002), 공분산분석의 결과와 일치하는 것으로 보인다(F=8.999, p=.004). 즉 2개의 분석에서 모두 유의도 .01 수준에서 영가설을 기각할 수 있다.

그러나 2개의 분석에서 F값과 유의확률을 비교하면 공분산분석에서 F값은 작아지고, p값은 커지고 있음을 볼 수 있다. 이 같은 결과는 당연한 것인데, 왜냐하면 공분산분석에서 공변인은 통계적으로 유의한 영향을 미치고 있으므로(F=44.936, p=.000), 공변인의 효과를 제거한 공분산분석에서의 F값은 작아지고, p값은 커지는 것이다(만일 공변인이 통계적으로 유의하지 않았다면, F값과 p값의 변동은 거의 없을 것이다).

그런데, p값이 커진다는 것은 영가설을 채택할 유의확률이 커진다는 것이다. 이는 분산분석에서 p값이 .05에 가까웠다면(예컨대, p=.048), 공분산분석에서는 p값이 .05보다 커질 수도 있다는 것을 의미한다. 즉, 분산분석에서는 실험처치의 효과가 있지만 공분산분석에서는 실험처치의 효과가 없게 나타난다는 것이다. 이 때 만일 연구자가 공분산분석을 하지 않았다면 잘못된 연구결과를 보고하게 되는 잘못을 저지르게 되는 것이다[3].

한편, 검사시기별 사전－사후검사와 수정된 사후검사에 대한 표를 다음과 같이 나타낼 수도 있다.

〈표 7-3〉 검사시기별 자아존중감 점수

		실험집단	통제집단	합계
사전	평균	2.82	2.68	2.76
	표준편차	.273	.374	.328
사후	평균	3.08	2.72	2.91
	표준편차	.353	.445	.436
공변인에 의해 수정된 사후	평균	3.03	2.78	
	표준편차	.056	.060	
사례 수		27	24	51

3) 이 책에서 제시한 사례가 반드시 공분산분석을 해야만 하는 사례였더라면 더욱 좋았을 것이다. (예컨대, 연구자가 공변인을 통제하지 않은 채 분산분석을 실시했을 때 p값이 통계적으로 유의한 결과가 나타나지만, 만일 공분산분석을 실시했다면 p값이 통계적으로 유의하지 않게 나타나는 사례)

08 Chapter 다변량분산분석

다변량분산분석(multivariate analysis of variance)은 영어로는 줄여서 MANOVA라고 쓰며 '마노바'라고 읽는다. 또는 짧게 '다변량분석'이라고도 한다. 이 때 다변량분석과 비교하는 의미로 ANOVA(분산분석)는 '단변량분석'이라고 한다.

1. 목적

다변량분산분석은 기본 개념과 목적에서 분산분석과 같다. 분산분석과의 차이점은 종속변인이 하나가 아니라 2개 이상의 하위변인으로 합성되어 있을 때, 특히 이 하위 종속변인들이 상관관계를 갖고 있을 때 사용된다는 점이다. 또는 동일한 피험자로부터 2개 이상의 종속변인을 측정하였는데, 이 종속변인들 간에 상관관계가 전혀 없다고 확신하지 못할 때 다변량분산분석을 수행한다. 만일 합성된 하위 종속변인들이 서로 아무런 관계가 없다면, 즉 독립적이라면 각각의 하위 종속변인들을 하나씩 분리하여 분산분석을 실시해도 된다. 하지만 상관관계가 있는 경우 각각에 대하여 따로따로 분산분석을 하면, 독립변인이 여러 종속변인에 미치는 동시적인 효과를 분석해낼 수 없다.

다변량분산분석의 장점은 대표적으로 2가지가 있다. 첫째, 만일 독립변인이 합성변인에 미치는 효과가 통계적으로 유의하다는 결과가 나왔다면, 과연 그 통계적 유의한 결과는 어느 하위변인 때문에 그러했는지 알 수 있다. 하위변인들 모두 혹은 여러 개가 독립변인에 의해 영향을 받아 그런 결과가 나타날 수도 있고, 어느 특정 하위변인 하나만이 독립변인에 매우 크게 영향을 받아 합성변인 전체가 독립변인에 영향을 받은 것으로 나타날 수 있다. 예를 들어 설명하면 다음과 같다. 어떤 연구자가 국어능력점수를 읽기점수, 말하기점수, 쓰기점수로 측정한 다음, 이 3개의 점수를 종속변인으로 하여 3번의 분산분석을 실시하였다. 이 때 읽기점수와 말하기점수는 집단 간에 차이가 있으나 쓰기점수는 차이가 없다면, 연구자는 전체적으로 집단 간에 국어능력점수에 차이가 있다고 할 수 있을까? 또는 쓰기점수만 집단 간의 차이가 있고, 읽기점수와 말하기점수는 집단 간의 차이가 없다면, 연구자는 전체적으로 집단 간의 국어능력점수에 차이가 있다고 말할 수 있을까?

다변량분산분석의 둘째 장점은 동일한 실험대상에 대해서 반복적으로 실험의 효과를 측정하는 경우이다. 1차 실험효과 점수, 2차 실험효과 점수, 3차 실험효과 점수를 측정하였는데, 1차와 2차 때는 효과가 있는 것으로 측정되었는데 3차 때는 효과가 없는 것으로 측정되었다면, 전체적으로 이 실험의 효과는 있는 것인가 없는 것인가? 이러한 경우에 1차, 2차, 3차 실험효과 점수를 하위 종속변인으로 하여 다변량분산분석을 실시하는 것이다.

공분산분석과 마찬가지로 통제변인을 공변인으로 도입할 수도 있다. 이 때 다변량공분산분석(multivariate analysis of covariance), 영어로는 MANCOVA, '만코바'라고 한다.

2. 자료수집

실험연구 상황이든 조사연구 상황이든 자료수집은 분산분석과 거의 동일하다. 다만 설문지를 자료수집의 중요한 도구로 삼는다면, 종속변인이 합성변인이라는 점을 주의해서 설문문항 설계를 해야 한다.

3. 주요 개념들

1) 합성변인

분산분석은 단일한 속성의 종속변인을 대상으로 한다. 그러나 다변량분산분석은 하나의 종속변인이 단일한 속성을 갖고 있는 것이 아니라 여러 개의 속성이 합쳐져 있는 변인일 때 실시하는 통계법이다. 이처럼 여러 개의 속성이 합쳐져 있는 변인을 합성변인[1)]이라고 한다. 예컨대, '대입수학(修學)능력'을 종속변인으로 삼는다면, 이를 어떻게 측정해야 할까? 현 입시에서는 이과계열의 고등학생은 국어, 영어, 수학(數學), 과학탐구 점수를 더하고, 문과계열의 고등학생은 국어, 영어, 수학(數學), 사회탐구 점수를 더하여 구한다. 각 과목의 점수를 더해 '수학(修學)능력' 점수로 계산하는 것이다. 국어

1) 일반적으로 합성변인이라는 단어는 다변량분산분석에서 주요 용어라고 말하기는 어렵다. 하지만 이 책에서는 다변량분산분석을 쉽게 이해하는데 있어서 중요한 개념으로 판단하였다.

능력, 수학(數學)능력, 영어능력, 과학탐구능력, 사회탐구능력 등 각각 하나하나의 능력이 전체 수학(修學)능력을 이루고 있는 것이다. 이 때 수학(修學)능력 점수는 합성변인이다. 만일 국어능력점수가 읽기점수, 말하기점수, 글쓰기점수로 나누어 계산되고 합산된다면, 국어의 학업성취도도 합성변인이다. 만일 어느 연구자가 집단의 시너지 효과를 그 집단의 협동점수, 태도점수, 성취점수로 나누어 측정하여 더해서 구했다면, 집단의 시너지 효과도 합성변인이다.

이 때 연구자는 예컨대 국어능력점수를 종속변인으로 하여 다변량분산분석을 실시하지 않고, 읽기점수, 말하기점수, 글쓰기점수를 종속변인으로 하여 3번의 분산분석을 실시할 수도 있다. 마찬가지로 연구자는 예컨대 시너지 효과를 종속변인으로 하는 다변량분산분석이 아니라 집단의 협동점수, 태도점수, 성취점수를 각각의 종속변인으로 하여 3번의 분산분석을 실시해도 된다. 그러나 이렇게 하면 종속변인들 간에 존재하는 상관관계를 고려하지 못하므로 정보의 손실 가능성이 커진다. 그래서 합성변인을 이루고 있는 하위변인들 사이에서 상관관계가 높을수록 다변량분산분석이 필요하다. 만일 그 상관관계가 매우 낮다면 굳이 다변량분산분석을 하지 않고 여러 번의 분산분석을 해도 괜찮다.

2) Wilks' λ(람다), Hotelling's trace(트레이스), Roy's largest root(최대근), Pillai's trace(트레이스)

모두 다변량분산분석에 사용되는 검정통계량으로서 통계프로그램은 이 수치들을 출력한다. 논문이나 보고서에 이 모든 검정통계량을 인용할 필요는 없다. 가장 많이 이용되는 것은 Wilks' λ값이나 Pillai의 트레이스 값이다([대화상자 8-10] 참조).

3) Box의 M 검정

다변량분산분석은 종속변인들의 공분산들이 동질적이어야 한다. 이를 확인하는 검정법으로서 통계프로그램에서 간단히 체크함으로써 확인할 수 있다. Box의 M값에 해당하는 유의확률이 .05보다 크면 공분산들이 동질하다는 것을 의미한다([대화상자 8-8]에서 ☑동질성 검정(H)을 선택하면 된다).

4. 가정과 조건

다변량분산분석은 기본적으로 분산분석의 고급형태 혹은 발전된 형태다. 따라서 기본적으로 분산분석의 가정과 조건을 만족해야 한다.

- 모든 종속변인은 다변량 정규분포를 이루어야 한다(3장의 정규성 내용 참조).
- 각 집단별 종속변인 공분산들이 동질성을 가져야 한다. 이를 위해 Box의 M 검정을 실시하고 그 결과가 유의하지 않으면($p > .05$) 충족된다고 판단한다.
- 측정되는 관찰치들은 서로 독립적이어야 한다(3장의 독립성 내용 참조).
- 종속변인은 양적변인(메트릭 자료/등간척도 또는 비율척도)으로 측정되어야 한다(2장의 척도 내용 참조).
- 독립변인은 질적변인(비메트릭 자료/명명척도)으로 변환해야 한다(2장의 척도 내용 참조).

다변량분산분석에서는 다음이 추가된다.

- 하위 종속변인간 상관관계가 존재해야 한다. Pearson 적률상관계수를 살펴보고 판단할 수 있다.

상관관계가 존재하지 않으면, 굳이 다변량분산분석을 시행할 필요가 없고 각각의 종속변인에 대한 개별적인 분산분석을 실시하면 된다.

5. 종류와 연구예시

다변량분산분석의 종류와 집단설계, 그리고 연구예시도 분산분석과 거의 같다. 일원분산분석처럼 일원다변량분산분석, 이원분산분석처럼 이원다변량분산분석이 있다. 영어표현도 마찬가지다. one way MANOVA, two way MANOVA처럼 말한다(6장 분산분석 참조).

다변량분산분석 연구예시는 다음과 같다.

- 상이한 교수법(독립변인: 예컨대 A, B, C, D 교수법)에 따른 학생들의 외국어 언어능력의 차이(종속변인의 구성: speaking, reading, writing, listening)
- 상이한 문제유형(독립변인: 예컨대 정구조 문제, 비구조 문제)에 따른 학생들의 집단의 효과성의 차이(종속변인의 구성: 의사소통의 이해, 과제만족도, 토론과정만족도, 성과만족도, 응집성)

논문의 제목을 붙이는 일반적인 방법은 분산분석이나 공분산분석에서와 마찬가지다.

6. 통계 분석절차

1) 가설의 설정

일원다변량분산분석을 예로 한다.

- **영가설**: 독립변인에 따른 집단 간의 종속변인인 합성변인의 평균점수는 차이가 없다.
  - 예시: 교수법에 따른 학생들의 외국어 언어능력(speaking, reading, writing, listening)에는 차이가 없다. 또는 교수법에 따라 학생들의 외국어 언어능력에 효과가 없다(영향을 미치지 않는다).
- **대립가설**: 독립변인에 따른 집단 간의 종속변인인 합성변인의 평균점수는 차이가 있다.
  - 예시: 교수법에 따른 학생들의 외국어 언어능력(speaking, reading, writing, listening)에는 차이가 있다. 또는 교수법에 따라 학생들의 외국어 언어능력에 효과가 있다(영향을 미친다).

2) MANOVA 검정통계량 계산

Wilks' λ값을 통계프로그램을 통해 구한다(값이 작을수록 통계적 유의성이 높아짐). 혹은 Pillai's trace 값을 통계프로그램을 통해 구한다(값이 커질수록 통계적 유의성이 높아짐). 대게 통계프로그램에서 여러 개의 MANOVA 검정통계량을 제시하므로 연구자가 적절한 검정통계량을 선택하여 보고서나 논문에 기술하면 된다.

3) 가설의 기각 및 채택

Wilks' λ값 혹은 Pillai's trace 값, 이에 해당하는 F값과 유의확률 p값이 .05, .01, .001보다 크면 영가설을 채택하며, 작으면 영가설을 기각하고 대립가설을 채택한다. 영가설을 기각한다는 것은 독립변인이 종속변인인 합성변인에 효과가 있음을 의미한다.

MANOVA 검정통계량으로 영가설을 기각하였다면, 합성변인의 여러 하위변인들 중에서 어느 것이 독립변인의 효과가 나타났는지 확인하기 위하여 단변량분석을 실시한다. 물론 MANOVA 검정통계량으로 영가설을 기각하지 못할 경우에도 통상적으로 단변량분석을 실시하여 그 통계수치들을 논문이나 연구보고서에 기술한다[2].

4) 단변량분석 실시(합성변인의 하위변인별 개별적 ANOVA)

- 검정통계량 F값을 통계 프로그램에서 구한다.
- F값에 해당하는 유의확률 p값이 .05, .01, .001보다 크면 영가설을 채택하며, 작으면 영가설을 기각하고 대립가설을 채택한다. 이 때의 영가설이란 단변량분석을 위한 영가설이다. 일반적으로 MANOVA를 실시한 논문이나 보고서에는 명시적으로 이 단변량을 위한 영가설 제시는 잘 하지 않는다. 하지만 MANOVA를 실시했다는 것은 단변량분석을 위한 영가설이 존재한다는 것을 의미한다. 영가설의 개수는 합성변인이 몇 개의 하위변인으로 구성되어 있는지에 달려있다. 이 예에서 단변량분석의 영가설은 다음과 같으며, 4번의 별개의 ANOVA을 실시하는 것과 같다.

---

2) 통계프로그램에서 MANOVA를 시행할 때 단변량분석에 필요한 검정통계량도 함께 계산되어 출력되도록 지정할 수 있다. 모든 연구자는 통계프로그램에서 MANOVA를 실행할 때 특별한 이유가 없다면 단변량분석 결과도 함께 출력되도록 지정한다.

– 교수법에 따라 학생들의 외국어 speaking 능력에는 차이가 없다.
– 교수법에 따라 학생들의 외국어 reading 능력에는 차이가 없다.
– 교수법에 따라 학생들의 외국어 writing 능력에는 차이가 없다.
– 교수법에 따라 학생들의 외국어 listening 능력에는 차이가 없다.

③ 개별적 ANOVA의 결과로 영가설을 기각한 하위 종속변인에 대해서 사후검정을 실시한다. 물론 집단의 개수가 3개 이상일 때이다.

5) 해석과 정리

먼저 합성변인에 대한 MANOVA 검정결과가 통계적으로 유의한지(영가설을 기각했는지)를 보고하고, 유의하다면 단변량분석 결과를 보면서 합성변인의 하위변인들 중에서 어느 것이 유의한 결과를 보이고 있는지 또는 어느 것이 MANOVA 결과에 영향을 미쳤는지를 밝힌다. 다양한 표(기술통계표, 분산분석결과표 등)를 이용하여 여러 통계값들을 기록하고 그에 대한 적절한 해석을 기술한다. 필요하면 그래프를 그려 넣는다.

7. 주의사항

다변량분산분석은 종속변인이 상관관계가 높은 합성변인으로 되어있는가를 무엇보다 고려해야 한다. 그런데, 사회과학 변인들은 단일 속성의 변인인지 아닌지 판단하기가 애매한 경우가 많지만, 엄밀히 따지면, 합성변인인 경우가 많다. 하지만 이 때 연구자에게 중요한 것은 합성변인이냐 단일변인이냐 구별하는 것에 집착하는 것이 아니라 어떤 검사도구로 그 변인을 측정하느냐에 있다. 만일 그 검사도구가 그 변인을 하위변인으로 나누지 않은 상태(또는 나눌 수 없는 상태)로 측정하는 것이라면, 연구자는 단일변인으로 하여 분산분석법을 적용하면 되며, 만일 그 검사도구가 그 변인을 여러 개의 하위변인으로 나누어 측정하는 것이라면, 연구자는 다변량분산분석 적용을 고려하는 것이다. 핵심은 검사도구인 것이다.

8. 연구사례: 다변량분산분석 사례(one-way MANOVA)

1) 연구상황

이 사례는 학습자의 정보수집 인지양식 유형에 따라 메타인지에 차이가 있는지를 분석하는 것이다. 이론적 배경에 의하여 정보수집 인지양식 유형은 언어형 학습자와 시각형 학습자로 구분하였다. 독립변인은 학습자의 인지양식 유형이며, 종속변인은 합성변인으로서 메타인지 점수다. 메타인지 점수는 메타인지 지식과 메타인지 조절이라는 하위변인으로 구성되어 있고, 이들 간에는 상관 가능성이 높기 때문에 일원다변량분석을 적용하였다[3].

2) 설문문항 예시

자료수집 방법은 설문지로써 연구참여자가 문항내용을 읽고 빈칸에 체크하도록 되어 있다. 5점 Likert 척도로 구성되어 있다. 〈표 8-1〉에는 어느 문항이 메타인지 지식인

3) 이 사례는 실제의 데이터를 이용한 실제 연구논문이다. 이 책을 위하여 논문의 내용을 편집하였음을 밝힌다.

지 혹은 메타인지 조절인지는 표시되어 있지 않다.

〈표 8-1〉 메타인지 설문문항 예시

번호	문항 내용	아주 그렇다	그렇다	보통 이다	아니다	전혀 아니다
1	문제를 풀면서 문제해결 작업을 하나씩 하나씩 체크한다.					
2	정확한 절차를 거쳤는지를 알아보기 위해 문제해결 과정을 되짚어본다.					
3	나의 계산이 정확한지를 알아보기 위해 체크한다.					
4	나의 답이 이치에 맞는지를 알아보기 위해 그 문제를 되짚어본다.					
...	....					

3) SPSS 수행절차

코딩된 데이터를 SPSS에서 불러낸 후 [화면캡처 8-1]의 SPSS 분석 메뉴에서 다음과 같이 수행한다([대화상자 8-1]~[대화상자 8-11]).

분석(A) → 일반선형모형(G) → 다변량(M)...

[화면캡처 8-1] SPSS 분석 메뉴

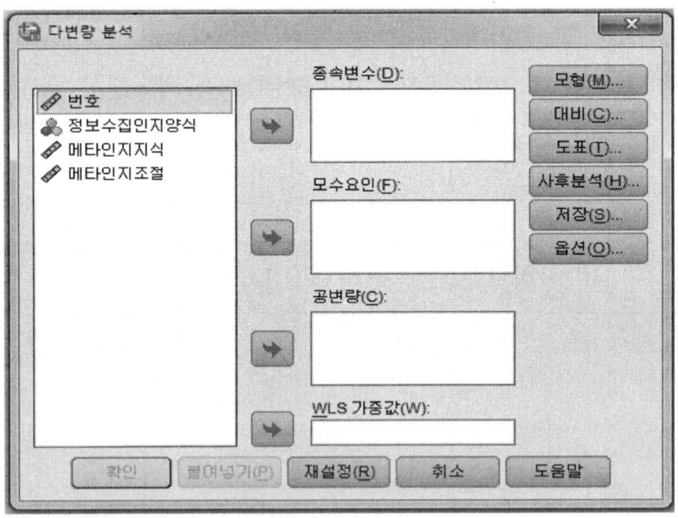

대화상자 8-1: 다변량 분석

❶ 좌측 상자에는 모든 변수가 나타난다.

❷ 우측 종속변수(D) 상자에는 종속변이, 모수요인(F) 상자에는 독립변인이 들어간다.

※ 메타인지 지식과 메타인지 조절로 나누어져 있으므로 코딩할 때도 나누어 코딩한다. 종속변수(D) 안에 들어가는 변인들이 합성변인의 하위변인이다.

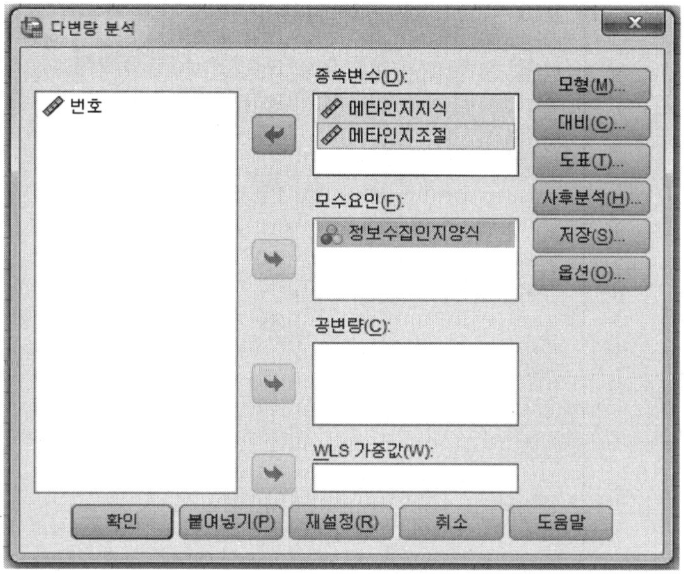

대화상자 8-2: 다변량 분석

❶ 변수명 "메타인지지식"과 "메타인지조절"을 선택하여 종속변수(D) 상자 안으로 이동시킨다.

❷ 변수명 "정보수집인지양식"을 선택하여 모수요인(F) 상자 안으로 이동시킨다.

❸ 모형(M)... 버튼을 클릭한다.

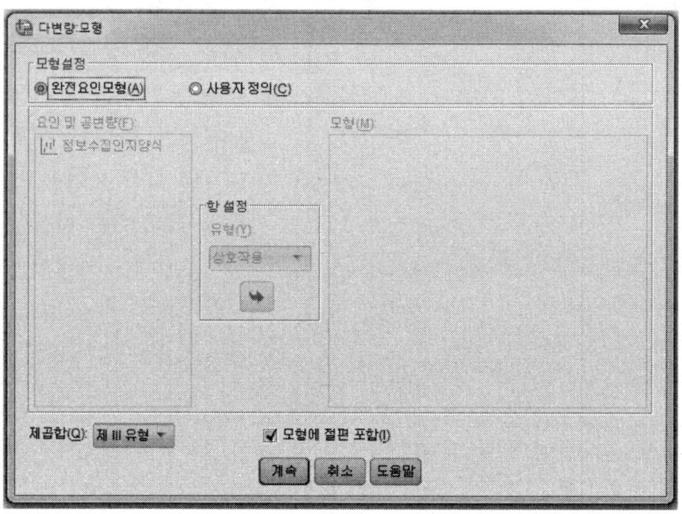

대화상자 8-3: 다변량: 모형

❶ 모형설정에서 ◉ 완전요인모형(A)이 기본 설정되어 있다.

❷ 제곱합(Q)에서 제Ⅲ유형이 기본 설정되어 있다.

❸ ☑모형에 절편 포함(I)이 기본 설정되어 있다.

❹ 계속버튼을 클릭한다.

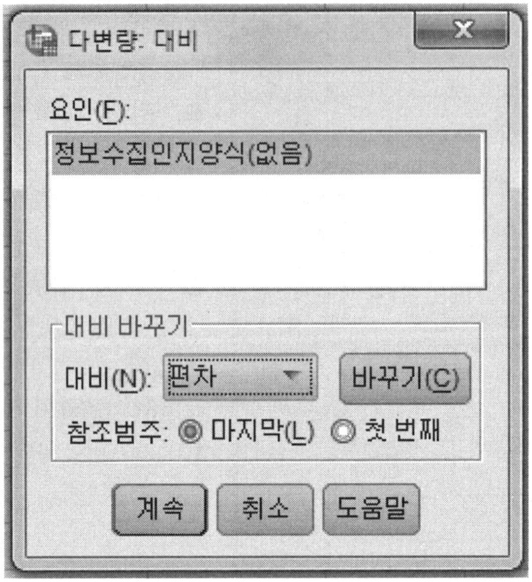

대화상자 8-4: 다변량: 대비

❶ 대비 바꾸기 대비(N)에서 편차를 선택한다.
❷ 참조범주에서는 ◉마지막(L)이 기본 설정되어 있다.
❸ 계속버튼을 클릭한다.

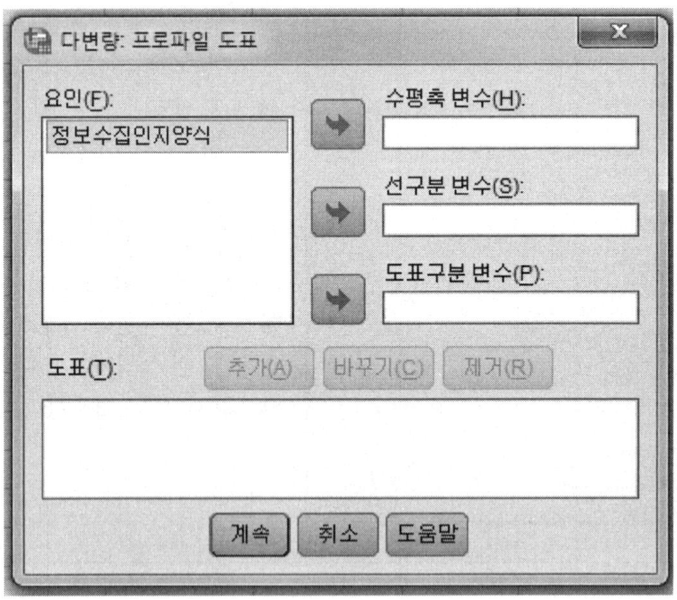

대화상자 8-5: 다변량: 프로파일 도표

❶ 수평축에 대한 요인을 지정하고 별도의 선과 도표에 대한 요인을 선택하여 도표를 지정할 수 있다. 본 예에서는 이를 선택하지 않았다.
❷ 계속버튼을 클릭한다.

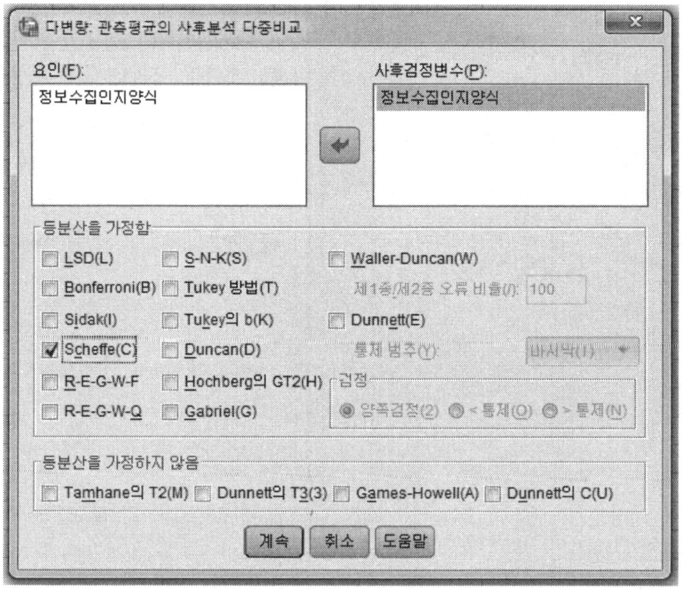

대화상자 8-6: 다변량: 관측평균의 사후분석 다중비교

❶ 요인(F) 상자의 변수명 "정보수집인지양식"을 선택하여 사후검정변수(P) 상자 안으로 이동시킨다.

❷ 등분산을 가정함에서 ☑Scheffe(C)을 선택한다. Bonferroni나 Tukey도 필요하면 선택한다.

❸ 계속버튼을 클릭한다.

※ 집단이 시각형, 인어형의 2개이므로 별도의 사후검정을 하지 않아도 된다.

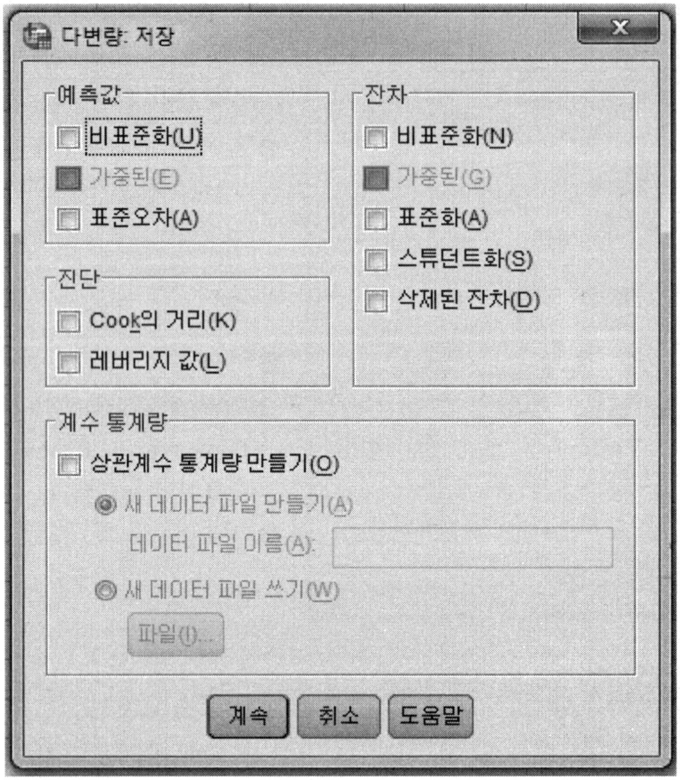

대화상자 8-7: 다변량: 저장

❶ 예측값, 진단, 잔차 등을 선택하여 이를 이용할 수 있다. 본 예에서는 이를 선택하지 않았다.

❷ 계속버튼을 클릭한다.

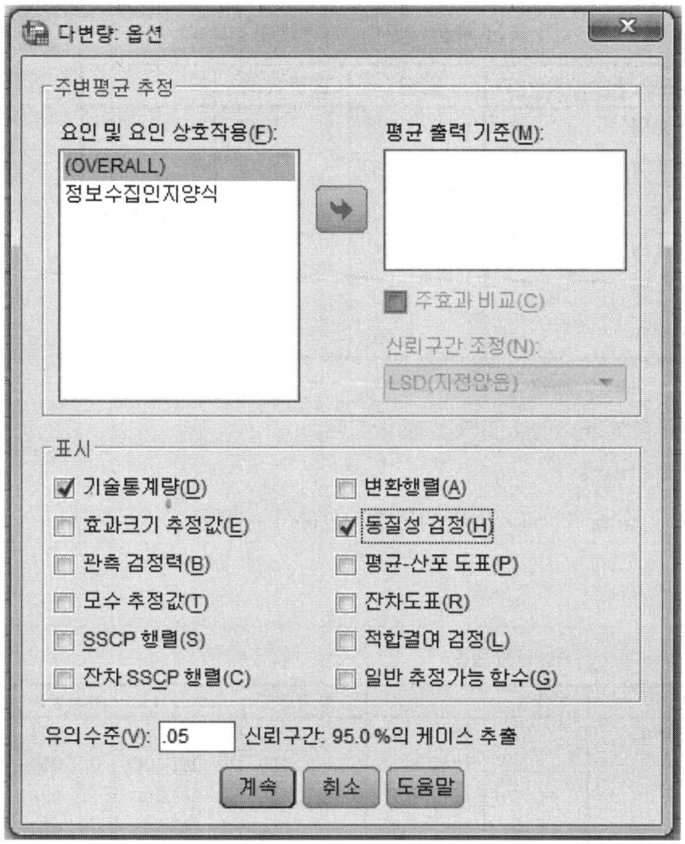

대화상자 8-8: 다변량: 옵션

❶ 표시에서 ☑기술통계량(D)을 선택한다. 그리고 ☑동질성 검정(H)을 선택한다.

❷ 유의수준(V) .05가 기본 설정되어 있다.

❸ 계속버튼을 클릭한다.

❹ [대화상자 8-2]에서 확인버튼을 클릭한다.

기술통계량

	정보수집인지양식	평균	표준편차	N
메타인지지식	언어형	3.25	.496	83
	시각형	3.45	.472	275
	합계	3.40	.484	358
메타인지조절	언어형	3.35	.480	83
	시각형	3.48	.508	275
	합계	3.45	.504	358

대화상자 8-9: SPSS 출력결과 1

❶ 기술통계량 출력결과를 확인한다.

❷ 평균, 표준편차, 사례수(N) 값을 〈사례〉안의 다변량분산분석 결과표에 입력한다.

다변량 검정[a]

효과		값	F	가설 자유도	오차 자유도	유의확률
절편	Pillai의 트레이스	.978	7842.043[b]	2.000	355.000	.000
	Wilks의 람다	.022	7842.043[b]	2.000	355.000	.000
	Hotelling의 트레이스	44.181	7842.043[b]	2.000	355.000	.000
	Roy의 최대근	44.181	7842.043[b]	2.000	355.000	.000
정보수집인지양식	Pillai의 트레이스	.030	5.411[b]	2.000	355.000	.005
	Wilks의 람다	.970	5.411[b]	2.000	355.000	.005
	Hotelling의 트레이스	.030	5.411[b]	2.000	355.000	.005
	Roy의 최대근	.030	5.411[b]	2.000	355.000	.005

a. Design: 절편 + 정보수집인지양식

b. 정확한 통계량

대화상자 8-10: SPSS 출력결과 2

❶ 다변량 검정[a] 출력결과를 확인한다.

❷ 정보수집인지양식 칸의 Wilks의 람다값(.970), F값(5.411), 유의확률 p값(.005)을 확인하고 〈사례〉안의 다변량분산분석 결과표에 입력한다. 본 사례에서는 MANOVA 검정통계량으로 Wilks의 람다값을 사용하였다.

개체-간 효과 검정

소스	종속 변수	제 III 유형 제곱합	자유도	평균 제곱	F	유의확률
수정 모형	메타인지지식	2.463[a]	1	2.463	10.811	.001
	메타인지조절	.987[b]	1	.987	3.921	.048
절편	메타인지지식	2864.236	1	2864.236	12573.584	.000
	메타인지조절	2970.613	1	2970.613	11802.295	.000
정보수집인지양식	메타인지지식	2.463	1	2.463	10.811	.001
	메타인지조절	.987	1	.987	3.921	.048
오차	메타인지지식	81.096	356	.228		
	메타인지조절	89.604	356	.252		
합계	메타인지지식	4231.734	358			
	메타인지조절	4342.568	358			
수정 합계	메타인지지식	83.559	357			
	메타인지조절	90.591	357			

a. R 제곱 = .029 (수정된 R 제곱 = .027)

b. R 제곱 = .011 (수정된 R 제곱 = .008)

대화상자 8-11: SPSS 출력결과 3

❶ 개체-간 효과 검정 출력결과를 확인한다. 이것이 단변량 F검정 결과이다.

❷ 정보수집인지양식의 F값(단변량 F값 10.811, 3.921), 유의확률 p값(.001, .048)을 확인하고 〈사례〉안의 다변량분산분석 결과표에 입력한다.

4) 논문작성의 실제

사례 정보수집 인지양식에 따른 메타인지

대학생의 정보수집 인지양식에 따라 메타인지 지식과 메타인지 조절로 구성된 메타인지에 차이가 있는지 분석하기 위해 다변량분산분석한 결과는 다음의 〈표〉와 같다.

〈표〉 정보수집 인지양식에 따른 메타인지에 대한 다변량분산분석 결과

<table>
<tr><th colspan="2">변량원</th><th>평균</th><th>표준편차</th><th>Wilks' λ</th><th>단변량 F</th><th>p</th></tr>
<tr><td rowspan="3">메타인지 지식</td><td>언어형 집단(n=83)</td><td>3.25</td><td>.496</td><td rowspan="6">.970
(F=5.411, p=.005)</td><td rowspan="3">10.811</td><td rowspan="3">.001</td></tr>
<tr><td>시각형 집단(n=275)</td><td>3.45</td><td>.472</td></tr>
<tr><td>합계</td><td>3.40</td><td>.484</td></tr>
<tr><td rowspan="3">메타인지 조절</td><td>언어형 집단(n=83)</td><td>3.35</td><td>.480</td><td rowspan="3">3.921</td><td rowspan="3">.048</td></tr>
<tr><td>시각형 집단(n=275)</td><td>3.48</td><td>.508</td></tr>
<tr><td>합계</td><td>3.45</td><td>.504</td></tr>
</table>

〈표〉에 제시된 다변량분산분석 결과를 보면, 정보수집 인지양식에 따라 메타인지 지식과 메타인지 조절로 구성된 메타인지에 유의미한 차이가 있는 것으로 분석되었다(λ = .970, p = .005). 또한 집단에 따른 차이를 개별 종속변인별로 분석한 단변량 F검정을 실시한 결과, 메타인지 하위요인인 메타인지 지식(F = 10.811, p = .001)과 메타인지 조절(F = 3.921, p = .048)에서 정보수집 인지양식에 따라 통계적으로 유의미한 차이가 있는 것으로 나타났다. 따라서 언어형 학습자와 시각형 학습자 간에 메타인지에 차이가 있음을 알 수 있다. 즉 언어형 학습자보다 시각형 학습자일 때 메타인지가 보다 높아질 수 있다는 것을 의미한다.

※ 출처 : 김선연 · 조규락(2010). 상이한 인지양식이 메타인지에 미치는 영향. 교육정보미디어연구, 16(2), 177-196.

5) 통계분석 절차와 논문의 분석

(1) 가설의 설정

이 사례는 일원다변량분산분석이므로 독립변인(정보수집 인지양식 유형)에 따른 합성변인(메타인지)에 대한 1개의 영가설과 대립가설을 설정하였다. 그리고 메타인지의 하위변인들(메타인지 지식, 메타인지 조절)에 대한 단변량분석을 위한 2개의 영가설과 대립가설을 설정하였다.

- MANOVA 영가설: 정보수집 인지양식 유형에 따른 메타인지 점수는 차이가 없다.
- 단변량분석 영가설 1: 정보수집 인지양식 유형에 따른 메타인지 지식점수는 차이가 없다.
- 단변량분석 영가설 2: 정보수집 인지양식 유형에 따른 메타인지 조절점수는 차이가 없다.

(2) MANOVA 검정통계량 계산

- 영가설의 합성변인의 Wilks' λ값, F값, 이에 해당하는 유의확률 p값을 구하였다 (Wilks' λ=.970, F=5.411, p=.005).
- 연구자는 Wilks' λ값 이외에도 Pillai의 트레이스값, Hotelling의 트레이스값, Roy의 최대근과 이에 해당하는 F값, p값을 선택하여도 된다.

(3) MANOVA 가설의 기각 및 채택

영가설의 Wilks' λ값, F값, 이에 해당하는 유의확률 p값이 .01보다 작으므로 영가설을 기각하고 대립가설을 채택하였다.

(4) 단변량분석 실시(합성변인의 하위변인별 개별적 ANOVA)

- 단변량 검정통계량 F값과 유의확률 p값을 구하였다.
  (메타인지 지식 F=10.811, p=.001, 메타인지 조절 F=3.921, p=.048)
- 단변량에 대한 가설의 기각 및 채택을 결정하였다. 즉, 메타인지 지식과 메타인지 조절의 유의확률 p값은 각각 .01과 .05보다 작으므로 영가설을 기각하고 대립가설을 선택하였다.
- 집단이 2개이므로 사후검정이 필요하지 않았다.

(5) 해석과 정리

합성변인 메타인지는 통계적으로 유의미하게 차이가 있기 때문에 평균점수를 비교하여 시각형 집단이 언어형 집단보다 메타인지가 더 높아질 수 있다고 말할 수 있다. 또한 메타인지의 2개 하위변인(메타인지 지식과 메타인지 조절)들은 모두 시각형 집단의 점수가 언어형 집단의 점수보다 크게 나타나고 있다. 시각형 학생들이 언어형 학생들보다 메타인지 지식과 메타인지 조절 모두에서 더 높아질 수 있다고 말할 수 있다. 그리고 후속연구에 의하여 밝혀져야 하겠지만, 통계적 유의성 측면에서 판단할 때 메타인지 지식이 메타인지 조절보다 메타인지에 더 영향을 미칠 것으로 조심스럽게 생각해 볼 수 있다.

Chapter 09 χ^2-검정

χ^2-검정(chi-square test)에서 χ^2는 '카이스퀘어', '카이자승' 혹은 '카이제곱'이라고 불린다. χ^2-분석이라고도 한다.

1. 목적

χ^2-검정은 t-검정이나 분산분석처럼 집단비교를 위한 통계법에 속한다. 차이점이 있다면 t-검정과 분산분석은 종속변인이 양적변수로 측정된, 즉 등간척도 혹은 비율척도의 메트릭 자료(평균점수)인 것에 비하여, χ^2-검정에서는 종속변인이 질적변수로 측정된, 즉 명명척도 혹은 서열척도로 구한 비메트릭 자료(빈도)라는 점이다. χ^2-검정은 집단 간의 평균점수의 차이를 비교하는 것이 아니라 집단 간의 빈도의 차이가 유의미한지를 파악하려는 통계법이다.

2. 자료수집

1) 실험연구 상황

집단을 만들어 배치하는 것과 실험처치를 하는 것은 분산분석에서와 동일하다. 차이점이 있다면 종속변인의 측정이 점수로 나오는 것이 아니라 횟수인 빈도로 나온다는 것이다. 예컨대, 실험 도중에 측정하고자 (혹은 관찰하고자) 하는 행동, 모습, 형태 등이 보이면 그것이 실험 도중에 몇 번이 나타났는가를 세는 것이다. 그리고 실험집단에서의 빈도와 다른 집단에서의 빈도를 비교하는 것이다. 만일 실험이 끝난 후에 빈도를 측정하려 한다면, 전체 집단에 대한 비디오 촬영을 해야 할 때도 있고 잘 설계된 검사지를 이용할 수도 있다. 검사지라면 반응의 횟수, 정답의 개수, 특정 표현이나 반응의 개수처럼 빈도를 나타내도록 검사지를 만들어야 한다. 종종 실험참여자 자신이 기록한 성찰일지나 일기에서, 연구자가 꼼꼼히 기록한 관찰일지에서 특정반응이나 표현의 개수를 종속변인으로 삼는다.

2) 설문지를 통한 조사연구 상황

분산분석에서와 거의 대부분 동일하다. 분산분석과 다른 점은 설문지 답변이 명명척도로 이루어지도록 해야 한다는 점이다. 예를 들어, 어떤 설문지에서 배경변인인 학생성적수준을 상, 중, 하에서 체크하게 하고, 질문인 대학학과 선택의 이유를 보기 1번부터 5번(학과전망, 자신의 적성, 수능점수에 맞춰서, 부모권유, 담임교사권유)까지 선택하게 하면, 상중하별로 각각 몇 명이 보기 1번에서 5번까지 선택했는지 구할 수 있다. 즉 학생성적수준별로 대학학과선택의 이유를 빈도로 구한 것이다. 물론 여기서 학생성적수준은 독립변인이 되고, 대학학과선택의 이유는 종속변인이 된다. 이처럼 χ^2-분석은 일반적으로 설문지 문항을 Likert 척도로 만들지 않는다. (Likert 척도로 만들었다는 것은 평균을 구하여 분산분석이나 회귀분석을 실시하겠다는 의도다.)

3. 주요 개념들

1) χ^2값

χ^2-검정을 통한 가설검증을 위하여 계산되는 값, 즉 검정통계량이다. χ^2값은 항상 양수(+) 값만을 갖는다. χ^2값이 클수록 통계적으로 유의미할 가능성이 커진다. SPSS는 Pearson의 χ^2값을 제시해준다([대화상자 9-8], 〈표〉 참조).

2) 관찰빈도와 기대빈도

χ^2-검정을 하게 되면 반드시 '빈도분포표'라고 불리는 교차표를 만들고 이를 논문에 보고하는데, 이 빈도분포표 안에는 관찰빈도와 기대빈도 또는 관찰빈도와 퍼센트(%)를 기록하게 된다. 관찰빈도는 다른 용어로 획득빈도(도수)라고도 하는데, 흔히 설문지에서 응답한 개수이거나 아니면 연구자가 관심을 두고 있는 어떤 특정한 행위가 관찰된 횟수를 기록한 것이다. 기대빈도는 이론적으로 예측된 빈도이다. χ^2-검정은 관찰빈도와 기대빈도의 차이를 이용한 통계법이다.

4. 가정과 조건

다음과 같은 가정과 조건을 만족시켜야 χ^2-검정을 실시할 수 있다.

- 종속변인은 명명척도에 의한 질적변수이어야 한다(2장의 척도 내용 참조).
- 빈도분포표 안의 관찰빈도는 서로 독립적이어야 한다(3장의 독립성 내용 참조).
- 빈도분포표 안의 관찰빈도가 0이나 1이 있는 칸이 적어야 한다. 가능한 없는 것이 좋다.
- 빈도분포표 안의 기대빈도의 수가 5보다 작은 칸이 없거나, 전체 칸 수의 20%를 넘지 않아야 한다.

5. 종류와 연구예시

χ^2-검정은 크게 2가지 종류가 있다. 첫째는 기대되는 빈도와 관찰되는 빈도 사이에 차이가 있는지를 알아보는 것으로 단일표본 χ^2-검정 혹은 χ^2-적합도 검정이라고도 한다. 집단의 구성형태로 보면, χ^2-적합도 검정은 [그림 6-1]의 일원분산분석 집단설계와 유사하지만 분석에 있어서는 조금 다르다. 일원분산분석은 각 집단의 평균점수에 차이가 있는지를 비교하는 것이지만, χ^2-적합도 검정은 각 집단의 관찰빈도들이 기대빈도와 차이가 나는지를 알아보는 것이다. 둘째는 어떤 특성이나 속성에 대하여 집단별로 차이가 있는지를 알아보는 것으로 흔히들 교차분석이라고도 하며 또는 χ^2-독립성검정이라고도 한다. 집단의 구성형태로 보면, 교차분석은 [그림 6-2]의 이원분산분석 집단설계와 유사하며 분석도 비슷하다. 즉, 교차분석은 각 집단의 관찰빈도에 차이가 있는지

를 알아보는 것이다(이원분산분석에서는 각 집단의 평균점수에 차이가 있는지를 비교한다).

1) 단일표본 χ^2–검정(χ^2–적합도검정)

구체적인 연구예시는 다음과 같다.

- 교사들이 생각하는 교직관의 차이
- 고등학생들의 대학 학과선택의 이유에 대한 차이
- 환자들이 좋아하는 약의 형태의 차이

첫 번째 연구예시를 예로 들어 설명해보자. 만일 총 300명의 교사가 이 설문에 참여했다면, 기대빈도는 3개의 칸(집단)이 있으므로 100이다. 설문지에 참여자가 체크한 빈도를 세어서 표에 넣으면 관찰빈도를 얻게 된다. 단일표본 χ^2-검정은 이 관찰빈도와 기대빈도 100 사이의 차이를 비교하는 것이다([그림 9-1]).

교직관

노동직	전문직	성직

[그림 9–1] 교사들이 생각하는 교직관의 차이

2) 교차분석(χ^2–독립성검정)

구체적인 연구예시는 다음과 같다.

- 대학생의 학과계열에 따른 e-러닝 사용이유의 차이
- 교사경력에 따른 디지털교과서 사용의 찬성유무
- 소득규모에 따른 소유하고 있는 자동차 크기의 차이

첫 번째 연구예시를 예로 들어 설명하면, 설문지에 연구참여자가 체크한 빈도를 세어서 교차표에 넣으면, 총 16개의 관찰빈도가 나오게 된다. 교차분석은 이 16개의 관찰빈도의 크기를 비교하는 것이다([그림 9-2]).

		e-러닝 사용이유			
		강의시간에 구애받지 않아서	강의실에 갈 필요가 없어서	학점취득이 용이해서	과제가 적어서
학과계열	인문사회계열				
	자연계열				
	공과계열				
	예체능계열				

[그림 9-2] 학과계열에 따른 e-러닝 사용이유에 대한 교차표

6. 통계 분석절차

1) 가설의 설정

〈단일표본 χ^2–검정의 경우〉

- **영가설**: 기대빈도와 관찰빈도는 차이가 없다.
  – 예시: 교사들이 생각하는 교직관에는 차이가 없다.
- **대립가설**: 기대빈도와 관찰빈도는 차이가 있다.
  – 예시: 교사들이 생각하는 교직관에는 차이가 있다.

〈교차분석의 경우〉

- **영가설**: 독립변인에 따른 각 관찰빈도의 크기는 차이가 없다.
  – 예시: 학과계열에 따른 e-러닝 사용이유에는 차이가 없다.
- **대립가설**: 독립변인에 따른 각 관찰빈도의 크기는 차이가 있다.
  – 예시: 학과계열에 따른 e-러닝 사용이유에는 차이가 있다.

2) 검정통계량 계산

통계프로그램을 통해 검정통계량 χ^2값과 이에 해당하는 유의확률 p값을 구한다. χ^2값이 커질수록 통계적 유의성이 높아진다.

3) 가설의 기각 및 채택

χ^2값에 해당하는 유의확률 p값이 .05, .01, .001보다 크면 영가설을 수용하며, 작으면 영가설을 기각하고 대립가설을 채택한다. 영가설을 기각한다는 것은 빈도분포표 안의 수치들(관찰빈도 혹은 기대빈도) 간에 차이가 있다는 것을 의미한다.

4) 해석과 정리

영가설을 채택하든 기각하든 통계결과에 대한 해석이 요구된다. 통계프로그램이 제시하는 다양한 표(빈도분포표, 교차표 등)를 제시하고 여러 통계값들을 기록하며 에에 대한 적절한 해석과 결과 해석에 대한 이유를 논리적으로 기술한다. 필요하면 그래프를 그려 넣는다.

7. 주의사항

일반적으로 χ^2-검정만을 실시하여 학술지에 게재한 연구는 흔하지 않다. 대개는 다른 통계법이 그 연구의 주요 분석방법이며, χ^2-검정은 보조적 역할을 하는 경우가 많다. 이 책의 2장과 3장에서 기술한 바와 같이 χ^2-검정은 명명척도라는 낮은 수준의 척도를 사용함으로써 통계분석이 한정되어 있기 때문이다. 따라서 단순히 관찰빈도를 구할 것이 아니라 설문지의 형태를 Likert 척도를 이용한 등간척도로 구성하여 각 칸(집단)의 평균점수를 구해 분산분석을 실시하는 것이 더 권장된다고 하겠다. 물론 연구목적에 가장 잘 부합하는 통계법이 χ^2-검정이라면 굳이 권장사항을 따를 필요는 없다.

학술지에 실린 논문이 아닌 연구보고서의 경우에는 χ^2-검정이 자주 사용되고 있다.

8. 연구사례: χ^2-검정 사례(교차분석)

1) 연구상황

이 사례는 교사 직위에 따라 교장 · 교감의 역할에 대한 의견의 차이를 분석하는 것이다. 독립변인인 교사 직위는 부장교사와 일반교사로 구분하였고, 종속변인인 교장 · 교감의 역할에 대한 의견은 6개(장학담당자들의 적극적인 격려와 지원, 효율적인 자기장학 모형 및 프로그램 개발, 전문성 향상을 위한 현직교육, 잡무 부담 경감, 물리적 환경 개선, 교장 · 교감 · 동료교사의 자기장학에 대한 긍정적 인식 전환)로 구성하였다. 종속변인인 교장 · 교감의 역할에 대한 자료가 양적변인이 아니라 빈도에 의한 질적변수이기 때문에 교차분석을 적용하였다[1].

2) 설문문항 예시

자료수집 방법은 설문지로써 연구참여자가 문항내용을 읽고 번호 옆에 체크하도록 되어 있다. 명명척도로 구성되어 있다.

1) 이 사례는 실제의 데이터를 이용한 실제 연구논문이다. 이 책을 위하여 논문의 내용을 편집하였음을 밝힌다.

〈표 9-1〉 교사직위에 따른 및 교장·교감 역할에 대한 설문문항 예시

1. 직위 : _____① 부장교사 _____② 교사 2. 초등학교 현장에서 자기장학을 활성화하기 위해 교장·교감이 해야 할 역할 중 가장 중요하다고 생각되는 것은 무엇입니까? ____① 장학담당자들의 적극적인 격려와 지원 ____② 효율적인 자기장학 모형 및 프로그램 개발 ____③ 전문성 향상을 위한 현직 교육(각종 연수, 발표회 등) 강화 ____④ 잡무 부담 경감 ____⑤ 물리적 환경개선(자료, 도구, 시설, 장소 등) 및 시간적·경제적 편의 제공 ____⑥ 교장·교감·교사의 자기장학에 대한 긍정적 인식의 전환

3) SPSS 수행절차

코딩된 데이터를 SPSS에서 불러낸 후 [화면캡처 9-1]의 SPSS 분석 메뉴에서 다음과 같이 수행한다([대화상자 9-1]~[대화상자 9-8]).

분석(A) → 기술통계량(E) → 교차분석(C)

[화면캡처 9-1] SPSS 분석 메뉴

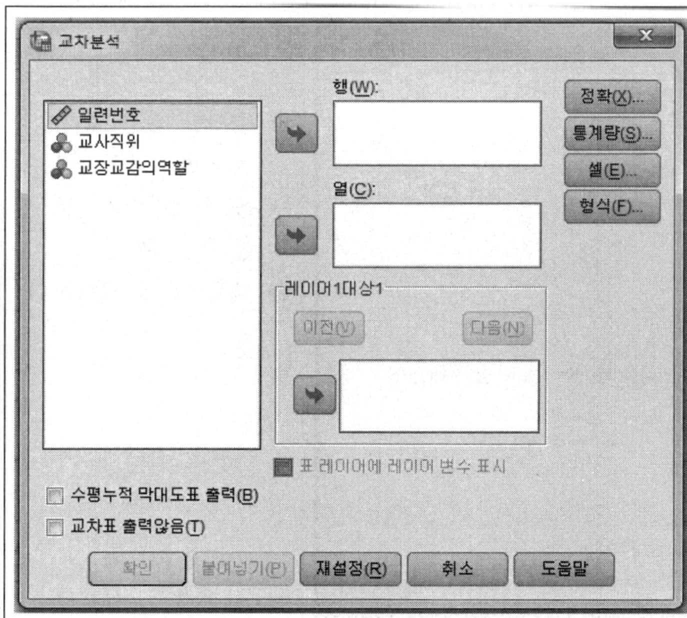

대화상자 9-1: 교차분석

❶ 좌측 상자에는 모든 변수가 나타난다.

❷ 행(W) 상자에는 종속변인(가로로 들어갈 변수)이, 열(C) 상자에는 독립변인(세로로 들어갈 변수)이 들어간다.

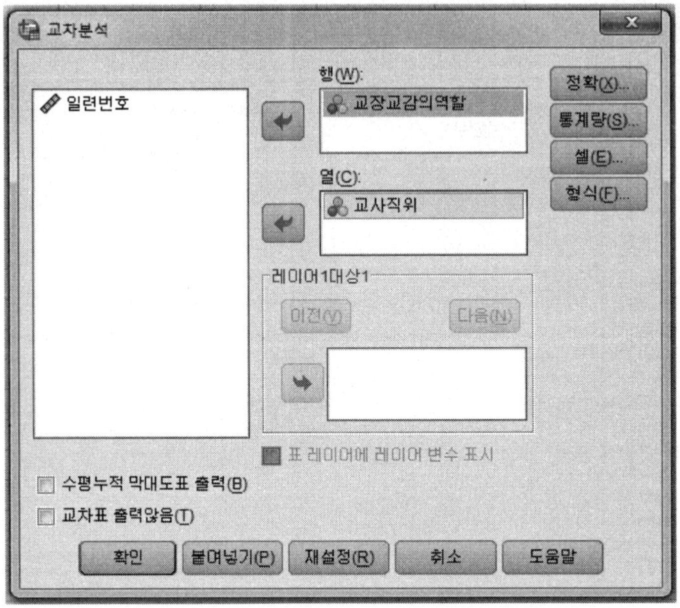

대화상자 9-2: 교차분석

❶ 변수명 "교장교감의역할"을 선택하여 행(W) 상자 안으로 이동시킨다.
❷ 변수명 "교사직위"를 선택하여 열(C) 상자 안으로 이동시킨다.
❸ 정확(X)... 버튼을 클릭한다.

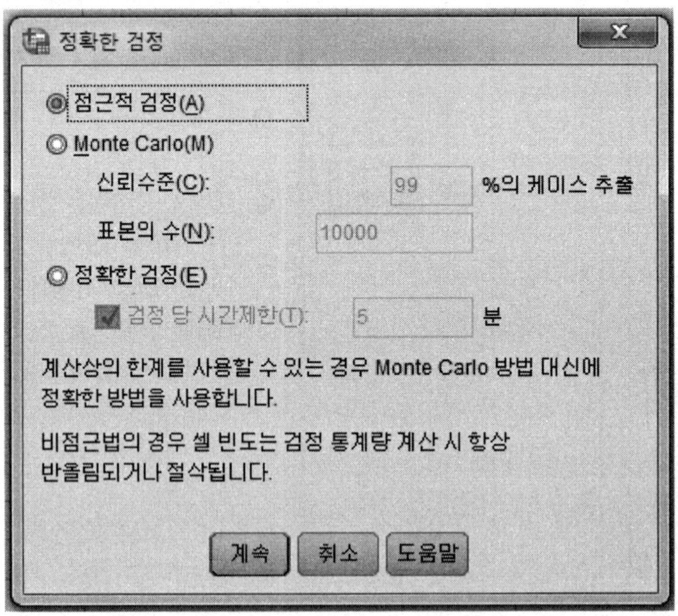

대화상자 9-3: 정확한 검정

❶ 정확한 검정 대화상자에서 ◉점근적 검정(A)을 선택한다. 기본 설정되어 있다.
❷ 계속버튼을 클릭한다.

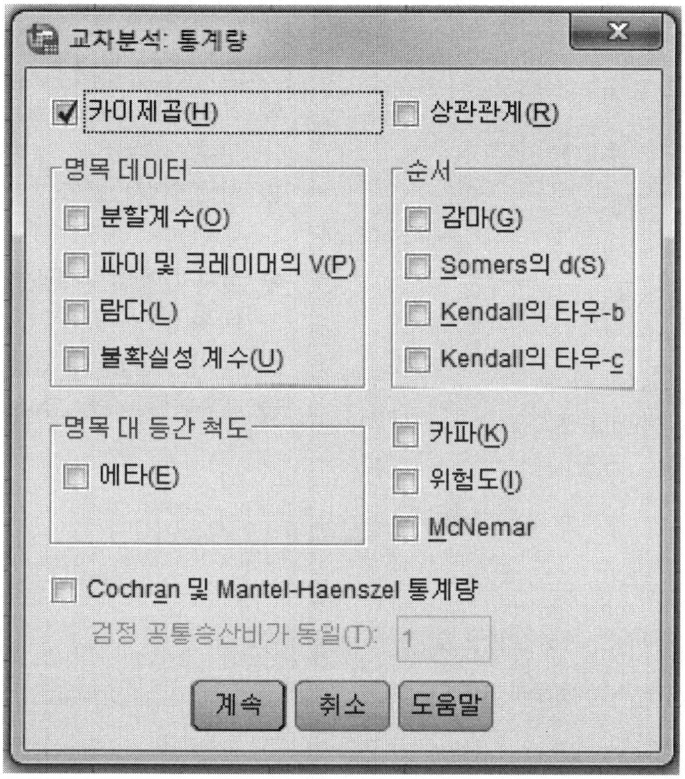

대화상자 9-4: 교차분석: 통계량

❶ ☑카이제곱(H)을 선택한다.

❷ 계속버튼을 클릭한다.

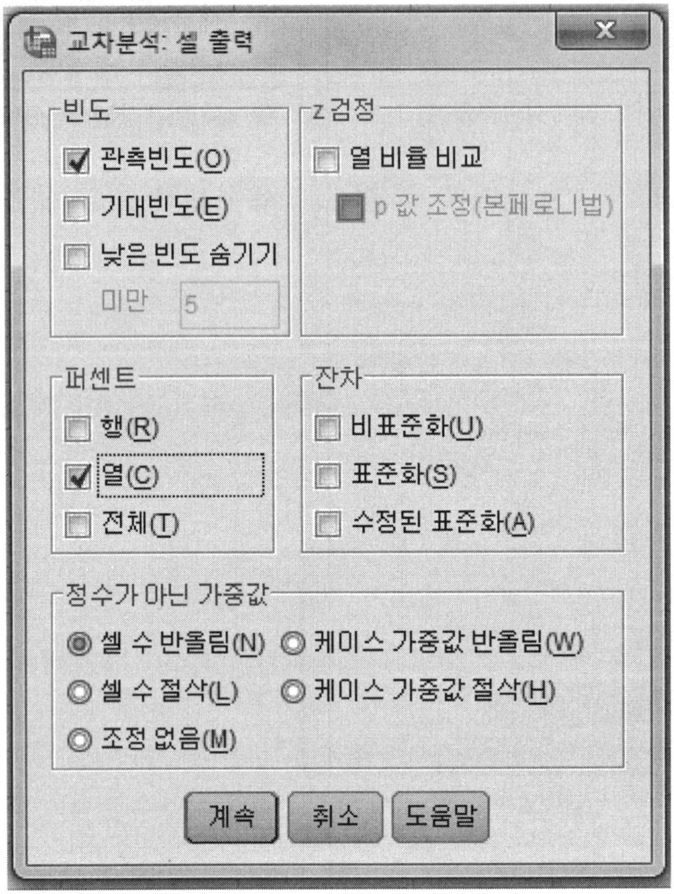

대화상자 9-5: 교차분석: 셀 출력

❶ 빈도에서 ☑관측빈도(O)를 선택한다.

❷ 퍼센트에서 ☑열(C)을 선택한다.

❸ 정수가 아닌 가중값에서 ◉셀 수 반올림(N)이 기본 설정되어 있다.

❸ 계속버튼을 클릭한다.

대화상자 9-6: 교차분석: 표 형식

❶ 행 순서에서 ◉오름차순(A)을 선택한다.
❷ 계속버튼을 클릭한다.
❸ [대화상자 9-2]에서 확인버튼을 클릭한다.

교장교감의역할 * 교사직위 교차표

			교사직위		전체
			부장교사	교사	
교장교감의역할	장학담당자의 적극적인 격려와 지원	빈도	3	19	22
		교사직위 중 %	4.5%	8.2%	7.4%
	효율적인 자기장학 모형 및 프로그램 개발	빈도	2	17	19
		교사직위 중 %	3.0%	7.4%	6.4%
	전문성 향상을 위한 현직교육	빈도	19	33	52
		교사직위 중 %	28.8%	14.3%	17.5%
	잡무 부담 경감	빈도	8	72	80
		교사직위 중 %	12.1%	31.2%	26.9%
	물리적 환경 개선	빈도	29	68	97
		교사직위 중 %	43.9%	29.4%	32.7%
	교장교감등료교사의 자기장학에 대한 긍정적 인식의 전환	빈도	5	22	27
		교사직위 중 %	7.6%	9.5%	9.1%
전체		빈도	66	231	297
		교사직위 중 %	100.0%	100.0%	100.0%

대화상자 9-7: SPSS 출력결과 1

❶ 교장 · 교감의역할*교사직위 교차표 출력결과를 확인한다.
❷ 빈도, 교사직위 중 %, 사례수(N) 값을 〈사례〉안의 의견차이표에 입력한다.

카이제곱 검정

	값	자유도	점근 유의확률 (양측검정)
Pearson 카이제곱	19.042[a]	5	.002
우도비	19.836	5	.001
선형 대 선형결합	.715	1	.398
유효 케이스 수	297		

a. 2 셀 (16.7%)은(는) 5보다 작은 기대 빈도를 가지는 셀입니다. 최소 기대빈도는 4.22입니다.

대화상자 9-8: SPSS 출력결과 2

❶ 카이제곱 검정 출력결과를 확인한다.

❷ Pearson 카이제곱 값(19.042), 점근 유의확률(양측검정) p값(.002)을 〈사례〉안의 의견차이표에 입력한다.

4) 논문작성의 실제

사례 **직위에 따른 교장·교감의 역할에 대한 의견 차이**

초등학교 교사의 직위에 따라 교장 · 교감의 역할에 대한 의견 차이를 분석하기 위해 X^2-검정(카이스퀘어 검정)한 결과는 다음의 〈표〉와 같다.

〈표〉 직위에 따른 교장 · 교감의 역할에 대한 의견 차이

	부장교사	일반교사	전체	χ^2
장학담당자들의 적극적인 격려와 지원	3 (4.5%)	19 (8.2%)	22 (7.4%)	19.042 (p=.002)
효율적인 자기장학 모형 및 프로그램 개발	2 (3.0%)	17 (7.4%)	19 (6.4%)	
전문성 향상을 위한 현직교육 (각종 연수, 발표회 등) 강화	19 (28.8%)	33 (14.3%)	52 (17.5%)	
잡무 부담 경감	8 (12.1%)	72 (31.2%)	80 (26.9%)	
물리적 환경 개선(자료, 도구, 시설, 장소 등)및 시간적 · 경제적 편의 제공	29 (43.9%)	68 (29.4%)	97 (32.7%)	
교장 · 교감 · 동료교사의 자기장학에 대한 긍정적 인식의 전환	5 (7.6%)	22 (9.5%)	27 (9.1%)	
전체	66 (100.0%)	231 (100.0%)	297 (100.0%)	

〈표〉에서 제시된 결과를 보면, 교장 · 교감의 역할을 묻는 문항에서 부장교사의 경우는 물리적 환경 개선(자료, 도구, 시설, 장소 등) 및 시간적 · 경제적 편의 제공이라고 응답한 교사(29명, 43.9%)가 가장 많았으며, 일반교사의 경우는 잡무 부담 경감이라고 응답한 교사(72명, 31.2%)가 가장 많았다. 직위에 따른 χ^2-검정을 실시한 결과 통계적으로 유의미한 차이가 나타났다(χ^2=19.042, p=.002). 이러한 결과는 직위에 따라 자기장학 활성화를 위해 교장교감의 역할을 묻는 문항에 의견의 차이가 있다는 것을 의미한다.

※ 출처: 영남대학교 교육대학원 미간행 논문

5) 통계분석 절차와 논문의 분석

(1) 가설의 설정

종속변인에 대한 1개의 영가설과 대립가설을 설정하였다.

- 영가설: 부장교사와 일반교사의 교장 · 교감의 역할에 대한 의견 차이는 없다.

(2) 검정통계량의 계산

- 영가설의 χ^2값과 유의확률 p값을 구하였다(χ^2=19.042, p=.002).

(3) 가설의 기각 및 채택

영가설의 χ^2값에 해당하는 유의확률 p값이 .01보다 작으므로 영가설을 기각하고 대립가설을 채택하였다.

(4) 해석과 정리

부장교사와 일반교사는 교장 · 교감의 역할에 대하여 의견 차이가 존재한다고 말할 수 있다.

6) 기타

χ^2-검정 결과를 다음의 표처럼 제시하는 경우도 많다. 〈사례〉에 있는 표와의 차이점은 χ^2값과 유의확률을 아래에 제시하는 것이다.

〈표 9-2〉 **직위에 따른 교장 · 교감의 역할에 대한 의견 차이**

	부장교사	일반교사	전체
장학담당자들의 적극적인 격려와 지원	3 (4.5%)	19 (8.2%)	22 (7.4%)
효율적인 자기장학 모형 및 프로그램 개발	2 (3.0%)	17 (7.4%)	19 (6.4%)
전문성 향상을 위한 현직교육 (각종 연수, 발표회 등) 강화	19 (28.8%)	33 (14.3%)	52 (17.5%)
잡무 부담 경감	8 (12.1%)	72 (31.2%)	80 (26.9%)
물리적 환경 개선(자료, 도구, 시설, 장소 등) 및 시간직 · 경제적 편의 제공	29 (43.9%)	68 (29.4%)	97 (32.7%)
교장 · 교감 · 동료교사의 자기장학에 대한 긍정적 인식의 전환	5 (7.6%)	22 (9.5%)	27 (9.1%)
전체	66 (100.0%)	231 (100.0%)	297 (100.0%)
χ^2 = 19.042(df=5, p=.002)			

여기서 한 가지 짚고 넘어가야 할 것이 있다. χ^2-검정에서 통계적으로 유의미한 차이가 발생했을 때, 분산분석에서처럼 어느 집단 간에서 그 차이가 나는지에 대한 사후검정에 대한 것이다. SPSS에서는 χ^2-검정을 위한 사후검정 절차가 없고 따라서 그 결과도 알려주지 않는다. 아마도 이런 이유에서겠지만, χ^2-검정을 실시하고 사후검정 결과를 제시한 연구는 정말로 찾아보기 어렵다. 또한 2부 9장에서 밝힌 것처럼 통계분석이 한정되어 있어서 χ^2-검정은 가설검정 연구에서 많이 사용되지 않기 때문일 것이다.

필자들은 χ^2-사후검정이 필요할 것으로 판단한다. 그 절차와 방법을 기술하는 것은 고의로 제외했다. 제외한 이유는 SPSS에 그러한 절차가 없기 때문에 연구자가 직접 계산해야 하는데, 그러면 이 책의 취지에 맞지 않게 복잡한 수식과 수학기호를 사용하여 설명해야 하기 때문이다. χ^2-사후검정에 관심있는 독자는 성태제(2014)를 참조하기 바란다.

Chapter 10

상관분석

상관분석(correlation analysis)은 상관관계분석이라고도 한다.

1. 목적

상관분석은 하나의 변인이 다른 변인과 어느 정도 관련성을 갖고 있는지를 알아보는, 즉 변인들 간의 관련성을 분석하는 통계법이다. 만일 2개의 변인들이 관계가 깊다면, 한 가지 변인의 정보를 통해 관련된 다른 변인의 정보를 알 수 있다. 예컨대, 우리는 일반적으로 A가 성격이 좋으면 A에게는 많은 친구가 있을 것으로 예상하고, A가 학교에서 수학을 잘하면 과학과목 특히 물리 문제도 잘 풀 수 있을 것으로 기대한다. 이것이 가능한 이유는 그 2개의 변인 간에 공통된 요소, 즉 함께 변하는 요소가 포함되어 있기 때문이다.

상관분석을 위하여 측정되는 것이 상관계수인데, 이 상관계수는 변인의 특성과 측정척도에 따라 다양하다. 가장 대표적인 것이 Pearson(1896)의 적률상관계수와 Spearman의 등위상관계수(서열상관계수)이며, 이 밖에 양류상관계수, 양분상관계수 등이 있다. 이 중에서 적률상관계수를 이용한 상관분석과 등위상관계수가 연구에서 많이 사용된다. 이 책에서는 적률상관계수를 이용한 상관분석만을 다룬다.

2. 자료수집

상관분석은 자료를 수집하기 위해 굳이 실험을 전제로 하지 않는다. 보통 연구자가 설문지를 통하여 변인들을 조사하거나 다양한 종류의 데이터베이스(예컨대, 건강보험 DB, 통계청 DB 등)에서 필요한 변인들의 점수를 구하면 된다. 설문지를 통한 조사연구 상황에서라면 연구자가 주목하고 있는 관련 변인들이 모두 메트릭 자료(양적변인, 동간척도, 비율척도)로 측정될 수 있도록 설문문항을 설계해야 하며, 데이터베이스에서 점수들을 가져와서 연구한다면 메트릭 자료의 변인들의 점수들을 가져와야 한다. 예컨대, 설문지를 통하여 학교 성적과 교사 만족도의 관계를 상관분석을 통해 알아보려 한다면, 학교 성적을 상, 중, 하로 나누어 어느 것에 해당하는지 체크하도록 설문지를 만들면 안된다. 대신에 성적 점수를 직접 표기하도록 하거나 아니면 담임 교사로부터 학생들의 점수를 구해야 한다. 교사 만족도도 마찬가지로 메트릭 자료가 되도록 3점, 4점, 5점, 7점 Likert 척도를 이용해야 한다(만일 등위상관계수를 이용한 연구라면 변인들 모두 서열척도로 이루어져야 한다).

3. 주요 개념들

1) 상관과 공분산

상관(correlation)의 의미는 두 변인간의 관계를 말하는데, 한 변인의 값이 변할 때 다른 변인의 값이 얼마나 변하는가를 나타낸다. 한 변인의 값이 변할 때, 다른 변인의 값이 많이 변하면 상관관계가 높은 것이며, 다른 변인의 값이 적게 변하면 상관관계가 낮은 것이다. 이러한 변인간의 관련성은 공분산의 크기에 의해 결정된다. 공분산(covariance) 이란 두 개의 변인의 함께 변화하는 분산을 뜻한다. [그림 10-1] (A)에서 공분산이 0%이므로 X가 변해도 Y는 변화하지 않는다는 뜻이며, 즉 X와 Y는 아무런 상관이 없으며, (D)는 공분산이 100%이므로 X가 변하면 Y 전체가 변한다는 뜻이다. 즉 X와 Y는 완전상관을 이룬다. (B)와 (C)의 공분산의 크기에 따라 달라지는 양이 다를 것이다. 따라서 공분산이 커질수록 상관관계는 커진다.

2) 상관계수 또는 상관관계계수

상관계수(correlation coefficient)는 상관관계의 강도를 나타내주는 통계수치다. 일반적으로 영어 알파벳 'r'로 표시하고 값의 범위는 항상 −1보다는 크고 1보다는 작다($-1 \langle r \langle 1$). 상관계수의 절대값이 크면 두 변인들이 밀접하게 관련되어 있음을 뜻하며, 절대값이 작으면 관련성이 낮다는 것을 나타낸다. 상관계수가 플러스(+)값을 가지면 정적상관이라고 하는데, 이 때 어느 한 변인의 점수가 커지면 관련된 다른 변인의 점수도 함께 커진다는 뜻이다. 상관계수가 마이너스(−)값을 가지면 부적상관이라고 하며, 이 때 어느 한 변인의 점수가 커지면 관련된 다른 변인의 점수는 작아진다는 것을 뜻한다. 상관계수가 0이면 변인간의 관계가 없다는 것을 의미한다. 일반적인 상관계수의 해석

기준은 절대값으로 $0<r<0.2$면 상관관계가 없거나 무시해도 좋을 정도이며, $0.2<r<0.4$면 낮은 상관관계이고, $0.4<r<0.6$이면 상관관계가 있는 수준이며, $0.6<r<0.8$이면 높은 상관관계이다. $0.8<r<1$이면 매우 높은 상관관계가 있다고 해석한다([대화상자 10-5], 사례의 〈표 2〉 참조).

3) 결정계수

상관계수의 제곱값으로, 이 수치는 상관관계가 설명하는 설명력을 의미한다. 예컨대, 학교 성적(X)과 교사만족도(Y)의 상관계수 r이 0.8이면, 결정계수는 0.64(0.8×0.8=0.64)가 되는데, X가 Y의 변화를 설명해 주는 정도가 64%가 된다는 뜻이다.

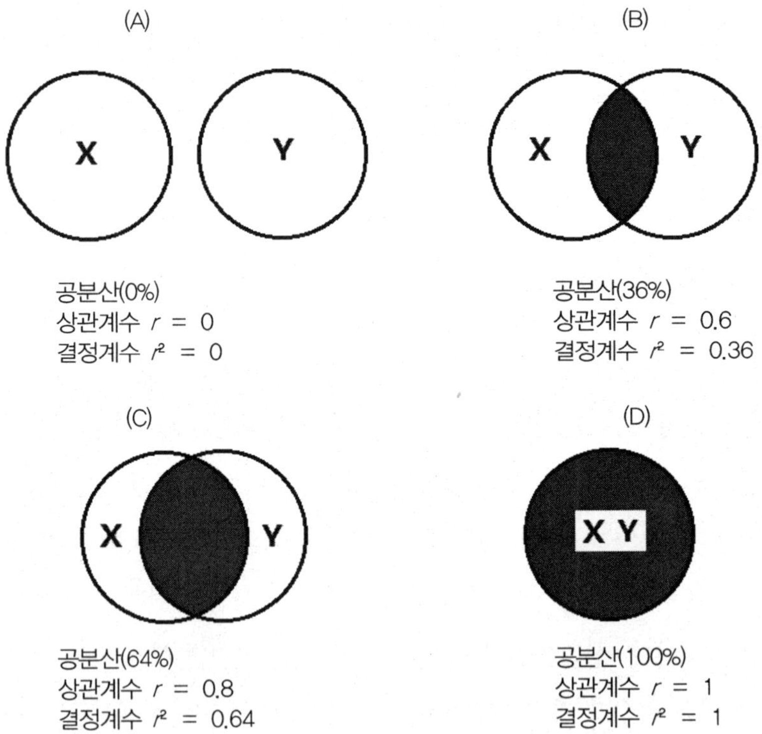

[그림 10-1] 상관관계

4. 가정과 조건

다음과 같은 가정과 조건을 만족시켜야 적률상관계수를 이용한 상관분석을 실시할 수 있다. 등위상관계수를 이용한 상관분석은 아래의 가정과 조건을 필요로 하지 않는다.

- 모집단의 분포는 정규분포를 이루어야 한다(3장의 정규성 내용 참조).
- X변인 점수에 대응하는 Y점수의 분산과 Y변인 점수에 대응하는 X점수의 분산은 동일해야 한다(3장의 등분산성 내용 참조).
- 측정되는 관찰치들은 서로 독립적이이야 한다(3장의 독립성 내용 참조).
- 모든 변인들은 양적변인(메트릭 자료/등간척도 또는 비율척도)으로 측정되어야 한다(2장의 척도 내용 참조).

5. 종류와 연구예시

몇 개의 변인들이 상관관계를 이루고 있는가에 따라 종류가 나누어진다. 만일 2개 변인간의 상관관계라면 단순상관(simple correlation)이 되고, 하나의 변인과 두 변인 이상의 상관관계를 분석한다면 다중상관(multiple correlation)이 된다. 일반적으로 상관관계분석은 X와 Y와의 단순상관만을 다루고, 다중상관분석은 회귀분석(regression analysis)이라는 통계분석법으로 대체된다. 연구예시는 다음과 같다.

- 교사의 기대수준과 학생들의 학업성취도와의 관계

- 고등학생 때의 수능점수 및 학교성적과 이들이 대학 신입생이 된 후에 취득하는 대학학점 간의 관계
- 부모의 월평균 소득, 사교육비 지출액, 수능점수, 학생의 포부수준 간의 관계

위에서 제시한 연구예시에서 주의할 사항은 변인의 수가 2개가 넘어도 2개끼리만 비교하면 단순상관관계라는 점이다. 즉, 수능점수－고교성적, 수능점수－대학학점, 고교성적－대학학점처럼 2개 사이의 상관관계를 분석하면 단순상관분석이 된다. 이 때 연구논문은 대개 "◇◇◇◇(X변인)과 ▽▽▽▽(Y변인) 사이의 관계(분석)"와 같은 이름을 갖는다.

6. 통계 분석절차

1) 가설의 설정

- **영가설:** 각 변인들(수능성적, 학교성적, 대학학점) 간의 상관은 0이다. 또는 각 변인들 간의 상관관계는 없다.
  - 예시: 교사의 기대수준과 학생들의 학업성취도는 관계가 없다.
- **대립가설:** 각 변인들(수능성적, 학교성적, 대학학점) 간의 상관은 0이 아니다. 또는 각 변인들 간의 상관관계는 있다.
  - 예시: 교사의 기대수준과 학생들의 학업성취도는 관계가 있다.

2) 검정통계량 계산

통계프로그램을 통해 검정통계량인 상관계수 r값과 이에 해당하는 유의확률 p값을 구한다. r값의 절대 값이 커질수록 통계적 유의성이 높아진다.

3) 가설의 기각 및 채택

r값에 해당하는 유의확률 p값이 .05, .01, .001보다 크면 영가설을 채택하며, 작으면 영가설을 기각하고 대립가설을 채택한다. 영가설을 기각한다는 것은 변인 간의 상관관계가 있다는 것을 의미한다.

4) 해석과 정리

영가설을 채택하든 기각하든 통계결과에 대한 해석이 요구된다. 다양한 표(기술통계표, 상관관계표 등)를 이용하여 여러 통계값들을 기록하고 그에 대한 적절한 해석을 기술하는 것이다. 필요하면 그래프를 그려 넣는다.

상관관계를 해석할 때 중요한 것은 영가설을 기각하고 대립가설을 채택했다고 해서 변인들 간의 상관관계를 인정할 수 있는 것은 아니라는 점이다. 정확한 상관관계를 파악하기 위해서는 상관계수의 크기를 보아야 한다. 상관계수를 설명한 앞 절에서도 설명하였지만 상관관계의 해석을 위해서 표로 제시하면 다음과 같다.

〈표 10-1〉 상관계수의 범위와 해석

상관계수의 범위	상관관계의 해석
±.00 ~ .20	상관이 없거나 무시해도 좋다.
±.20 ~ .40	상관이 낮다.
±.40 ~ .60	상관이 있다.
±.60 ~ .80	상관이 높다.
±.80 ~ 1.00	상관이 매우 높다.

7. 주의사항

일반적으로 상관관계분석만을 실시한 연구는 많지 않다. 상관관계가 통계적으로 유의미해도 변인간의 상호 관련성을 보여줄 뿐이지 변인간의 인과관계를 보여주는 것이 아니기 때문이다. 따라서 상관분석은 변인들 관계에 대해 연구자가 기대하는 것보다 유용하고 많은 정보를 제공해 주지는 않는다. 때문에 다수의 연구자는 다른 통계분석의 보조로 상관분석을 실시하는 경향이 있으며, 변인간의 관계 특히 인과관계를 알아보기 위해서 회귀분석이나 경로분석과 같은 좀 더 복잡한 통계방법을 사용한다.

8. 연구사례

1) 연구상황

이 사례는 대학생의 개인차 변인들 간의 상관관계를 분석하는 것이다. 이 연구가 주목한 개인차 변인에는 특정영역 지식, 논증, 자기효능감, 흥미로 이들이 서로 관련을 갖고 있다고 예상되어 상관관계를 알아보고자 한 것이다. 각 변인들은 모두 양적변수이기 때문에 각 변인들 간의 상관을 분석하기 위하여 상관분석을 적용하였다[1].

2) 설문문항 예시

자료수집 방법은 개인차 변인마다 상이하다. 먼저 특정영역 지식과 논증은 검사도구로 객관식 문항과 주관식 문항으로 구성된 시험지를 사용하였는데, 연구참여자들이 제시된 문제를 해결하는 것이었다. 주관식 문항의 채점은 루브릭(rubric)[2]을 이용하였다. 자기효능감과 흥미를 검사하기 위해서는 설문지를 사용하였는데, 연구참여자들이 문항내용을 읽고 빈칸에 체크하도록 설계되어 있다. 5점 Likert 척도로 구성되어 있다.

〈표 10-2〉 특정영역 지식과 논증 문항의 예시

다음은 Gagne의 교수사태를 초등학교 교통표지판 읽기 수업에 실제로 적용한 것이다. 다음에 제시된 〈보기〉의 수업활동은 어느 단계에 해당되는 것인가?

〈보기〉

> 자가용과 열차가 건널목에서 부딪쳐 두 사람이 죽었다는 신문기사를 읽어 주고 운전자가 표지판의 모양에 주의를 기울였다면 피할 수 있었을 것이라고 이야기한다.

① 학습목표 제시　　② 선수지식의 회상

③ 학습안내 제공　　④ 주의획득

....

당신은 할인 매장에서 매우 합당한 가격으로 상자에 들어있는 자전거 한 대를 구입했다고 가정하자. 집에 가져와서 상자를 풀어 봤을 때, 자전거가 조립되어 있지 않았고 대신에 조립에 관한 설명서가

1) 이 사례는 실제의 데이터를 이용한 실제 연구논문이다. 이 책을 위하여 논문의 내용을 편집하였음을 밝힌다.

2) 주관식 문항을 채점하기 위해 마련된 일종의 평가기준체계다.

들어 있었다. 그리고 자전거를 산 그 할인 매장의 판매원칙은 반품이나 반환이 되지 않는다는 것이다. 이 상황에서 당신은 어떻게 할 것인가? 이 문제를 해결하기 위하여 구체적으로 무엇을 할 것인지 단계별 계획을 작성하시오. 그리고 각 단계를 작성하면서 원리 혹은 원칙, 사례를 포함한 정당한 이유를 제시하시오.

〈표 10-3〉 자기효능감 설문문항 예시

번호	문 항 내 용	전혀 그렇지 않다	그렇지 않다	보통 이다	그렇다	매우 그렇다
1	나는 이 문제를 잘 풀 수 있으리라 확신한다.					
2	나는 이 문제를 풀어 좋은 점수를 받을 것이라고 믿는다.					
3	나는 이러한 종류의 문제가 다시 주어져도 잘 풀 수 있을 것이라고 믿는다.					
4	나의 적절한 노력으로 이 문제를 해결할 수 있는 자신감이 있다.					
…	……………………………………					

〈표 10-4〉 흥미 설문문항 예시

번호	문 항 내 용	전혀 그렇지 않다	그렇지 않다	보통 이다	그렇다	매우 그렇다
1	이 문제를 본 순간, 이 문제를 꼭 해결하고 싶은 충동을 느꼈다.					
2	문제를 해결하는 동안, 문제해결에 집중하는 나 자신을 발견했다.					
3	문제를 푸는 과정이 전반적으로 매우 흥미로웠다.					
4	나는 이러한 문제해결 과정을 다른 친구들에게 권하고 싶다.					
…	……………………………………					

3) SPSS 수행절차

코딩된 데이터를 SPSS에서 불러낸 후 [화면캡처 10-1]의 SPSS 분석 메뉴에서 다음과 같이 수행한다([대화상자 10-1]~[대화상자 10-5]).

분석(A) → 상관분석(C) → 이변량 상관계수(B)...

[화면캡처 10-1] SPSS 분석 메뉴

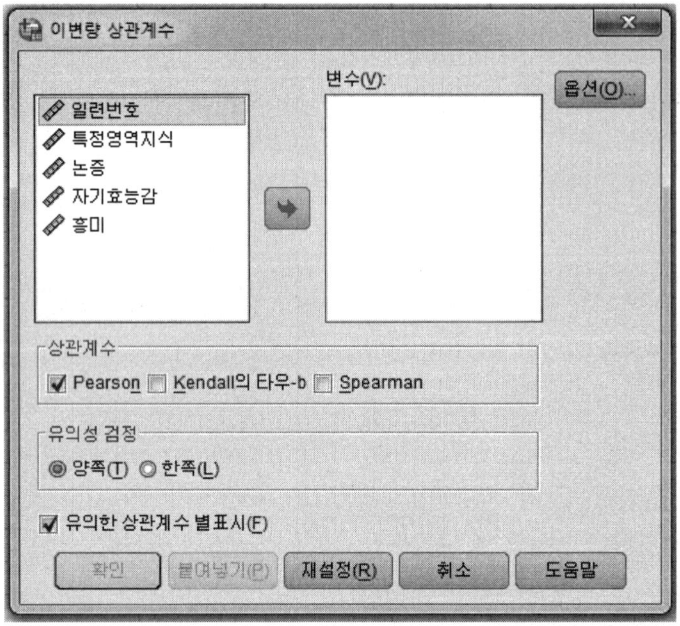

대화상자 10-1: 이변량 상관계수

❶ 좌측 상자에는 모든 변수가 나타난다.

❷ 우측 변수(V) 상자에는 상관분석을 할 변수가 들어간다.

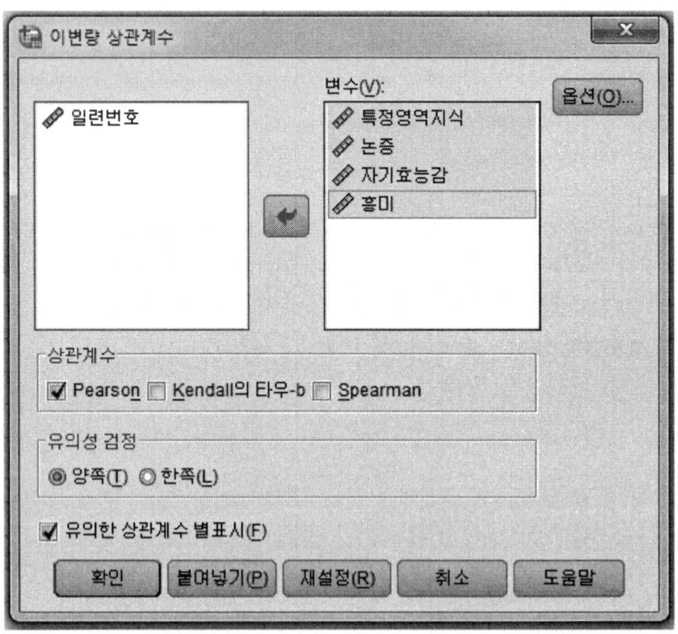

대화상자 10-2: 이변량 상관계수

❶ 변수명 "특정영역 지식", "논증", "자기효능감", "흥미" 를 선택하여 변수(V) 상자 안으로 이동시킨다.

❷ 상관계수에서 ☑Pearson을 선택한다.

❸ 유의성 검정에서 ◉양쪽(T)을 선택한다.

❹ ☑유의한 상관계수 별표시(F)를 선택한다.

❺ 옵션(O)... 버튼을 클릭한다.

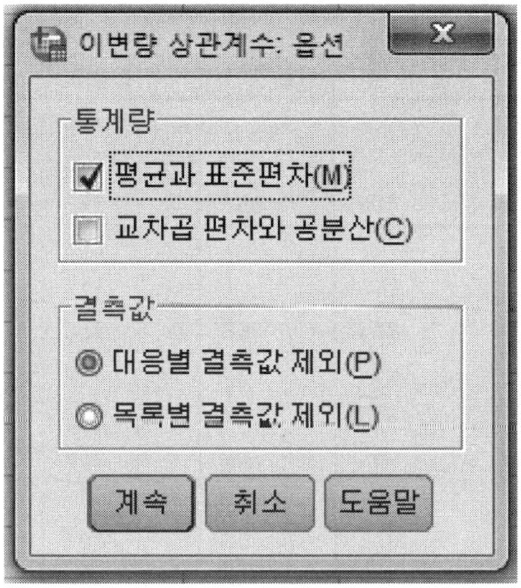

대화상자 10-3: 이변량 상관계수: 옵션

❶ 통계량에서 ☑평균과 표준편차(M)를 선택한다.
❷ 결측값에서 ◉대응별 결측값 제외(P)를 선택한다.
❸ 계속버튼을 클릭한다.
❹ [대화상자 10-2]에서 확인버튼을 클릭한다.

기술통계량

	평균	표준편차	N
특정영역지식	9.218	2.4109	358
논증	10.651	1.3769	358
자기효능감	26.63	4.959	358
흥미	27.44	4.259	358

대화상자 10-4: SPSS 출력결과 1

❶ 기술통계량 출력결과를 확인한다.
❷ 평균, 표준편차, 사례수(N) 값을 〈사례〉안의 기술통계량표에 입력한다.

상관계수

		특정영역지식	논증	자기효능감	흥미
특정영역지식	Pearson 상관계수	1	.281**	.088	.094
	유의확률 (양쪽)		.000	.098	.075
	N	358	358	358	358
논증	Pearson 상관계수	.281**	1	.083	.144**
	유의확률 (양쪽)	.000		.117	.006
	N	358	358	358	358
자기효능감	Pearson 상관계수	.088	.083	1	.560**
	유의확률 (양쪽)	.098	.117		.000
	N	358	358	358	358
흥미	Pearson 상관계수	.094	.144**	.560**	1
	유의확률 (양쪽)	.075	.006	.000	
	N	358	358	358	358

**. 상관계수는 0.01 수준(양쪽)에서 유의합니다.

대화상자 10-5: SPSS 출력결과 2

❶ 상관계수 출력결과를 확인한다. 대각선의 1을 기준으로 대칭되므로 어느 한 쪽을 보면 된다. 〈사례〉안의 상관분석 결과표에도 대각선의 어느 한 쪽만 입력한다.

❷ 상관계수(.281, .088, .094, .083, .144, .560)와 유의확률(양쪽)(.000, .098, .075, .117, .006)을 〈사례〉안의 상관분석 결과표에 입력한다.

4) 논문작성의 실제

사례 **대학생의 개인차 변인들과의 상관분석**

대학생들의 특정영역 지식, 논증, 자기효능감, 흥미 간의 상관관계를 분석한 결과는 다음의 〈표 1〉, 〈표 2〉와 같다.

〈표 1〉 개인차 변인들의 기술통계량

	특정영역 지식	논증	자기효능감	흥미
만점	15	15	40	40
평균	9.22	10.65	26.63	27.44
표준편차	2.41	1.38	4.96	4.26

〈표 2〉 대학생의 개인차 변인들의 상관분석 결과(N=358명)

	특정영역 지식	논증	자기효능감	흥미
논증	.281*** (.000)	1		
자기효능감	.088 (.098)	.083 (.117)	1	
흥미	.094 (.075)	.144*** (.006)	.560*** (.000)	1

〈표 2〉에 제시된 바와 같이 특정영역 지식과 논증($r=.281$, $p=.000$) 간에 통계적으로 유의미하게 나타났지만, 상관이 낮은 것으로 나타났고, 논증과 흥미($r=.144$, $p=.006$) 간에도 통계적으로 유의미하게 나타났지만, 상관이 낮은 것으로 나타났다. 또한 자기효능감과 흥미($r=.560$, $p=.000$) 간은 통계적으로 유의미하게 나타났으며, 상관이 있는 것으로 나타났다.

※ 출처 : 김선연(2008). 비구조 문제해결에 영향을 미치는 개인차 변인들의 관계 분석. 미간행 박사학위논문. 영남대학교 대학원.

5) 통계분석 절차와 논문의 분석

(1) 가설의 설정

이 사례는 개인차 변인들(특정영역 지식, 논증, 자기효능감, 흥미) 간의 상관관계에 대한 6개의 영가설과 대립가설을 설정하였다.

- 영가설 1: 특정영역 지식과 논증 간에는 상관관계가 없다.
- 영가설 2: 특정영역 지식과 자기효능감 간에는 상관관계가 없다.
- 영가설 3: 특정영역 지식과 흥미 간에는 상관관계가 없다.
- 영가설 4: 논증과 자기효능감 간에는 상관관계가 없다.
- 영가설 5: 논증과 흥미 간에는 상관관계가 없다.
- 영가설 6: 자기효능감과 흥미 간에는 상관관계가 없다.

(2) 검정통계량 계산

- 영가설 1의 상관계수 r값과 이에 해당하는 유의확률 p값을 구하였다(r=.281, p=.000)
- 영가설 2의 상관계수 r값과 이에 해당하는 유의확률 p값을 구하였다(r=.088, p=.098)
- 영가설 3의 상관계수 r값과 이에 해당하는 유의확률 p값을 구하였다(r=.094, p=.075)
- 영가설 4의 상관계수 r값과 이에 해당하는 유의확률 p값을 구하였다(r=.083, p=.117)
- 영가설 5의 상관계수 r값과 이에 해당하는 유의확률 p값을 구하였다(r=.144, p=.006)
- 영가설 6의 상관계수 r값과 이에 해당하는 유의확률 p값을 구하였다(r=.560, p=.000)

(3) 가설의 기각 및 채택

개인차 변인들 간의 관계에서 3개(특정영역의 지식과 자기효능감, 특정영역의 지식과 흥미, 논증과 자기효능감)는 유의확률 p값이 .05보다 크므로 영가설을 수용하며, 3개(특정영역 지식과 논증, 논증과 흥미, 자기효능감과 흥미)는 유의확률 p값이 각각 유의수준 .001, .01, .001보다 작으므로 영가설을 기각하고 대립가설을 채택한다.

(4) 해석과 정리

영가설을 수용한 3개의 관계는 서로 상관관계가 없다고 말할 수 있다. 영가설을 기각하고 대립가설을 선택한 3개의 관계 중에서 논증과 흥미 간의 상관은 상관계수가 .144로 상관이 없거나 무시해도 좋은 수준이며, 특정영역 지식과 논증 간의 상관은 상관계수가 .281로 상관이 낮은 수준이고, 자기효능감과 흥미 간의 상관은 상관계수가 .560으로 상관이 있는 수준이다(〈표 10-1〉 참조). 따라서 논증과 흥미 간의 상관도 상관관계가 없다고 말할 수 있다. 또한 특정영역의 지식과 논증 간에는 상관이 낮고, 자기효능감과 흥미는 상관이 있다고 말할 수 있다.

Chapter 11 회귀분석

회귀분석(regression analysis)은 연구자에 따라 영어 표현인 '리그레션'이라고 부르기도 한다.

1. 목적

회귀분석은 변인간의 관계를 분석하는 통계법에 속한다. 일반적으로 변인들 간의 상호관계를 파악하는데 있어서 독립변인의 변화로 종속변인의 변화를 예측하는데 사용된다. 구체적으로 하나의 종속변인과 하나의 독립변인만을 갖고 있는 단순회귀분석의 경우는 그 독립변인이 그 종속변인에 영향을 미치는지 알아보는 것이며, 하나의 종속변인에 여러 개의 독립변인을 갖고 있는 다중회귀분석의 경우, 여러 개의 독립변인들 중에서 어느 독립변인들이 그 종속변인에 통계적으로 유의하게 영향을 주는지 알아보는 것으로, 이 때 어느 독립변인이 가장 큰 영향을 미치는지, 그 다음으로 어느 독립변인이 큰 영향을 미치는지, 그 다음으로는 어느 독립변인이 큰 영향을 미치는지를 계속해서 파악할 수 있다. 즉, 다중회귀분석의 경우, 종속변인에 영향을 미치는 독립변인들 사이의 상대적 영향력을 알아보는 것이다.

회귀분석을 그림으로 표현하면 [그림 11-1]과 같다. [그림 11-1]에서는 종속변인 Y에 영향을 미치는 독립변인이 n개인 다중회귀분석 모형을 보여주고 있다. 만일 독립변인이 1개이면 단순회귀분석 모형이 된다. 회귀분석을 통해서 각각의 X들이 Y에 영향을 미치는지, 과연 어느 X가 Y에 상대적으로 더 많은 영향을 주는지를 파악하게 된다.

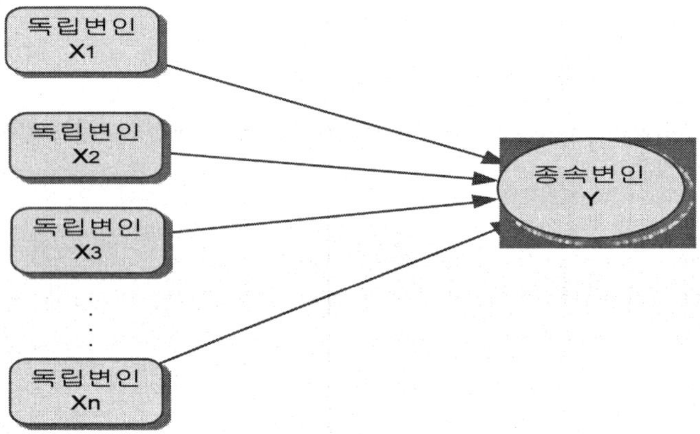

[그림 11-1] 다중회귀분석

2. 자료수집

상관분석에서 자료를 수집하는 것과 거의 동일한데, 회귀분석을 위한 자료수집을 위해 실험설계가 반드시 요구되는 것은 아니다. 일반적으로 자료측정과 수집을 위한 측정도구로 설문지를 많이 사용한다. 건강보험 DB나 통계청 DB처럼 데이터베이스에서 관심있는 변인들의 점수를 이용할 수도 있다. 유의해야 할 점은 회귀분석에 투입할 종속변인은 반드시 메트릭 자료(양적변인, 동간척도, 비율척도)로 측정될 수 있도록 설문문항을 설계해야 한다는 점이다. 독립변인은 명명척도로 되어 있어도 가능하지만, 메트릭 자료가 더 바람직한 경우가 많다. 독립변인이 명명척도인 경우는 이를 더미변수(혹은 가변수)로 지정하여 분석하게 된다[1].

3. 주요 개념들

1) 회귀식(회귀방정식) 또는 회귀모형

회귀식(회귀방정식) 혹은 회귀모형은 종속변인의 값이 독립변인의 값에 의해 결정되는 선형방정식의 형태로 표현한 것이다. [그림 11-1]에서 회귀식은 다음처럼 표현이 가능하다[2]. 이 회귀식이 갖는 의미는 종속변인 Y를 n개의 독립변인으로 예측하겠다, 또는 종속변인 Y에 n개의 독립변인들 중에서 어떤 것들이 영향을 주는지 살펴보겠다는 것이다.

$$Y = B_0 + B_1X_1 + B_2X_2 + B_3X_3 + ... + BnXn$$

(B_1, B_2, B_3, Bn는 각X들의 기울기(회귀계수), B_0는 상수)

---

1) 더미변수 때문에 통계결과를 해석하고 설명하기가 조금 복잡하거나 까다로울 수 있다. 명명척도로 되어 있는 독립변인의 수가 여러 개인 경우, 하나의 명명척도가 3개 이상(예컨대, 청년층, 장년층, 노년층)으로 나누어지는 경우에 특히 그러하다. 이러한 이유 때문에 회귀분석을 실시할 때에는 독립변인이 명명척도인 것은 가급적 배제하며, 배제하지 않더라도 최소한으로 하는 것을 권장한다. 연구자가 어떤 의도적인 목적을 갖고 있다면 명명척도의 독립변인만을 가지고 회귀분석을 실시할 수도 있다.

2) 표현된 수식은 통계학과 수학에 대해 흥미가 없는 독자의 이해를 돕기 위해, 통계학에서는 사용하지 않는 기호를 이용하여 간단한 형태로 표현하였다.

연구자가 만일 종속변인 학업성취도를 독립변인 학습참여도와 공부집중시간으로 예측하고자 (또는 학업성취도에 학습참여도와 공부집중시간이 영향을 미치는지 알아보고자) 각각의 자료를 수집하여 회귀분석을 한다고 가정했을 때, 이를 회귀식으로 표현하면 다음과 같다.

$$Y_{(\text{학업성취도})} = B_0 + B_1X_{1(\text{학습참여도})} + B_2X_{2(\text{공부집중시간})}$$

(B_1은 학습참여도 X_1의 회귀계수, B_2는 공부집중시간 X_2의 회귀계수, B_0는 상수)

이처럼 연구자는 회귀분석을 시작하기에 앞서 독립변인과 종속변인 간의 관계를 방정식의 형태로 나타내야 한다. 회귀분석을 하게 되면 각 기울기, 즉 회귀계수가 얼마인지를 알려주고 이 회귀계수들이 통계적으로 유의미한 것인지 밝혀준다. 유의미한 회귀계수의 X는 Y에 영향을 미치는 (또는 Y를 예측하는) 독립변인이라는 것을 밝혀주며, 표준화 회귀계수의 크기를 비교하여 어느 X가 Y에 가장 큰 영향을 미치는지도 알려준다. 또한 회귀계수의 부호가 플러스(+)면 그 X와 Y는 정적인 상관, 마이너스(-)면 부적인 상관을 갖고 있음을 나타낸다. 만일 회귀분석을 해서 B_0, B_{21} B_2가 각각 23.51, 0.36, 0.43이고, 0.36과 0.43이 모두 유의한 것으로 나타났다고 가정하면, 회귀식은 다음처럼 표현할 수 있다.

$$Y_{(\text{학업성취도})} = 23.51 + 0.36_{(\text{학습참여도})} + 0.43_{(\text{공부집중시간})}$$

회귀분석은 선형관계 모형인 이 회귀모형이 적합한 것인지를 밝히는 것이라고 달리 표현할 수 있다. 그리고 만일 학습참여도 점수가 85, 공부집중시간이 25인 학생이 있다면, 그 학생의 학업성취도는 $23.51+0.36\times85+0.43\times25=64.86$일 것이라고 예측할 수 있다[3]. 그리고 다른 2개 변인의 점수를 알면 다른 점수도 예측할 수 있게 된다.

2) 회귀계수(B)와 표준화 회귀계수(β 베타)

회귀계수(regression coefficient)는 회귀식에서 각 독립변인 앞에 있는 B_1, B_2....Bn값을 말한다. B_0는 상수라고 한다. 회귀계수는 수학의 1차 함수에서 X의 기울기라고 생각하면 된다. 일반적으로 말하는 회귀계수는 비표준화 회귀계수로서 독립변인과 종속변인을 표준화[4]시키지 않고 그대로 회귀분석을 실시했을 때 산출된다.

표준화 회귀계수(standardized regression coefficient)[5]는 독립변인과 종속변인의 자료들을 모두 표준화시켜서 회귀분석을 실시했을 때 산출되는 계수로 B(회귀계수)와 구별하기 위해 β(베타)로 표시한다.

회귀식 내에 있는 여러 개의 회귀계수 중에서 크기가 클수록 그 독립변인이 다른 독립변인에 비해서 종속변인에 미치는 영향력이 크다고 속단하여 말할 수는 없다. 왜냐하면 각 자료들이 척도가 다르고 표준화되어 있지 않기 때문이다. 즉 회귀계수는 독립변인들의 종속변인에 대한 상대적 크기 혹은 상대적 영향력을 비교하지 못한다. 만일 어느 독립변인이 다른 독립변인들보다 더 크게 종속변인에 영향을 미치는지 알아보기 위해서는 표준화 회귀계수를 보아야 한다([대화상자 11-9], 〈사례 1〉의 〈표〉 참조).

3) 물론 이 때 신중하고 조심해야 한다. 학업성취도, 학습참여도, 공부집중시간 등에 대한 각각의 단위, 척도, 만점 등이 다르기 때문에 서술한 것처럼 단정하여 말할 수는 없다. 다만 회귀식이 의미하는 바가 이렇다는 것이다.
4) 독립변인과 종속변인의 자료들이 모두 평균이 0, 표준편차가 1이 되도록 자료를 변환하는 작업을 말한다.
5) 변인들을 표준화해서 도출된 표준화 회귀계수는 상관계수와 같다.

3) F값과 t값

앞서 밝힌 것처럼 회귀분석은 회귀식으로 표현된 회귀모형이 통계적으로 유의한지를 밝히는 통계법이라고도 말할 수 있다. 회귀모형 자체가 통계적으로 유의하다면, 어떤 회귀계수는 또는 모든 회귀계수는 통계적으로 유의할 것이다. 회귀분석을 하면 F값과 t값이 산출되는데, 이 때 F값은 회귀모형이 통계적으로 유의한지를 위해 계산되는 검정통계량이며, t값은 각 독립변인의 회귀계수들이 유의한지를 위해 계산되는 검정통계량이다. F값, t값과 함께 제시되는 유의확률 p값에 의해 회귀모형과 회귀계수들이 유의한지 알아낸다([대화상자 11-8, 11-9], 〈사례 1〉의 〈표〉 참조).

4) R^2(결정계수)와 adjusted R^2(수정 결정계수)

결정계수란 표본들의 자료를 통하여 계산된 회귀식이 자료를 어느 정도 설명하고 있는가, 회귀모형의 적합도가 얼마인가를 나타낸 수치다. 다른 말로 하면, 회귀식이 종속변인의 변화를 몇 %나 설명하는지를 나타낸 것으로 0과 1사이의 값을 가진다. 결정계수는 상관계수의 제곱값이기 때문에 R^2(또는 R-Squared, R 제곱)으로 표현한다. 만일 R^2이 0.25면, 이 회귀식에 의해 설명되는 것이 25%라는 의미다. R^2이 1에 가까워질수록 회귀식의 적합도는 높아지며, 회귀식은 자료들을 잘 설명하고 있다는 뜻이다.

그런데 결정계수의 값은 회귀식에 들어가는 독립변인의 수를 늘리면 무조건 커지게 된다. 더구나 아무 변인이나 (논리적이건 비논리적이건) 넣어도 넣지 않았을 때의 R^2 값보다 커진다. 이런 성질을 보완하기 위해 계산된 R^2이 '수정 결정계수' 또는 '수정된 결정계수'라 하며, 영어로는 adjusted R^2 혹은 adj. R^2로 표시한다. 수정된 결정계수는 결정계수보다 항상 작다. 단순회귀분석에서는 수정 결정계수가 없기 때문에 R^2값을 사용하는 반면에, 다중회귀분석에서는 adjusted R^2을 흔히들 사용한다([대화상자 11-7], 〈사례 1〉의 〈표〉 참조).

4. 가정과 조건

다음과 같은 가정과 조건을 만족시켜야 회귀분석을 실시할 수 있다.

- 종속변인은 정규분포를 이루어야 한다(3장의 정규성 내용 참조).
- 측정되는 관찰치들은 서로 독립적이어야 한다(3장의 독립성 내용 참조).
- 종속변인은 메트릭 자료(양적변수)이어야 한다(2장의 척도 내용 참조).

5. 종류와 연구예시

독립변인이 몇 개인지에 따라 단순회귀분석(simple regression analysis)과 다중회귀분석((multiple regression analysis)으로 나누어진다. 이 책에서는 독립변인이 명명척도로 되어있을 때 회귀분석을 해야 하는 경우인 '더미변수를 포함한 회귀분석'을 회귀분석의 한 종류로 간주하였다.

1) 단순회귀분석

단순회귀분석은 독립변인과 종속변인을 각각 1개씩 갖는 회귀분석이며 연구예시는 다음과 같다.

- 초등학생들의 수업태도가 학업성취에 미치는 영향
- 고등학교의 내신성적이 수능점수에 미치는 영향
- 사교육비 지출액이 학교성적에 미치는 영향

2) 다중회귀분석

다중회귀분석은 여러 개의 독립변인과 1개의 종속변인을 갖는 회귀분석이며 연구예시는 다음과 같다.

- 초등학생들의 수업태도, 수업만족도, 수업참여도가 학업성취에 미치는 영향
- 고등학교의 내신성적과 부모의 양육태도가 수능점수에 미치는 영향
- 부모의 직업과 학력, 사교육비 지출액이 학교성적에 미치는 영향

단순회귀분석과 다중회귀분석은 독립변인의 수에서 차이가 있을 뿐 목적과 절차는 같다. 그래서 다중회귀분석의 연구예시는 단순회귀분석의 연구예시에 독립변인을 추가만 했다. 또한 모든 연구예시에 의도적으로 "~에 미치는 영향"이라고 표현하였다. 왜냐하면 변인 간의 상호관계만을 파악할 수 있는 상관관계분석과는 달리 회귀분석은 변인 간의 인과관계를 파악할 수 있기 때문이다. 즉 상관관계분석은 서로 관계는 있지만 어느 한 변인이 다른 변인에 영향을 미치는지는 파악할 수 없지만, 회귀분석은 독립

변인과 종속변인 간의 인과관계를 파악할 수 있다. 따라서 이런 인과관계성을 반영하여 연구논문의 제목은 대개 "◇◇◇(독립변인 1)과 ㅁㅁㅁ(독립변인 2)이 ▽▽▽(종속변인)에 미치는 영향"과 같은 이름을 갖는다[6].

3) 더미변수를 포함한 회귀분석

단순회귀분석이나 다중회귀분석과 거의 모든 면에서 동일하다. 다만 명명척도로 이루어진 독립변인을 더미변수로 새롭게 만들어야 하고 이를 회귀식에 반영해야 하며, 통계분석 후 회귀분석 결과표를 보며 해석할 때 주의할 사항이 있다. 예를 들어 고등학생의 학업성취도에 영향을 미치는 독립변인으로 학교만족도, 계열(인문, 자연, 공업, 농업), 성별(남, 여)을 설정하고 회귀분석을 실시하고자 하였다면, 회귀식은 다음과 같다.

회귀식 1: $Y_{(학업성취도)} = B_0 + B_1X_{1(학교만족도)} + B_2X_{2(계열)} + B_3X_{3(성별)}$

그러나 계열과 성별은 명명척도로 비메트릭 자료이기 때문에 계열과 성별을 점수로 측정한 것이 아니다. 따라서 위의 회귀식을 갖고는 추후에 개인별 학교만족도 점수, 계열점수, 성별점수를 회귀식에 대입하여 그 개인의 학업성취도 점수를 구할 수 없다. 이를 해결하기 위해서 계열과 성별을 더미변수로 만들어 아래처럼 회귀식을 다시 작성해야 한다.

---

6) 회귀분석을 실시한 경우에는 논문의 제목에 "~미치는 효과"라는 표현은 거의 사용하지 않는다. 논문의 제목이나 내용에서 '효과'라는 표현은 주로 실험처치를 한 연구, 그래서 그 처치가 과연 효과적인지를 알아보는 연구(즉, 분산분석 계열의 연구)에서 주로 사용한다. 실험처치가 없는 회귀분석에서는 독립변인이 종속변인에 영향을 주는 혹은 미치는 것이지 효과가 있는 것이 아니라는 의미다.

$$\textbf{회귀식 2:}\ Y_{(\text{학업성취도})} = B_0 + B_1X_{1(\text{학교만족도})} + B_2X_{2(\text{계열더미1})} + B_3X_{3(\text{계열더미2})} + B_4X_{4(\text{계열더미3})} + B_5X_{5(\text{성별더미})}$$

위 회귀식을 보면 계열더미가 3개이고, 성별더미가 1개가 보인다. 그 이유는 연구자가 계열을 총 4개(인문, 자연, 공업, 농업)으로 나누었고, 성별은 2개(남, 여)로 되어 있기 때문인데, 각 개별 명명척도의 더미변수의 개수는 (범주의 개수−1)이 된다. 이처럼 더미변수를 이용하면 회귀식에서 우변항이 늘어난다. 아래의 〈표 11-1〉은 더미변수를 설정하는 방법이다.

〈표 11-1〉 더미변수 설정(계열더미, 성별더미)

		계열더미1	계열더미2	계열더미3			성별더미
계열	인문	0	0	0	성별	남	0
	자연	1	0	0			
	공업	0	1	0		여	1
	농업	0	0	1			

이런 식으로 하여 회귀분석을 실시하여 나온 회귀식이 다음과 같다고 가정하자[7].

$$Y_{(\text{학업성취도})} = 26.75 + 1.357_{(\text{학교만족도})} + 1.753_{(\text{계열더미1})} + 2.725_{(\text{계열더미2})} + 2.125_{(\text{계열더미3})} + 0.824_{(\text{성별더미})}$$

이 때 만일 3개의 계열더미의 회귀계수 중 어느 것 하나라도 통계적으로 유의미한 결과(p 〈.05)가 나왔다면, 비록 3개의 회귀계수가 있어도 하나의 독립변인으로 간주하

7) 명명척도로 되어 있는 독립변인을 통계프로그램으로 회귀분석할 때, 그 명명척도의 변인을 새로운 변수(즉, 더미변수)로 코딩값을 변경하는 절차를 거치게 되어 있다. 그러면 회귀식 2에 해당하는 회귀계수가 산출된다. ([대화상자 11−10, 11−11, 11−12]는 SPSS에서 더미변수를 설정하는 과정을 보여준다)

여, 즉 원래의 회귀식 1에 의거하여 계열은 학업성취도에 영향을 미치는 독립변인이라고 말한다. 마찬가지로 성별더미의 회귀계수가 통계적으로 유의미한 결과라면, 성별은 학업성취도에 영향을 미치는 독립변인이라고 말할 수 있다.

그리고 회귀식에 개인별 점수를 넣어 그 개인의 학업성취도를 예측해보면 다음과 같다. 학생 A가 인문계열 남학생으로 학교만족도가 4.3이고, 학생 B는 공업계열의 남학생으로 학교만족도가 3.9이며, 학생 C가 자연계열의 계열의 여학생으로 학교만족도가 2.5라면, 〈표 11-1〉 더미변수 설정에 따라, 아래의 식으로 계산된다. 더미변수를 이러한 방식으로 설정하면, 어느 계열에 속하든, 성별이 어느 것이든 개인별 종속변인의 점수를 예측할 수 있다.

$$Y_{(\text{학생 A 학업성취도})} = 26.75 + 1.357 \times 4.3 + 1.753 \times 0 + 2.725 \times 0 + 2.125 \times 0 + 0.824 \times 0$$

※ 인문계열 학생은 계열더미1, 2, 3에서 모두 0이며,
남학생은 성별더미에서 0이다.

$$Y_{(\text{학생 B 학업성취도})} = 26.75 + 1.357 \times 3.9 + 1.753 \times 0 + 2.725 \times 1 + 2.125 \times 0 + 0.824 \times 0$$

※ 공업계열 학생은 계열더미1에서 0, 계열더미2에서 1, 계열더미3에서 0이며,
남학생은 성별더미에서 0이다

$$Y_{(\text{학생 C 학업성취도})} = 26.75 + 1.357 \times 2.5 + 1.753 \times 1 + 2.725 \times 0 + 2.125 \times 0 + 0.824 \times 1$$

※ 자연계열 학생은 계열더미1에서 1, 계열더미2에서 0, 계열더미3에서 0이며,
여학생은 성별더미에서 1이다

참고로 명명척도가 5개의 범주로 나누어져 있다면, 예컨대 최상위층, 상위층, 중위층, 하위층, 최하위층으로 되어 있다면 더미변수는 계층더미1, 계층더미2, 계층더미3, 계층더미4로 총4개가 될 것이다.

〈표 11-2〉 더미변수 설정(계층더미)

		계층더미1	계층더미2	계층더미3	계층더미4
계층	최상위층	0	0	0	0
	상위층	1	0	0	0
	중위층	0	1	0	0
	하위층	0	0	1	0
	최하위층	0	0	0	1

6. 통계 분석절차

1) 회귀모형의 설정

이론적 탐색과 선행연구 분석을 통하여 독립변인과 종속변인 간의 회귀방정식의 형태로 회귀모형을 완성한다. 또는 앞의 [그림 11-1]처럼 모형에 대한 그림을 그려 이해를 쉽게 한다.

2) 가설의 설정

회귀분석에서 가설은 크게 회귀모형에 대한 가설과 독립변인에 대한 가설로 나누어 진술할 수 있다. 그러나 학술지에 발표된 회귀분석을 사용한 많은 논문을 보면, 가설을 명시적으로 진술한 경우는 거의 보이지 않는다. 단지 회귀방정식이나 그림을 통해 모형을 보여줄 뿐이다. 하지만 통계법을 아는 연구자라면 그 회귀모형에서 가설을 도출할 수 있다.

〈회귀모형에 대한 가설〉

- **영가설**: 회귀모형은 종속변인을 유의하게 설명하지 못한다. 또는 회귀모형에 대한 결정계수는 0이다.
  – 예시: 학습참여도와 공부집중시간으로 이루어진 회귀모형은 학업성취도를 유의하게 설명하지 못한다.
- **대립가설**: 회귀모형은 종속변인을 유의하게 설명한다. 또는 회귀모형에 대한 결정계수는 0이 아니다.
  – 예시: 학습참여도와 공부집중시간으로 이루어진 회귀모형은 학업성취도를 유의하게 설명한다.

〈독립변인에 대한 가설〉

- **영가설**: 모든 독립변인들의 회귀계수는 0이다.
  – 예시: 학습참여도 및 공부집중시간은 학업성취도에 영향을 미치지 않는다.
- **대립가설**: 독립변인들의 회귀계수 중에서 최소한 하나는 0이 아니다.
  – 예시: 학습참여도 그리고/또는 공부집중시간은 학업성취도에 영향을 미친다.

3) 검정통계량 계산

통계프로그램을 통해 회귀모형의 검정통계량 F값과 이에 해당하는 유의확률 p값,

결정계수 R^2값, 수정된 결정계수 adjusted R^2값을 구한다. 그리고 회귀모형 안의 독립변인의 비표준화 회귀계수 B값, 표준화 회귀계수 β값, 이들의 검정통계량 t값과 이에 해당하는 유의확률 p값을 구한다. 유의확률 p값을 제외한 모든 값들이 커질수록 통계적 유의성이 높아진다.

4) 가설의 기각 및 채택

회귀모형의 F값의 해당하는 유의확률 p값이 .05, .01, .001보다 작으면 회귀모형의 영가설을 기각하고 대립가설을 선택한다. 그리고 독립변인들의 t값에 해당하는 유의확률 p값들 중에 어느 하나만이라도 .05, .01, .001보다 작으면 독립변인의 영가설을 기각하고 대립가설을 채택한다. 일반적으로 회귀모형의 영가설을 기각하면, 독립변인 중의 어느 하나라도 통계적으로 유의하다. 영가설을 기각한다는 것은 독립변인 중에서 최소한 어느 하나는 종속변인에 영향을 미치고 있다는 의미다. 그리고 이 때 t값에 해당하는 유의확률 p값이 .05, .01, .001보다 작은 독립변인이 종속변인에 영향을 미치는 변인이다.

5) 해석과 정리

만일 회귀모형의 F값에 해당하는 유의확률 p값이 .012, 결정계수 R^2값이 .44라면, 모형에 포함된 독립변인들은 유의수준 .05에서 종속변인에 영향을 주고 있으며, 측정된 자료로부터 얻어진 종속변인 총변화량의 44%를 회귀모형에 포함된 독립변인이 설명하고 있다고 해석한다. 또한 개별 독립변인들 t값의 유의확률 p값을 살펴보고 그것이 유의하면, 이에 해당하는 개별 독립변인은 유의하게 종속변인에 영향을 미치는 변인으로 해석하는데, 유의하게 영향을 미치는 독립변인들이 다수일 때 회귀계수의 크기를 비교하며 상대적으로 영향력이 큰 독립변인을 찾을 수 있다. 이 때 회귀계수의 부호가 마이너스(−)라면 그 개별 독립변인은 종속변인에 부적인 영향을 미치게 된다고 해석한다.

통계프로그램이 제시하는 자료를 연구상황에 맞도록 보기 좋게 편집하여 다양한 표(기술통계표, 회귀분석표 등)를 만들고, 이에 대한 적절한 해석과 결과 해석에 대한 이유를 논문이나 보고서에 논리적으로 기술한다. 필요하면, 그래프나 그림을 그려 넣는다.

7. 주의사항

회귀분석은 일종의 모형을 검증하는 방법이다. 회귀식으로 표현된 것이 모형을 나타낸다. 이것은 종속변인 Y에 대한 모형으로, Y가 다수의 독립변인 X들의 변화에 의해 영향을 받는 것을 의미한다. 그런데, 이런 회귀모형을 설정할 때, 즉 독립변인과 종속변인간의 관계를 설정할 때, 논리적 타당성을 전제로 이루어지거나 혹은 이론이나 연구에 기반을 두고 이루어져야 한다. 논리적 타당성도 없고, 이론도 없거나 혹은 관련 선행연구가 없는 상태에서 임의로 변인들을 여러 개를 설정하여 회귀식을 만들고 통계분석을 했는데 유의미한 결과가 나왔다고 해서, 그 회귀식이 의미가 있다거나 독립변인이 종속변인에 영향을 미친다고 말할 수는 없다. 예를 들어, '학습참여도 점수와 공부집중시간은 학업성취도에 영향을 미칠 것이다'를 회귀모형으로 하여, 회귀식 '$Y_{(학업성취도)}=aX_{1(학습참여도)}+bX_{2(공부집중시간)}+c$'를 만들고 회귀분석을 했다면, 이는 논리적으로 타당할 뿐만 아니라 학업성취도는 수업참여와 공부시간과 관련이 있다는 선행연구들에 의해 타당한 모형으로 인정받을 수 있다. 하지만 '손가락의 크기와 키는 학업성취도에 영향을 미칠 것이다'와 같은 모형은 연구자가 임의로 선정한 변인들로 이루어진 모형으로 논리적이지도 않으며, 관련 이론과 선행연구도 없을 것이다. 따라서 이에 대한 자료를 통해 회귀분석하는 것은 아무런 의미도 가질 수 없을 것이다. 그러나 만일 훗날 손가락의 크기와 학업성취도의 관계, 키와 학업성취도의 관계에 대한 연구들이 발표되고 이와 관련된 타당한 이론들이 보고된다면, 바로 그 때 이 회귀식은 의미를 갖게 될 것이다.

8. 연구사례 1: 다중회귀분석

1) 연구상황

이 사례는 개인차 변인들 중에서 비구조 문제해결에 직접적으로 영향을 미치는 변인이 무엇인지 밝히기 위한 것이다. 독립변인인 개인차 변인들은 이 사례에서 특정영역지식, 논증, 자기효능감, 흥미, 문제 인숙성 인식, 문제 관련성 인식으로 나누어진다. 종속변인은 비구조 문제해결 점수로 검사시험문항으로 측정하였다. 독립변인과 종속변인 모두 메트릭 자료이기 때문에 다중회귀분석을 실시하였다. 다중회귀모형을 그림으로 표현하면 [그림 11-2]와 같다[8].

8) 이 사례는 실제의 데이터를 이용한 실제 연구논문이다. 이 책을 위하여 논문의 내용을 편집하였음을 밝힌다.

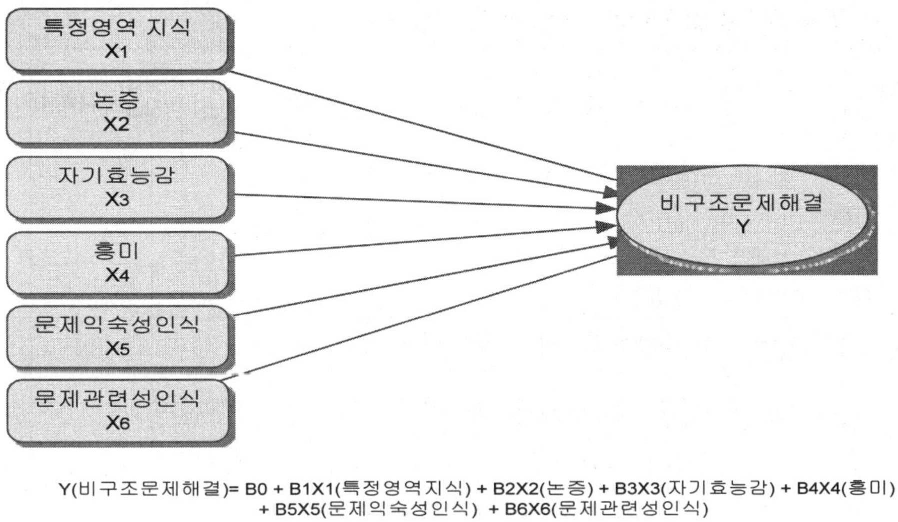

[그림 11-2] 다중회귀모형과 회귀식

2) 설문문항 예시

자료수집 방법은 변인들마다 상이하다. 비구조 문제해결, 특정영역 지식 및 논증(10장 상관분석의 〈표 10-2〉)은 객관식 문항과 주관식 문항으로 구성된 시험지를 사용하였는데, 연구참여자들이 제시된 문제를 해결하는 것이었다. 주관식 문항의 평가는 루브릭을 이용하였다. 자기효능감(10장 상관분석의 〈표 10-3〉), 흥미(10장 상관분석의 〈표 10-4〉), 문제 익숙성 인식과 문제 관련성 인식을 측정하기 위해서는 설문지를 사용하였는데, 연구참여자들이 문항내용을 읽고 빈칸에 체크하도록 설계되어 있다. 모두 5점 Likert 척도로 구성되어 있다.

〈표 11-3〉 문제 익숙성 및 관련성 인식 문항의 예시

	문　항	전혀 그렇지 않다	그렇지 않다	보통 이다	그렇다	매우 그렇다
1	나는 이 문제를 처음 봤을 때 문제가 의도한 바를 파악하는데 오랜 시간이 걸렸다.					
2	나는 이 문제를 처음 봤을 때 어떤 절차나 단계가 필요한지 즉시(바로) 떠올랐다.					
3	이러한 문제는 나에게 매우 유용하고 가치롭다고 생각한다.					
4	이러한 문제는 내가 교수설계를 이해하고 학습하는데 도움이 된다고 생각한다.					
5	이러한 문제는 내가 교사가 되었을 때 매우 필요한 학습내용이라고 생각한다.					
※ 문항 1, 2는 문제 익숙성 인식 문항이며, 문항 3, 4, 5는 문제 관련성 인식 문항임 ※ 문항 1은 역코딩 문항임						

3) SPSS 수행절차

코딩된 데이터를 SPSS에서 불러낸 후 [화면캡처 11-1]의 SPSS 분석 메뉴에서 다음과 같이 수행한다([대화상자 11-1]~[대화상자 11-9]).

분석(A) → 회귀분석(R) → 선형(L)...

[화면캡처 11-1] SPSS 분석 메뉴

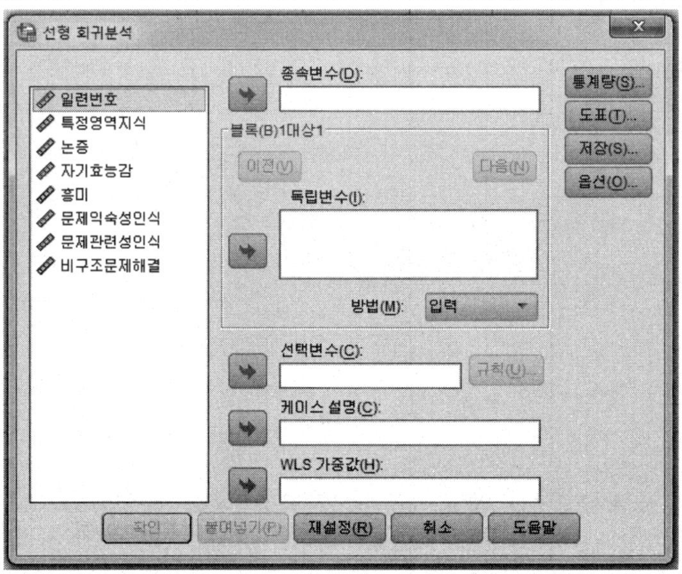

대화상자 11-1: 선형 회귀분석

❶ 좌측 상자에는 모든 변수가 나타난다.

❷ 우측 종속변수(D) 상자에는 종속변인이, 독립변수(I) 상자에는 독립변인이 들어간다.

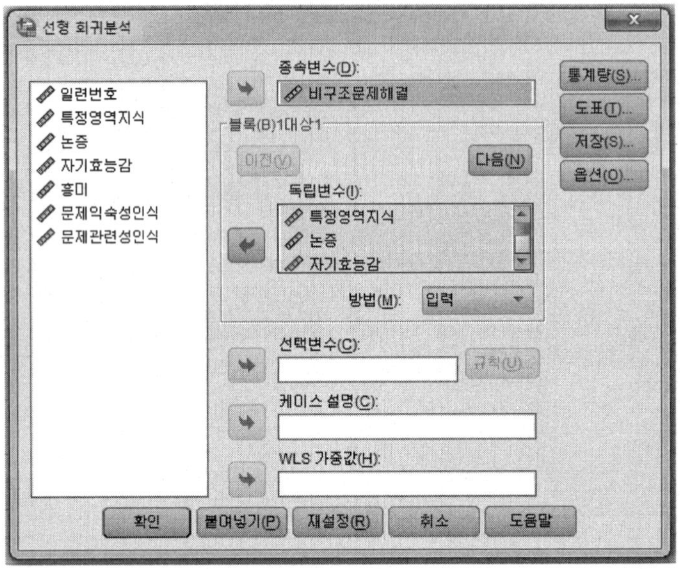

대화상자 11-2: 선형 회귀분석

❶ 변수명 “비구조문제해결”을 선택하여 종속변수(D) 상자 안으로 이동시킨다.

❷ 변수명 “특정영역지식”, “논증”, “자기효능감”, “흥미”, “문제익숙성인식”, “문제관련성인식”을 선택하여 독립변수(I) 상자 안으로 이동시킨다.

❸ 방법(M)은 입력을 그대로 둔다[9].

❹ 통계량(S)... 버튼을 클릭한다.

9) 풀다운메뉴에서 단계(stepwise)를 선택할 수도 있다. 입력은 모든 독립변인을 동시에 분석하는 것이며, 단계는 독립변수들을 순차적으로 분석하는 것이다. 각각의 장점과 단점이 있는데, 자세한 내용은 다른 책을 참고하기 바란다.

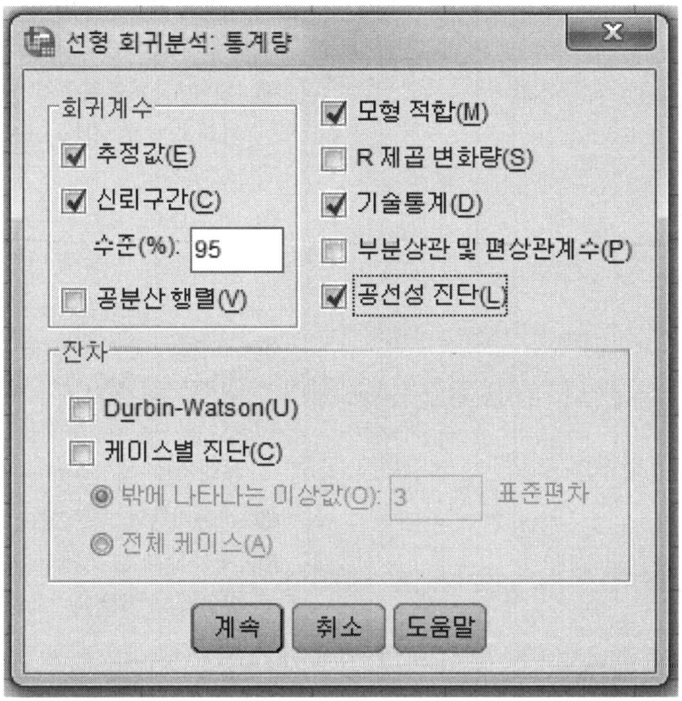

대화상자 11-3: 선형 회귀분석: 통계량

❶ 회귀계수에서 ☑추정값(E), ☑신뢰구간(C), ☑모형적합(M), ☑기술통계(D), ☑공선성진단(L)을 선택한다.

❷ 계속버튼을 클릭한다.

❸ [대화상자 11-2]에서 도표(T)... 버튼을 클릭한다.

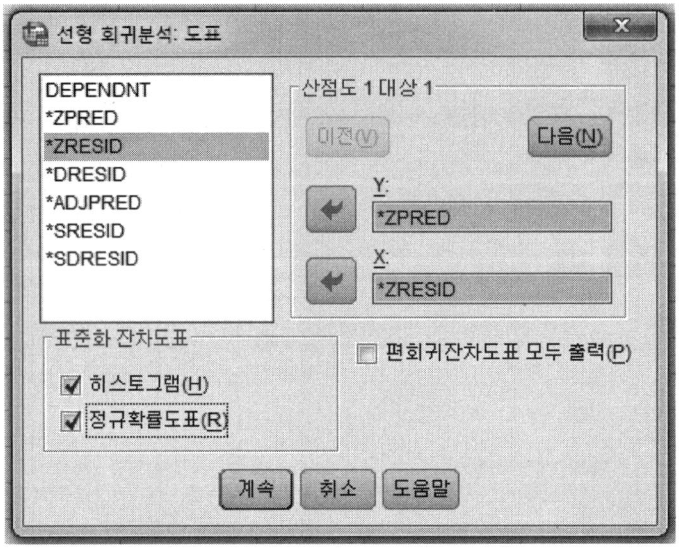

대화상자 11-4: 선형 회귀분석: 도표

❶ *ZPRED(표준예측치)를 선택하여 Y: 상자 안으로 옮긴다.
❷ *ZRESID(표준잔차)를 선택하여 X: 상자 안으로 이를 옮긴다.
❸ 표준화 잔차도표에서 ☑히스토그램(H), ☑정규확률도표(R) 등을 선택한다.
❹ 계속버튼을 클릭한다.
❺ [대화상자 11-2]에서 저장(S)... 버튼을 클릭한다.

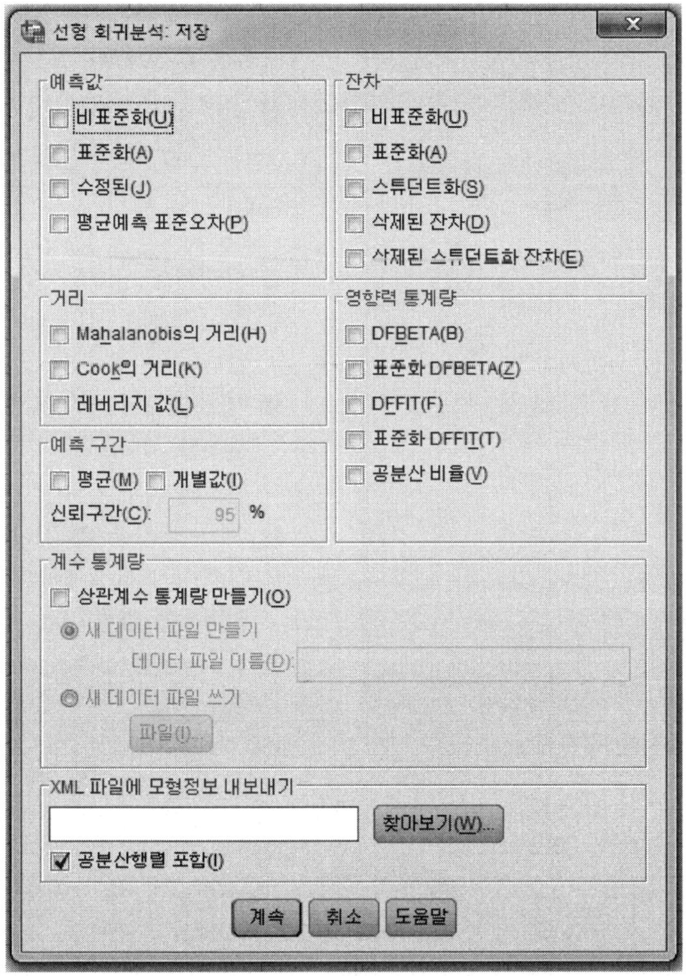

대화상자 11-5: 선형 회귀분석: 저장

❶ 이 사례에서는 분석에서는 여기 내용들을 선택하지 않았다.

❷ 예측값, 거리, 예측구간 및 잔차 등을 선택하여 이용할 수 있다.

❸ 계속버튼을 클릭한다.

❹ [대화상자 11-2]에서 옵션(O)... 버튼을 클릭한다.

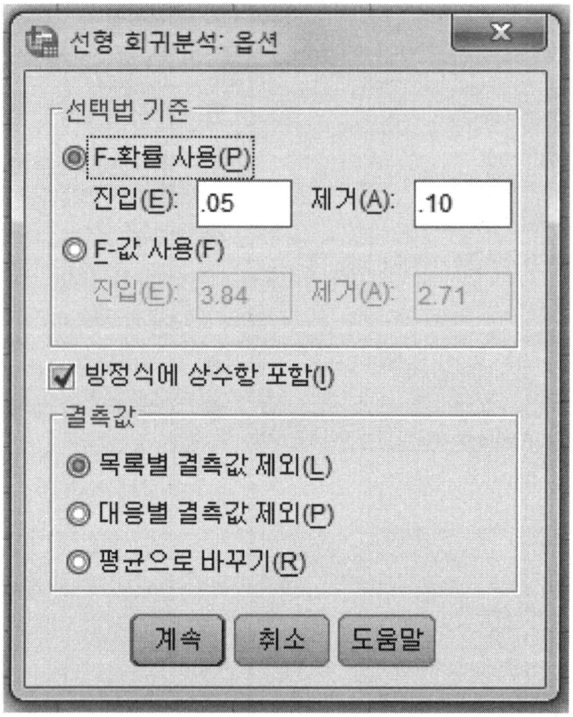

대화상자 11-6: 선형 회귀분석: 옵션

❶ 옵션 대화상자로 선택법 기준에서 ◉F-확률 사용(P)이 기본 설정되어 있다.

❷ 방정식에 상수항 포함(I)이 기본 설정되어 있다.

❸ 결측값에서 ◉목록별 결측값 제외(L)가 기본 설정되어 있다.

❹ 계속 버튼을 클릭 후 [대화상자 11-2]에서 확인버튼을 클릭한다.

모형 요약[b]

모형	R	R 제곱	수정된 R 제곱	추정값의 표준오차
1	.447[a]	.200	.186	1.755

a. 예측값: (상수), 문제관련성인식, 논증, 문제익숙성인식, 특정영역지식, 자기효능감, 흥미

b. 종속변수: 비구조문제해결

대화상자 11-7: SPSS 출력결과 1

❶ 모형 요약[b] 출력결과를 확인한다.

❷ R제곱값과 수정된 R제곱값을 〈사례 1〉안의 다중회귀분석 결과표에 입력한다.

분산분석[a]

모형		제곱합	자유도	평균 제곱	F	유의확률
1	회귀 모형	269.538	6	44.923	14.589	.000[b]
	잔차	1080.840	351	3.079		
	합계	1350.378	357			

a. 종속변수: 비구조문제해결

b. 예측값: (상수), 문제관련성인식, 논증, 문제익숙성인식, 특정영역지식, 자기효능감, 흥미

대화상자 11-8: SPSS 출력결과 2

❶ 분산분석[a] 출력결과를 확인한다.

❷ 회귀모형에서 F값과 유의확률을 확인하고, <사례 1>안의 다중회귀분석 결과표에 입력한다.

계수[a]

모형		비표준화 계수 B	비표준화 계수 표준오차	표준화 계수 베타	t	유의확률	B에 대한 95.0% 신뢰구간 하한값	B에 대한 95.0% 신뢰구간 상한값	공선성 통계량 공차	공선성 통계량 VIF
1	(상수)	3.901	1.007		3.872	.000	1.919	5.882		
	특정영역지식	.178	.041	.220	4.361	.000	.098	.258	.895	1.118
	논증	.409	.071	.290	5.769	.000	.270	.549	.904	1.106
	자기효능감	-.004	.024	-.010	-.156	.876	-.052	.044	.588	1.702
	흥미	.015	.030	.033	.501	.616	-.044	.074	.533	1.876
	문제익숙성인식	.137	.067	.116	2.063	.040	.006	.268	.722	1.384
	문제관련성인식	-.016	.067	-.013	-.233	.816	-.146	.115	.690	1.449

a. 종속변수: 비구조문제해결

대화상자 11-9: SPSS 출력결과 3

❶ 계수[a] 출력결과를 확인한다.

❷ 특정영역지식, 논증, 자기효능감, 흥미, 문제익숙성인식, 문제관련성인식에서 비표준화 계수, 표준화 계수, t값, 유의확률을 확인하여 〈사례 1〉안의 다중회귀분석 결과표에 입력한다.

❸ 다중공선성[10)]을 검토하기 위하여 공차계수가 1에 가까운지, 분산팽창지수(VIF)가 10보다 현저히 낮은지를 확인한다.

❹ 다중회귀분석의 회귀방정식을 정리한다.

Y(비구조문제해결) = 3.901 + .178(특정영역지식)
+ .409(논증) − .004(자기효능감) + .015(흥미)
+ .137(문제익숙성인식) − .016(문제관련성인식)

10) 다중공선성이란 독립변인 간의 강한 상관관계가 존재하는 것을 의미하며, 이러한 다중공선성이 심각하면 회귀분석의 결과는 의미가 없다. 공차계수는 1에 가까울수록, VIF는 10보다 현저히 낮을 때 다중공선성의 문제가 없는 것으로 판단한다(김계수, 1104). 따라서 본 사례에서 독립변수의 공차계수와 VIF를 확인한 결과 다중공선성의 문제가 없다고 판단한다.

4) 논문작성의 실제

사례 1 **비구조 문제해결에 영향을 미치는 개인차 변인**

다양한 개인차 변인 중에서 비구조 문제해결에 직접적으로 영향을 미치는 결정요인을 밝히기 위해 다중회귀분석을 실시한 결과는 다음의 〈표〉와 같다.

〈표〉 비구조 문제해결에 영향을 미치는 개인차 변인들의 다중회귀분석 결과

독립변인	비표준화 계수		표준화 계수	t	p
	B	S.E.	β		
특정영역지식	.178	.041	.220	4.361	.000
논증	.409	.071	.290	5.769	.000
자기효능감	−.004	.024	−.010	−.156	.876
흥미	.015	.030	.033	.501	.616
문제익숙성인식	.137	.067	.116	2.063	.040
문제관련성인식	−.016	.067	−.013	−.233	.816
R^2(adj. R^2)=.200(.186), F=14.589, p=.000					

개인차 변인에 대한 비구조 문제해결을 측정하는 회귀모형에 대한 통계적 유의성 검정 결과, F값은 14.589, 유의확률 .000으로 회귀모형에 포함된 독립변인은 유의수준 .001에서 비구조 문제해결을 유의하게 설명하고 있으며, 비구조 문제해결 변화량의 20%(수정결정계수에 의하면 18.6%)가 모형에 포함된 독립변인들에 의해 설명되고 있다.

개별 독립변인들의 종속변수에 대한 기여도와 통계적 유의성을 검정한 결과, 유의수준 .05에서 비구조 문제해결에 유의미하게 영향을 미치는 독립변인은 특정영역 지식(t=4.361, p=.000), 논증(t=5.769, p=.000), 문제 익숙성 인식(t=2.063, p=.040)이며, 독립변수들의 상대적 기여도를 나타내는 표준화 계수에 의하면 논증, 특정영역 지식, 문제 익숙성 인식 순으로 비구조 문제해결에 영향을 미치고 있다.

※ 출처 : 김선연(2008). 비구조 문제해결에 영향을 미치는 개인차 변인들의 관계 분석. 미간행 박사학위논문. 영남대학교 대학원.

5) 통계분석 절차와 논문의 분석

(1) 회귀모형의 설정

모든 독립변인들을 넣어서 다중회귀모형(회귀방정식)을 설정하였다.

- 다중회귀모형: $Y_{(비구조문제해결)} = B_0 + B_1X_{1(특정영역지식)} + B_2X_{2(논증)} + B_3X_{3(자기효능감)} + B_4X_{4(흥미)} + B_5X_{5(문제익숙성인식)} + B_6X_{6(문제관련성인식)}$

(2) 가설의 설정

가설의 설정은 회귀모형에 대한 가설과 각 독립변인에 대한 가설로 나누어진다. 다중회귀모형에 대한 1개의 영가설과 대립가설 그리고 독립변인에 대한 6개의 영가설과 대립가설을 설정하였다.

〈회귀모형에 대한 가설〉

- 영가설: 다중회귀모형의 결정계수는 0이다. 다중회귀모형은 비구조문제해결을 유의하게 설명하지 못한다.

〈독립변인에 대한 가설〉

- 영가설 1: 특정영역지식의 회귀계수는 0이다. 또는 특정영역 지식은 비구조문제해결에 영향을 미치지 않는다.
- 영가설 2: 논증의 회귀계수는 0이다. 또는 논증은 비구조문제해결에 영향을 미치지 않는다.
- 영가설 3: 자기효능감의 회귀계수는 0이다. 또는 자기효능감은 비구조문제해결에

영향을 미치지 않는다.

- 영가설 4: 흥미의 회귀계수는 0이다. 또는 흥미는 비구조문제해결에 영향을 미치지 않는다.
- 영가설 5: 문제익숙성인식의 회귀계수는 0이다. 또는 문제익숙성인식은 비구조문제해결에 영향을 미치지 않는다.
- 영가설 6: 문제관련성인식의 회귀계수는 0이다. 또는 문제관련성인식은 비구조문제해결에 영향을 미치지 않는다.

(3) 검정통계량의 계산

- 다중회귀모형의 F값, 유의확률 p값, 결정계수 R^2값, 수정된 결정계수 adjusted R^2값을 구하였다(F=14.589, p=.000, R^2=.200, adjusted R^2=.186).
- 독립변인들의 비표준화 회귀계수 B값, 표준화 회귀계수 β값, t값과 이에 해당하는 유의확률 p값을 구하였다(B=.178, .409, −.004, .015, .137, −.016; β=.220, .290, −.010, .033, .116, −.013; t=4.361, 5.769, −.156, .501, 2.063, −.233; p=.000, .000, .876, .616, .040, .816).

(4) 가설의 기각 및 채택

- 다중회귀모형에 대한 영가설의 F값에 해당하는 유의확률 p값이 .001보다 작으므로 영가설을 기각하고 대립가설을 채택하였다.
- 독립변인의 영가설 중에서 특정영역지식과 논증에 대한 영가설의 t값에 해당하는 유의확률 p값이 각각 .001보다 작고, 문제익숙성인식에 대한 영가설의 t값에 해당하는 유의확률 p값이 .05보다 작으므로, 이 3개의 영가설을 기각하고 대립가설을

채택하였다. 다른 독립변인들의 영가설의 t값에 해당하는 유의확률 p값은 모두 .05보다 크므로 영가설을 수용하였다.

(5) 해석과 정리

- 다중회귀모형은 유의미하게 비구조문제해결을 설명하고 있다.
- 독립변인들 중에서 특정영역지식, 논증, 문제익숙성인식은 비구조문제해결에 영향을 미치는 변인이다.
- 독립변인들 중에서 자기효능감, 흥미, 문제관련성인식은 비구조문제해결에 영향을 미치는 변인이다.
- 다중회귀모형의 결정계수 R^2값이 .200(또는 수정된 $R^2=.186$)으로 회귀모형에 의해 종속변인 변화량의 20% 또는 18.6% 정도가 설명되고 있다.

9. 연구사례 2: 더미변수를 포함한 다중회귀분석

1) 연구상황

이 사례는 학과교수 만족도와 인구사회학적 특성요인(학년, 계열, 성별)이 학업성취도에 미치는 영향을 분석하는 것이다. 독립변인의 하나인 학과교수 만족도는 전공수업 만족도, 교수-학생 관계 만족도, 학생생활지도 만족도의 하위요인으로 구성하였으며, 학년은 1학년부터 4학년으로 구분되고, 계열은 인문사회, 공과, 보건, 예체능으로 구분되며, 성별은 남녀로 구분된다. 종속변인인 대학생의 학업성취도는 연구 당시의 학기 학점을 구해서 사용하였다. 여기서 독립변인인 인구사회학적 특성요인은 모두 명명척도이기 때문에 회귀분석을 하기 위해서는 더미변수로 만들어야 하며, 이에 따라 더미 변수를 포함한 다중회귀분석을 실시하였다. 다중회귀분석을 그림으로 표현하면 [그림 11-3]과 같다[11].

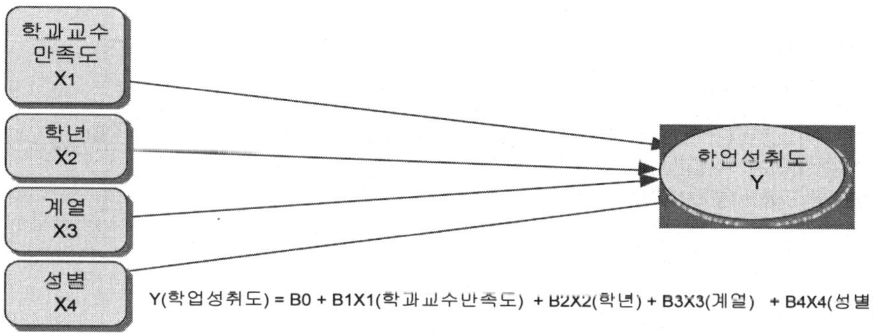

[그림 11-3] **더미변수를 포함한 다중회귀모형과 회귀식**

2) 설문문항 예시

자료수집 방법은 설문지로써 연구참여자가 문항내용을 읽고 해당하는 번호에 체크하거나 기입하도록 되어 있는 것과 문항내용을 읽고 빈칸에 체크하도록 하는 5점 Likert 척도로 되어 있는 것이 있다.

〈표 11-4〉 **학업성취도와 인구사회학적 특성요인 설문문항 예시**

1. 성별은 ? ① 남 ② 여
2. 학년은? ① 1학년 ② 2학년 ③ 3학년 ④ 4학년
3. 소속대학과 학부(과)는? ( )대학 ( )학부(과)
4. 이번 학기에 받은 성적의 평균 학점은? (/4.50만점)

11) 이 사례는 실제의 데이터를 이용한 실제 연구논문이다. 이 책을 위하여 논문의 내용을 편집하였음을 밝힌다.

〈표 11-5〉 학과교수 만족도 설문문항 예시

번호	문항내용	매우 그렇다	그렇다	보통이다	그렇지 않다	전혀 그렇지 않다
1	학부(과) 교수님들은 학생의 학업수준을 고려하여 수업내용을 설명해 주신다.					
2	학부(과) 수업 시간에 배우는 내용들은 전문성 향상을 위하여 유익한 내용들이다.					
3	학생들이 원한다면 수업시간 외에도 수업에 대해 학부(과) 교수님들께 지도받을 수 있다.					
4	학부(과)에서 제공받는 수업을 통해 진로/취업을 준비할 수 있다.					
…	....					

3) SPSS 수행절차

(1) 더미변수 지정

SPSS를 실행하기 전에 독립변인들 중에서 인구사회학적 변인들인 학년, 계열, 성별은 명명척도이므로 이들을 더미변수로 지정해야 한다. 더미변수로 지정하기 위해서 코딩된 데이터를 SPSS에서 불러낸 후 [화면캡처 11-2]의 SPSS 변환 메뉴에서 다음과 같이 수행한다([대화상자 11-10]~[대화상자 11-12]).

더미변수 지정이 완료되면, 더미를 포함한 회귀식은 다음처럼 바뀌게 된다. [그림 11-3]에서 볼 수 있는 원래의 회귀모형보다 변인들이 더 추가된 것을 볼 수 있다.

$$Y_{(\text{학업성취도})} = B_0 + B_1X_{1(\text{학과교수만족도})} + B_2X_{2(\text{학년더미1})} + B_3X_{3(\text{학년더미2})} + B_4X_{4(\text{학년더미3})} + B_5X_{5(\text{계열더미1})} + B_6X_{6(\text{계열더미2})} + B_7X_{7(\text{계열더미3})} + B_8X_{8(\text{성별더미})}$$

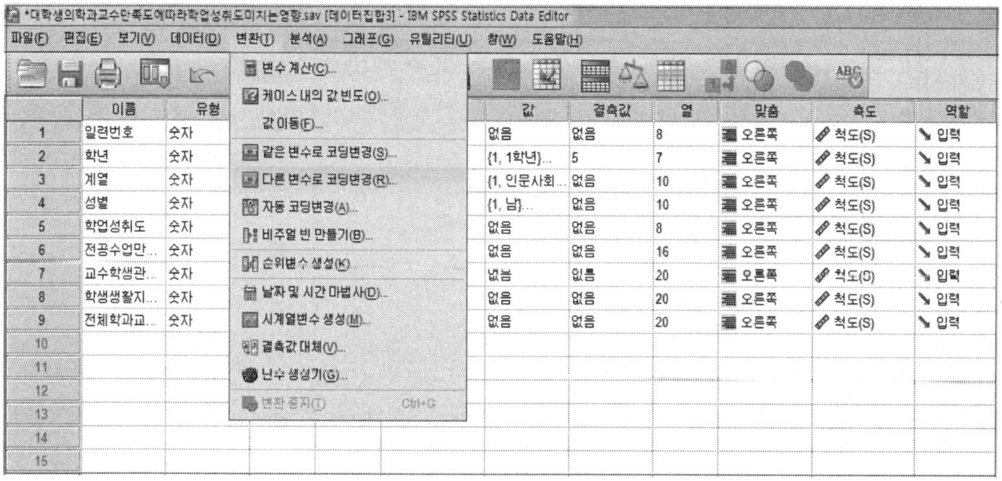

[화면캡처 11-2] SPSS 변환 메뉴

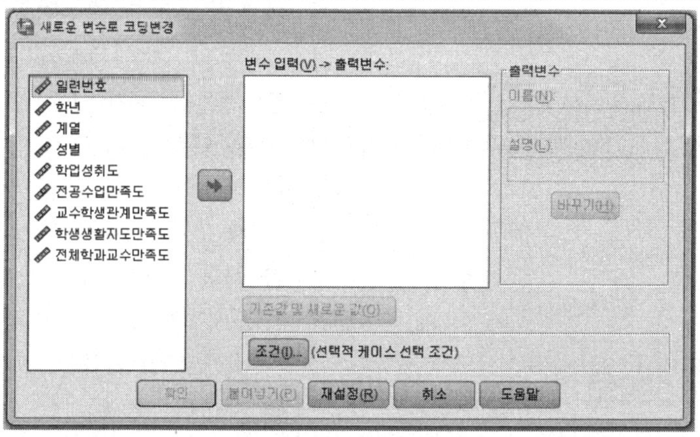

대화상자 11-10: 새로운 변수로 코딩변경

❶ 좌측에는 모든 변수가 나타난다.

❷ 우측의 변수입력(V)→출력변수 상자에 더미변수로 변경할 독립변인이 들어간다.

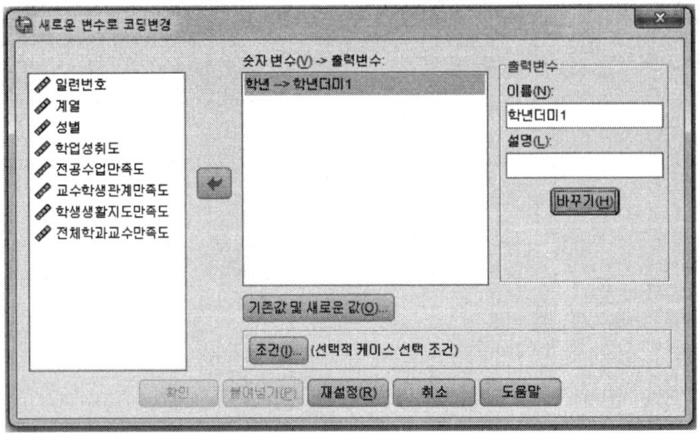

대화상자 11-11: 새로운 변수로 코딩변경

❶ "학년"을 선택하여 숫자변수(V)→출력변수 상자 안으로 옮긴다.
❷ 출력변수 상자 이름(N)에 "학년더미1"이라고 작성하고 바꾸기 버튼을 클릭한다.
❸ 기존값 및 새로운 값(O)... 버튼을 클릭한다.

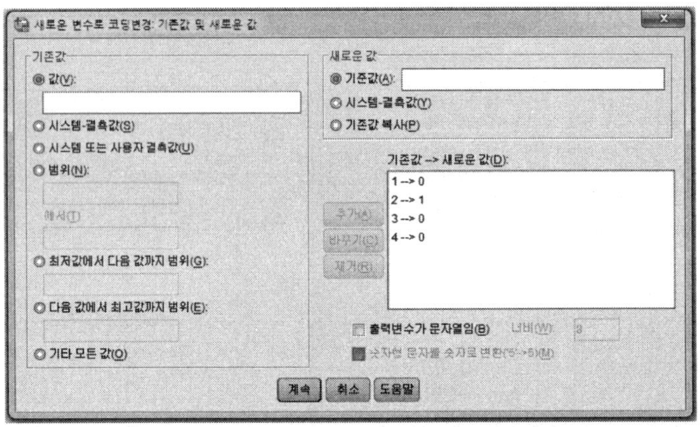

※ 학년: 1학년 1, 2학년 2, 3학년 3, 4학년 4로 지정
※ 계열: 인문사회 1, 공과 2, 보건 3, 예체능 4로 지정
※ 성별: 남자 1, 여자 2로 지정
※ 학년더미는 3개, 계열더미 3개, 성별더미 1개가 생성되어야 한다(아래의 더미변수표를 참조하면서 더미변수 설정을 한다).

대화상자 11-12: 새로운 변수로 코딩변경: 기존값 및 새로운 값

❶ 기존값 ◉값(V)에 "1"을 입력한다.
❷ 새로운 값 ◉기존값(A)에 "0"을 입력한다.
❸ 이와 동일한 방법으로 2→1, 3→0, 4→0을 차례대로 입력한다.
❹ 계속버튼을 클릭한 후 [대화상자 11-11]에서 다시 이 더미변수 변환과정을 모든 더미변수가 완성될 때까지 반복한다.
❺ [대화상자 11-11]에서 확인버튼을 클릭한다.

			학년더미1	학년더미2	학년더미3
학년	1학년	1	0	0	0
	2학년	2	1	0	0
	3학년	3	0	1	0
	4학년	4	0	0	1

			계열더미1	계열더미2	계열더미3
계열	인문사회	1	0	0	0
	공과	2	1	0	0
	보건	3	0	1	0
	예체능	4	0	0	1

			성별더미
성별	남	1	0
	여	2	1

(2) 더미변수 포함의 다중회귀분석 실행

위의 절차대로 더미변수 지정을 마치면 [화면캡처 11-2]에 있는 변수들이 [화면캡처 11-3]에서 보는 것처럼 달라지거나 늘어난 것을 확인할 수 있다. 이 화면 상태에서 다중회귀분석을 실시한다. 즉 [화면캡처 11-3]의 SPSS 분석 메뉴에서 다음과 같이 수행한다([대화상자 11-13]~[대화상자 11-21]).

분석(A) → 회귀분석(R) → 선형(L)...

[화면캡처 11-3] SPSS 분석 메뉴

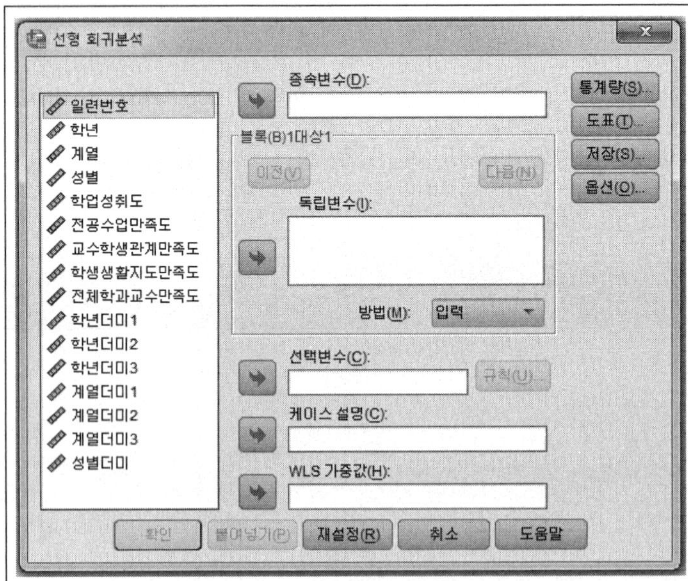

대화상자 11-13: 선도표 회귀 모형

❶ 더미변수 지정이 모두 끝나면 좌측상자 안에 더미변수를 포함한 모든 변수가 나타난다.

❷ 우측 종속변수(D) 상자에는 종속변인이, 독립변수(I) 상자에는 독립변인이 들어간다.

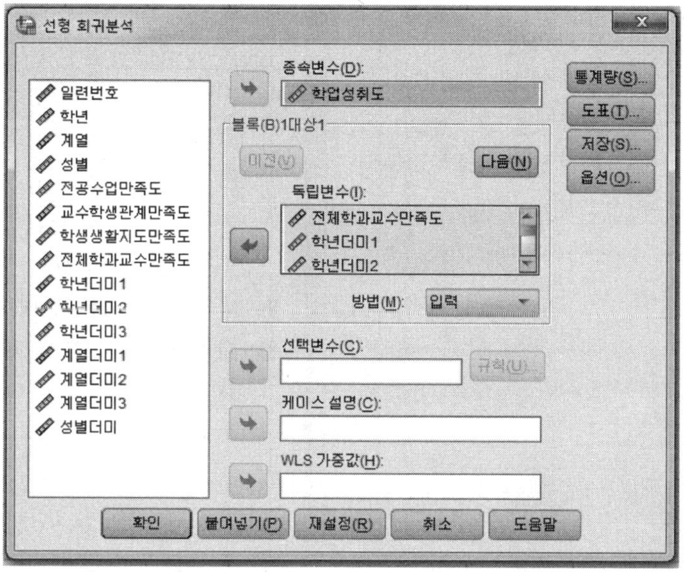

대화상자 11-14: 선도표 회귀 모형

❶ 변수명 "학업성취도"를 선택하여 종속변수(D) 상자 안으로 이동시킨다.

❷ 변수명 "전체학과교수만족도", "학년더미1/2/3", "계열더미1/2/3", "성별더미"를 선택하여 독립변수(I) 상자 안으로 이동시킨다.

❸ 방법(M)은 입력을 그대로 둔다.

❹ 통계량(S)... 버튼을 클릭한다.

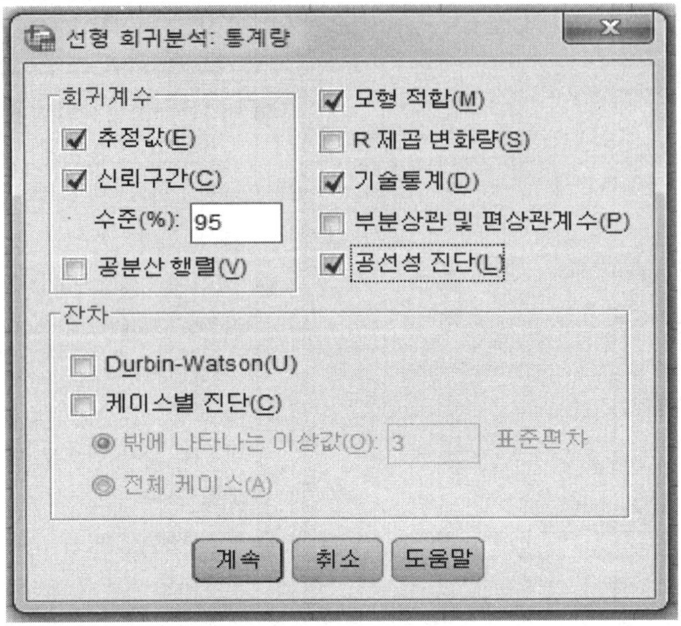

대화상자 11-15: 선형 회귀분석: 통계량

❶ 회귀계수에서 ☑추정값(E), ☑신뢰구간(C), ☑모형적합(M), ☑기술통계(D), ☑공선성 진단(L)을 선택한다.
❷ 계속버튼을 클릭한다.
❸ [대화상자 11-2]에서 도표(T)... 버튼을 클릭한다.

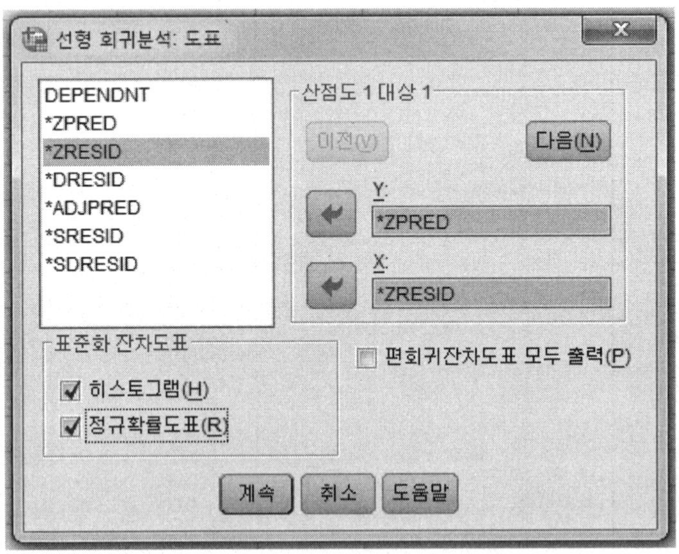

대화상자 11-16: 선형 회귀분석: 도표

❶ *ZPRED(표준예측치)를 선택하여 Y: 상자 안으로 옮긴다.
❷ *ZRESID(표준잔차)를 선택하여 X: 상자 안으로 이를 옮긴다.
❸ 표준화 잔차도표에서 ☑히스토그램(H), ☑정규확률도표(R) 등을 선택한다.
❹ 계속버튼을 클릭한다.
❺ [대화상자 11-2]에서 저장(S)... 버튼을 클릭한다.

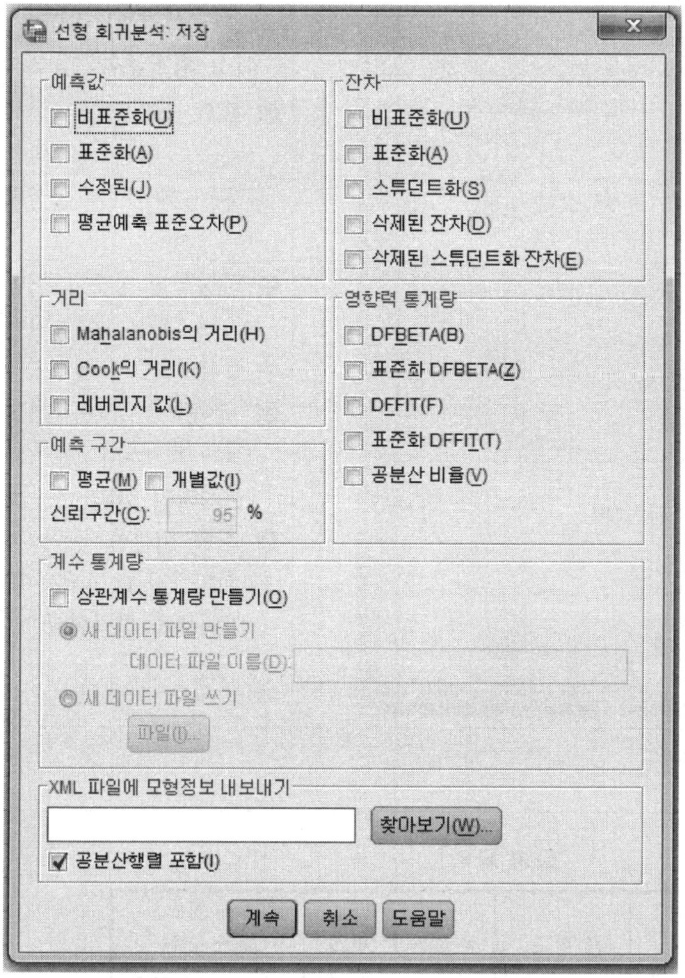

대화상자 11-17: 선형 회귀분석: 저장

❶ 이 사례에서는 분석에서는 여기 내용들을 선택하지 않았다.

❷ 예측값, 거리, 예측구간 및 잔차 등을 선택하여 이용할 수 있다.

❸ 계속버튼을 클릭한다.

❹ [대화상자 11-2]에서 옵션(O)... 버튼을 클릭한다.

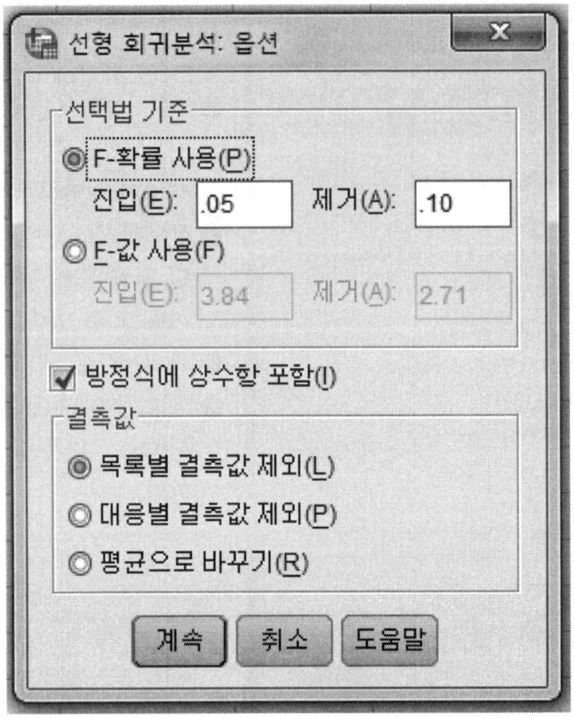

대화상자 11-18: 선형 회귀분석: 옵션

❶ 옵션 대화상자로 선택법 기준에서 ◉F-확률 사용(P)이 기본 설정되어 있다.

❷ 방정식에 상수항 포함(I)이 기본 설정되어 있다.

❸ 결측값에서 ◉목록별 결측값 제외(L)가 기본 설정되어 있다.

❹ 계속 버튼을 클릭 후 [대화상자 11-2]에서 확인버튼을 클릭한다.

모형 요약[b]

모형	R	R 제곱	수정된 R 제곱	추정값의 표준오차
1	.169[a]	.029	.015	10.003

a. 예측값: (상수), 성별더미, 학년더미3, 전체학과교수만족도, 계열더미2, 학년더미2, 계열더미3, 학년더미1, 계열더미1

b. 종속변수: 학업성취도

대화상자 11-19: SPSS 출력결과 1

❶ 모형 요약[b] 출력결과를 확인한다.

❷ R제곱, 수정된 R제곱값을 〈사례 2〉안의 다중회귀분석 결과표에 입력한다.

분산분석[a]

모형		제곱합	자유도	평균 제곱	F	유의확률
1	회귀 모형	1746.903	8	218.363	2.183	.027[b]
	잔차	59530.422	595	100.051		
	합계	61277.325	603			

a. 종속변수: 학업성취도

b. 예측값: (상수), 성별더미, 학년더미3, 전체학과교수만족도, 계열더미2, 학년더미2, 계열더미3, 학년더미1, 계열더미1

대화상자 11-20: SPSS 출력결과 2

❶ 분산분석[b] 출력결과를 확인한다.

❷ 회귀 모형에서 F값과 유의확률을 확인하고, 〈사례 2〉안의 다중회귀분석 결과표에 입력한다.

계수[a]

모형		비표준화 계수		표준화 계수	t	유의확률	B에 대한 95.0% 신뢰구간		공선성 통계량	
		B	표준오차	베타			하한값	상한값	공차	VIF
1	(상수)	75.015	2.416		31.051	.000	70.270	79.760		
	전체학과교수만족도	1.771	.572	.128	3.097	.002	.648	2.894	.957	1.045
	학년더미1	1.162	1.101	.050	1.056	.291	-.999	3.324	.726	1.377
	학년더미2	1.544	1.200	.060	1.287	.199	-.813	3.901	.751	1.331
	학년더미3	.256	1.136	.011	.226	.822	-1.975	2.487	.728	1.373
	계열더미1	1.536	.995	.075	1.544	.123	-.418	3.490	.687	1.455
	계열더미2	2.613	1.915	.060	1.364	.173	-1.148	6.374	.850	1.176
	계열더미3	1.454	1.190	.058	1.223	.222	-.882	3.791	.731	1.369
	성별더미	.749	1.002	.034	.748	.455	-1.218	2.716	.777	1.287

a. 종속변수: 학업성취도

대화상자 11-21: SPSS 출력결과 3

❶ 계수[a] 출력결과를 확인한다.

❷ 전체 학과교수만족도, 학년더미1,2,3, 계열더미1,2,3 성별더미에서 비표준화 계수, 표준화 계수, t값, 유의확률을 확인하여 〈사례 2〉안의 다중회귀분석 결과표에 입력한다.

❸ 다중공선성을 검토하기 위하여 공차계수가 1에 가까운지, 분산팽창지수(VIF)가 10보다 현저히 낮은지를 확인한다.

❹ 더미변수를 포함한 다중회귀분석의 회귀방정식을 정리한다.

Y(학업성취도) = 75.015 + 1.771(학과교수만족도)
+ 1.162(학년더미1) + 1.554(학년더미2) + .256(학년더미3)
+ 1.536(계열더미1) + 2.613(계열더미2) + 1.454(계열더미3)
+ .749(성별더미)

4) 논문작성의 실제

사례 2 **대학생의 학과교수 만족도가 학업성취도에 미치는 영향**

대학생의 학과교수 만족도와 인구사회학적 특성요인(성별, 계열, 학년) 중에서 학업성취도에 직접적으로 영향을 미치는 요인을 분석하기 위하여 다중회귀분석한 결과는 다음의 〈표〉와 같다.

〈표〉 학과교수 만족도, 인구사회학적 특성요인과 학업성취도의 다중회귀분석 결과

독립변인	비표준화 계수		표준화 계수	t	p
	B	S.E.	β		
학과교수만족도	1.771	.572	.128	3.097	.002
학년더미1	1.162	1.101	.050	1.056	.291
학년더미2	1.544	1.110	.060	1.287	.199
학년더미3	.256	1.136	.011	.226	.822
계열더미1	1.536	.995	.075	1.544	.123
계열더미2	2.613	1.915	.060	1.364	.173
계열더미3	1.454	1.190	.058	1.223	.222
성별더미	.749	1.002	.034	.748	.455
R^2(adj. R^2)=.029(.015), F=2.183, p=.027					

학과교수 만족도와 학생의 인구사회학적 특성요인에 대한 학업성취도를 측정하는 회귀모형에 대한 통계적 유의성 검정 결과, F값은 2.183, 유의확률 .027로 회귀모형에 포함된 독립변인은 유의수준 .05에서 학업성취도를 유의하게 설명하고 있으며, 학업성취도 변화량의 2.9%(수정 결정계수에 의하면 1.5%)가 모형에 포함된 독립변인들에 의해 설명되고 있다.

개별 독립변인들의 종속변수에 대한 기여도와 통계적 유의성을 검정한 결과, 유의수준 .05에서 학업성취도에 유의하게 영향을 미치는 독립변인은 학과교수 만족도(t=3.097, p=.002)로 밝혀졌다.

※ 출처 : 김선연 · 신효진(2012). 대학생의 학과교수 만족도 구성요인 타당화 및 학업성취도와의 관계분석. 한국교원교육연구, 29(1), 117-226.

5) 통계분석 절차와 논문의 분석

(1) 회귀모형의 설정

모든 독립변인을 넣어서 다중회귀모형(회귀방정식)을 설정하였다(초기모형). 그러나 초기모형은 명명척도로 되어 있는 변수들이 있어서 이를 더미변수로 변환한 더미모형을 또 설정하였다. 초기모형을 갖고는 회귀분석 검정통계량 계산을 할 수 없기 때문에, 더미모형을 갖고 계산을 하고 그 결과는 초기모형을 해석하는데 사용된다.

- 초기모형: Y(학업성취도) $=$ $B_0 +$ B_1X_1(학과교수만족도) $+$ B_2X_2(학년) $+$ B_3X_3(계열) $+$ B_4X_4(성별)
- 더미모형: Y(학업성취도) $=$ B_0 $+$ B_1X_1(학과교수만족도) $+$ B_2X_2(학년더미1) $+$ B_3X_3(학년더미2) $+$ B_4X_4(학년더미3) $+$ $5X_5$(계열더미1) $+$ B_6X_6(계열더미2) $+$ B_7X_7(계열더미3) $+$ B_8X_8(성별더미)

(2) 가설의 설정

가설의 설정의 설정은 회귀모형에 대한 가설과 각 독립변인에 대한 가설로 나누어진다. 회귀모형에 대한 가설은 초기모형으로 가설을 설정한다. 초기모형에 대한 1개의 영가설과 대립가설 그리고 독립변인에 대한 4개의 영가설과 대립가설을 설정하였다. 더미모형의 각각의 더미변수에 대한 가설은 설정하지 않는다.

〈회귀모형에 대한 가설〉

- 영가설: 다중회귀모형의 결정계수는 0이다. 다중회귀모형은 학업성취도를 유의하게 설명하지 못한다.

〈독립변인에 대한 가설〉

- 영가설 1: 학과교수만족도의 회귀계수는 0이다. 또는 학과교수만족도는 학업성취도에 영향을 미치지 않는다.
- 영가설 2: 학년의 회귀계수는 0이다. 또는 학년은 학업성취도에 영향을 미치지 않는다.
- 영가설 3: 계열의 회귀계수는 0이다. 또는 계열은 학업성취도에 영향을 미치지 않는다.
- 영가설 4: 성별의 회귀계수는 0이다. 또는 성별은 학업성취도에 영향을 미치지 않는다.

(3) 검정통계량의 계산

초기모형을 통해서는 회귀분석의 검정통계량 계산이 안 되므로, 더미모형을 갖고 계산하였다.

- 더미모형의 F값, 유의확률 p값, 결정계수 R^2값, 수정된 결정계수 adjusted R^2값을 구하였다(F=2.183, p=.027, R^2=.029, adjusted R^2=.015).
- 더미모형에 있는 독립변인들의 비표준화 회귀계수 B값, 표준화 회귀계수 β값, t값과 이에 해당하는 유의확률 p값을 구하였다(B=1.771, 1.162, 1.544, .256, 1.536, 2.613, 1.454, .749; β=.128, .050, .060, .011, .075, .060, .058, .034; t=3.097, 1.056, 1.287, .226, 1.544, 1.364, 1.223, .748; p=.002, .291, .199, .822, .123, .173, .222, .455).

(4) 가설의 기각 및 채택

검정통계량은 더미모형을 통하여 구했지만, 가설의 기각 및 채택은 초기모형으로 결정한다.

- 다중회귀모형에 대한 영가설의 F값에 해당하는 유의확률 p값이 .05보다 작으므로 영가설을 기각하고 대립가설을 채택하였다.
- 독립변인의 영가설 중에서 학과교수만족도에 대한 영가설의 t값에 해당하는 유의확률 p값이 .01보다 작으므로 영가설을 기각하고 대립가설을 채택하였다. 다른 독립변인들의 영가설의 t값에 해당하는 유의확률 p값은 모두 .05보다 크므로 영가설을 수용하였다.

(5) 해석과 정리

해석과 정리 역시 초기모형을 갖고 설명한다.

- 다중회귀모형은 유의미하게 학업성취도를 설명하고 있다.
- 독립변인들 중에서 학과교수만족도는 학업성취도에 영향을 미치는 변인이다.
- 인구사회학적 변인들(학년, 계열, 성별)은 학업성취도에 영향을 미치지 않는 변인이다.
- 다중회귀모형의 결정계수 R^2값이 .029(또는 수정된 $R^2=.015$)으로 회귀모형에 의해 종속변인 변화량의 2.9% 또는 1.5% 정도가 설명되고 있다.

6) 기타

앞에서 기술한 것처럼 명명척도의 변인들이 있는 초기모형을 갖고는 검정통계량을 계산할 수 없기 때문에 더미모형을 만들어 이를 이용하여 검정통계량을 계산한 것이다. 그러나 가설의 설정 · 기각 및 채택, 해석은 원래의 초기모형을 갖고 한다. 예컨대 위 사례에서 만일 계열더미 1, 2, 3 중에서 계열더미 2가 유의미하게 나왔다면, 해석은 더미모형에 의하여 "계열더미 2는 학업성취도에 영향을 미친다"고 하는 것이 아니라 초기모형에 의하여 "계열은 학업성취도에 영향을 미친다"고 말하는 것이다. 즉 계열더미변수들은 계열이라는 하나의 묶음으로 보고 해석하는 것이다. 학년더미들도 마찬가지로 학년이라는 하나의 묶음으로 보고 해석한다.

비록 회귀모형이 통계적으로 유의미하다고 해서 분석에 사용한 자료가 적합하였다는 것을 의미하지는 않는다. 위 사례처럼 낮은 결정계수 R^2값이 도출되었을 때, 속단할 수 없지만 분석에 사용한 데이터들이 연구의 회귀모형을 설명하는데 적합하지 않을 수 있다는 점을 염두에 두어야 한다. 자료 수집을 체계적으로 다시 하거나 독립변인 선정에 주의하여 모형을 재설정해야 할 수도 있다.

12 Chapter

로지스틱 회귀분석

로지스틱 회귀분석(logistic regression analysis)에서 '로지스틱'에 해당하는 우리말 표현은 사용되지 않고 그냥 '로지스틱 회귀분석' 혹은 로짓분석(logit analysis)이라고 말한다. 로지스틱이나 로짓 앞에 '이항'을 붙여 '이항 로지스틱 분석', '이항 로짓분석'으로 불리기도 한다.

1. 목적

로지스틱 회귀분석은 회귀분석의 특수한 형태로서 개념과 목적에서 회귀분석과 동일하다. 회귀분석처럼 변인간의 관계를 분석하는 것이다. 차이가 있다면 회귀분석은 종속변인이 양적변수, 즉 메트릭 자료이어야 하는데, 로지스틱 회귀분석은 종속변인이 질적변수인 이분변수라는 점이다. 종속변인이 이분변수라는 것은 예컨대 합격집단 vs. 불합격집단, 정답집단 vs. 오답집단, 상위집단 vs. 하위집단, 구입집단 vs. 비구입집단,

성공집단 vs. 실패집단 등처럼 종속변수가 2개인 경우다.

로지스틱 회귀분석을 통하여 여러 개의 독립변인 중에서 어느 것이 얼마만큼 종속변인(2개로 나누어진 집단)에게 영향을 주는지 혹은 가장 많은 영향을 주는지를 분석할 수 있다. 이는 여러 독립변인들 중에서 집단구분(예컨대, 합격과 불합격)에 영향을 미치는 유의미한 변인을 파악할 수 있다는 뜻이다. 위의 예에서 어느 독립변인이 합격에 영향을 주는지, 합격의 여부를 어떤 독립변인들이 얼마만큼 설명하고 있는지를 알려준다.

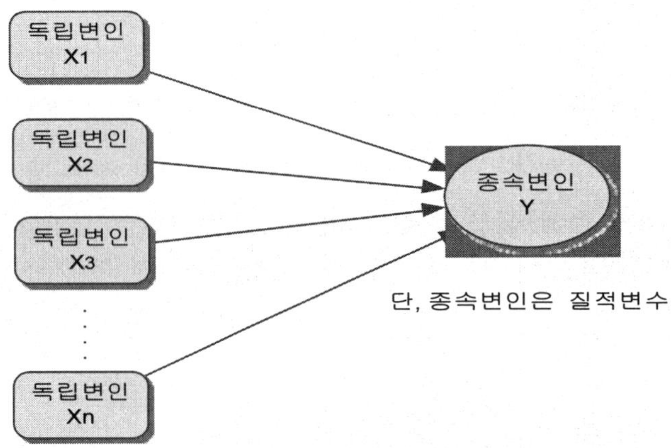

[그림 12-1] 로지스틱 회귀분석

2. 자료수집

로지스틱 회귀분석은 회귀분석의 특수한 형태이기 때문에, 자료수집은 회귀분석에서와 동일하다. 단, 종속변인은 질적변수 중에서 이분변수이어야 한다. 또한 로지스틱 회귀분석도 회귀분석이므로 독립변인이 명명척도로 되어 있어도 가능하다. 즉, 더미변수를 이용한 로지스틱 회귀분석도 가능한 것이다.

자료수집 후 코딩에서 중요하게 고려해야 할 점이 있는데, 그것은 이분변수에서 어느 집단을 집단 1로, 어느 집단을 집단 2로 설정해야 하는지다. 예컨대, 성공집단과 실패집단의 경우에서, 성공집단을 집단 1로 할 것인지, 집단 2로 할 것인지 결정하는 것이다. 만일 연구자가 성공집단에 보다 관심이 있다면, 실패집단을 1, 성공집단을 2로 코딩해야 한다. 일반적으로 연구자가 보다 관심있는 집단을 집단 2로 설정하게 된다.

3. 주요 개념들

1) 로지스틱 회귀식(회귀방정식) 또는 로지스틱 회귀모형

회귀분석에서 회귀식이 있는 것처럼 로지스틱 회귀분석에서도 로지스틱 회귀식(회귀모형)이 있다. [그림 12-1]에서 로지스틱 회귀식은 다음처럼 표현이 가능하다. 이 로지스틱 회귀식을 통해, 연구자는 n개의 독립변인들 중에서 어느 것들이 합격에 영향을 미치는 또는 합격을 예측하는지를 파악하고자 하는 것이다.

$$\text{Logit(합격)} = B_0 + B_1X_1 + B_2X_2 + B_3X_3 + ... + BnXn$$

(B_1, B_2, B_3, Bn는 각X들의 기울기(회귀계수), B_0는 상수)

종속변인의 이분변수가 '합격집단'과 '불합격집단'이 아니라 '성공집단'과 '실패집단'이라면, Logit(성공)으로 표현하면 된다. 로지스틱 회귀식은 합격 혹은 불합격 중에서

어느 한 집단만 표시한다. 어느 것을 제시할 지는 연구자의 관심과 연구목적에 따라 결정한다.[1)]

2) 회귀계수(B)와 Exp(B)

회귀계수 B는 로지스틱 회귀식에서 B_1, B_2, B_3, … Bn로 각 독립변인의 기울기며, B_0는 상수다. 일반 회귀분석에서와 마찬가지라고 생각하면 된다.

Exp(B)는 e^B로서 독립변인의 회귀계수를 지수변환하여 계산된 값이다. Logit(합격)의 예에서 Exp(B)의 값이 갖고 있는 의미를 살펴보면, 그 독립변인의 값이 1만큼 증가할 때, 합격 집단에 속할 확률이 몇 배나 커지는지 혹은 감소하는지를 나타낸다. 만일 어느 한 독립변인(예컨대, 수업집중도)의 Exp(B)가 1.523이고, 회귀계수 B의 부호가 +이면, 수업집중도 값이 1만큼 커지면, 합격집단에 속할 확률이 1.523배 커지며, 수업집중도 값이 10만큼 커지면 합격집단에 속할 확률이 15.23배 커진다. 그런데 회귀계수 B의 부호가 -이면, 반대로 합격집단에 속할 확률이 감소한다([대화상자 12-9], 사례의 〈표 2〉 참조).

1) 이 때, 통계프로그램을 위한 종속변인의 코딩에 매우 유의해야 한다. 종속변인이 명명척도이므로 코딩 작업을 할 때 숫자를 부여하는데, 만일 Logit(합격)의 회귀식을 제시하고자 한다면, 집단 코딩에서 합격집단은 불합격집단보다 큰 수로 코딩을 해야 한다(예컨대, 합격집단은 1, 불합격집단은 0, 또는 합격집단은 2, 불합격집단은 1 등등). 만일 반대로 Logit(불합격)의 회귀식을 제시하고자 한다면, 집단 코딩에서 불합격집단은 합격집단보다 큰 수로 코딩을 해야 한다(예컨대, 불합격집단은 1, 합격집단은 0, 또는 불합격집단은 2, 합격집단은 1 등등). 왜냐하면 통계프로그램은 로짓분석에서 큰 수로 코딩된 집단을 기준으로 통계값들을 보여주기 때문이다.

3) −2 로그우도값, χ^2값과 Wald값

−2 로그우도(−2 log likelihood: −2LL)값은 로지스틱 회귀모형의 적합도를 나타내는데 그 값이 낮을수록 적합도가 높다는 의미이다. 이 값이 0면 모형은 완벽한 적합도를 가진다고 말할 수 있다. χ^2값[2)]은 로지스틱 회귀모형이 통계적으로 유의한지를 위해 계산되는 검정통계량이며, Wald값은 각 독립변인들의 로지스틱 회귀계수가 유의한지를 위해 계산되는 검정통계량이다. χ^2값, Wald값과 함께 제시되는 유의확률 p값에 의해 로지스틱 회귀모형과 로지스틱 회귀계수들이 유의한지 알아낸다. 또한 독립변인들의 Wald값의 상대적 크기는 종속변인에 미치는 영향력의 크기로 볼 수 있다([대화상자 12-6, 12-7], 사례의 〈표 1, 2〉 참조).

4) Nagelkerke R^2(결정계수)

Nagelkerke R^2는 결정계수로 로지스틱 회귀모형에 의해 종속변인이 몇 %만큼 설명되는지를 나타낸다. 일반 회귀분석의 R^2과 같은 의미로 보면 된다([대화상자 12-7], 사례의 〈표 1〉 참조).

2) χ^2값은 상수항만으로 이루어진 절편모형의 −2LL값에서 모든 독립변인들이 포함된 이론모형의 −2LL값을 뺀 값이다. 〈사례〉의 〈표 1〉에서 'χ^2(절편모형−이론모형)'으로 표현한 이유다. 여기서 이론모형은 연구자가 독립변인을 포함하여 만든 로지스틱 회귀모형이며, 절편모형은 독립변인들이 빠져있는 상수항만으로 이루어진 모형이다. 통계프로그램이 보여주는 −2LL값은 이론모형의 값이기 때문에, 절편모형의 −2LL값은 'χ^2값 + 이론모형 −2LL값'으로 계산된다. 〈사례〉의 〈표 1〉에서 보면 '절편모형의 −2LL값 = 13.956 + 40.592'이다.

4. 가정과 조건

로지스틱 회귀분석의 가정과 조건은 매우 관대하여 연구에서 빈번하게 사용된다.

- 종속변인이 이분변수로서 정규분포가 아닌 이항분포를 따른다.
- 종속변인이 정규분포 가정을 충족하지 못해도 된다.
- 두 모집단(예컨대, 합격집단 vs. 불합격집단, 정답집단 vs. 오답집단)간의 등분산 가정을 충족하지 못해도 된다.

5. 종류와 연구예시

로지스틱 회귀분석은 반드시 집단변수인 종속변인이 항상 2개만 있을 때 사용하는 것은 아니다. 사실상 집단의 수가 3개가 넘을 때도 많다. 종속변인이 3개 이상인 경우에도 로지스틱 회귀분석을 사용한다. 예컨대, 약학연구에서 특정 약물에 대한 긍정적 반응집단, 무반응 집단, 부작용 반응집단의 3개의 집단으로 나누어 연구할 때 교육학 연구에서 합격집단, 조건부합격집단, 탈락집단으로 나누어 연구도 가능하다. 이처럼 집단변수가 3개 이상인 로지스틱 회귀분석을 다항 로지스틱 회귀분석 혹은 줄여서 다항 로짓분석이라고 한다. 이 책에서는 이항 로지스틱 회귀분석만을 다루었다. 연구예시는 다음과 같다.

- 초등학생의 정보리터러시 능력, 자기주도성, 가정분위기가 e-러닝 참여에 미치는 영향(종속변인은 참여집단과 비참여집단으로 구분)
- 대학생의 졸업학점, 인턴경력, 토익점수, 구직역량이 취업여부에 미치는 영향(종

속변인은 취업성공집단과 취업실패집단으로 구분)

- 약물의 복용양, 복용시기, 환자의 체질이 치료의 효능에 미치는 영향 (종속변인은 치료성공집단과 치료실패집단으로 구분)

로지스틱 회귀분석은 일반 회귀분석의 한 유형이므로 11장 회귀분석을 참고하기 바란다.

6. 통계 분석절차

1) 로지스틱 회귀모형의 설정

일반 회귀분석 모형에서와 같다.

– 예시: Logit(e-러닝참여) = $B_0 + B_1$(정보리터러시)$+B_2$(자기주도성)$+B_3$(가정분위기)

2) 가설의 설정

일반 회귀분석 모형에서와 같다.

3) 검정통계량 계산

통계프로그램을 통해 로지스틱 회귀모형의 검정통계량인 χ^2와 −2 로그우도값과 이에 해당하는 유의확률 p값, 결정계수 Nagelkerke R^2값을 구한다. 그리고 로지스틱 회귀모형 안의 독립변인의 회귀계수 B값과 이들의 검정통계량 Wald값과 이에 해당하는 유의확률 p값을 구한다. 유의확률 p값과 -2 로그우도값을 제외한 모든 값들이 커질수록 통계적 유의성이 높아진다.

4) 가설의 기각 및 채택

로지스틱 회귀모형의 χ^2값의 해당하는 유의확률 p값이 .05, .01, .001보다 작으면 회귀모형의 영가설을 기각하고 대립가설을 선택한다. 독립변인들의 Wald값에 해당하는 유의확률 p값들 중에 어느 하나만이라도 .05, .01, .001보다 작으면 독립변인의 영가설을 기각하고 대립가설을 채택한다. 영가설을 기각한다는 것은 독립변인 중에 어느 하나는 종속변인에 영향을 미친다는 것을 의미한다.

5) 해석과 정리

만일 로지스틱 회귀모형의 χ^2값에 해당하는 유의확률 p값이 .012, 결정계수 Nagelkerke R^2값이 .44라면, 모형에 포함된 독립변인들은 유의수준 .05에서 종속변인에 영향을 주고 있으며, 측정된 자료로부터 얻어진 종속변인 총변화량의 44%를 모형에 포함된 독립변인이 설명하고 있다고 해석한다. 또한 개별 독립변인들 Wald값의 유의확률 p값을 살펴보고 그것이 유의하면, 이에 해당하는 개별 독립변인은 유의하게 종속변인에 영향을 미치는 변인으로 해석하는데, 유의하게 영향을 미치는 독립변인들이 다수일 때 회귀계수의 크기를 비교하며 상대적으로 영향력이 큰 독립변인을 찾을 수 있다. 그리고 유의하게 나타난 독립변인의 회귀계수의 부호를 보면서 Exp(B)를 해석한다.

통계프로그램이 제시하는 자료를 연구상황에 맞도록 보기 좋게 편집하여 다양한 표(기술통계표, 모형검정 및 합격여부 분류의 정확도, 로지스틱 회귀분석표 등)를 만들고, 이에 대한 적절한 해설과 결과 해석에 대한 이유를 논문이나 보고서에 논리적으로 기술한다. 필요하면, 그래프나 그림을 그려 넣는다.

7. 주의사항

일반 회귀분석과 로지스틱 회귀분석은 많은 부분에서 유사하다. 특히 종속변인에 영향을 미치는 독립변인을 알아내는 점, 참여자들의 독립번인들의 값으로 종속변인을 예측할 수 있다는 점에서는 일반 회귀분석과 마찬가지다. 그러나 두 분석 간의 중요한 차이점이 있는데, 회귀분석은 독립변인들의 점수를 알면 종속변인의 점수를 예측할 수 있는데 비하여, 로지스틱 회귀분석은 독립변인들의 점수를 알면 어느 집단에 속하는지에 대한 확률을 예측할 수 있다는 점이다. 로지스틱 회귀분석에서 종속변인은 메트릭 자료의 점수가 아니라 '합격 또는 불합격', '성공 또는 실패', '참여 또는 비참여'이라는 2개로 나누어진 집단변수이기 때문에 나타나는 차이점이다. 즉, 로지스틱 회귀분석은 확률에 대한 통계법이다. Logit(합격)을 예로 들어서 조금 더 부연설명을 덧붙이면, 독립변인의 회귀계수의 부호가 +값일 때 A라는 사람의 그 독립변인의 값이 커질수록, A는 합격집단(코딩에서 큰 수를 부여한 집단)에 속할 확률이 커지고, 회귀계수가 −값일 때 A라는 사람의 그 독립변인의 값이 커질수록 A는 불합격집단(코딩에서 작은 수를 부여한 집단)에 속할 확률이 커진다.

8. 연구사례

1) 연구상황

이 사례는 가정형편이 어려워 아르바이트를 하고 있는 대학생들이 다음 학기에 등록 여부에 영향을 미치는 결정요인을 분석하고자 한다. 다음 학기 등록여부에 영향을 미칠 것 같은 독립변인으로는 지금 현재 아르바이트 소득과 전공에 대한 적성을 설정하였다. 이 사례에서 종속변인은 등록한 집단과 등록하지 않는 집단으로 2개의 집단으로 나누어져 있는 이분변수이기 때문에 로지스틱 회귀분석을 적용하였다[3].

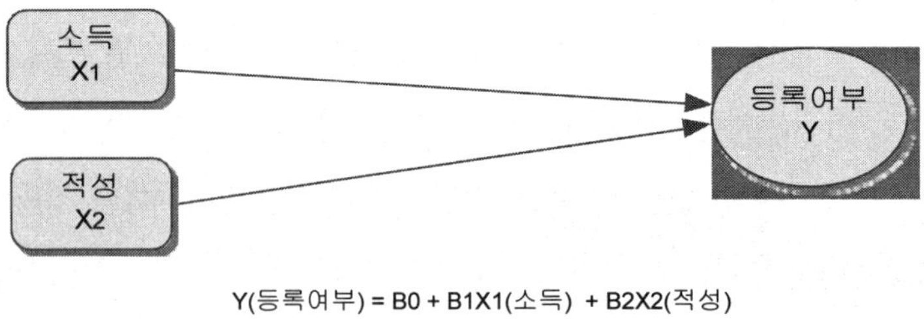

[그림 12-2] 로지스틱 회귀모형과 회귀식

2) 설문문항 예시

자료수집 방법은 설문지로써 소득은 연구참여자가 자신의 월 아르바이트 소득을 적게 하였고, 적성은 5점 Likert 척도로 구성된 적성검사지를 사용하였다. 가상사례이기 때문에 적성검사지를 여기에 소개하지 않는다.

3) 이 사례는 실제 연구된 것이 아니라 가상의 사례다. 등록여부에 미치는 변인들은 다양할 것으로 판단된다.

3) SPSS 수행절차

코딩된 데이터를 SPSS에서 불러낸 후 [화면캡처 12-1]의 SPSS 분석 메뉴에서 다음과 같이 수행한다([대화상자 12-1]~[대화상자 12-9]).

분석(A) → 회귀분석(R) → 이분형 로지스틱(G)...

[화면캡처 12-1] SPSS 분석 메뉴

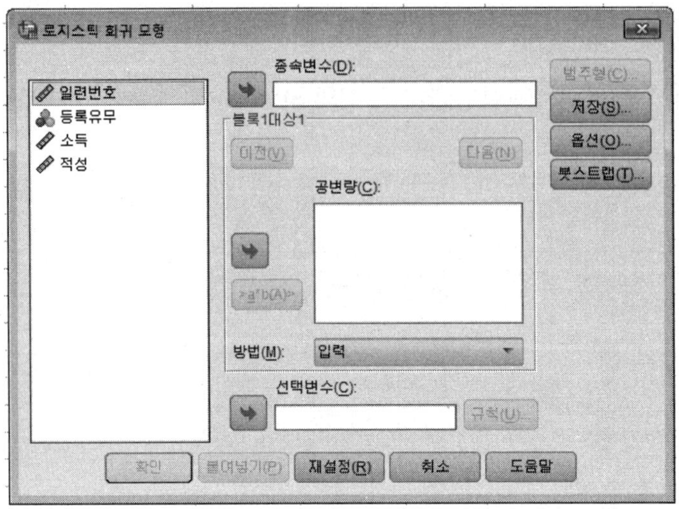

대화상자 12-1: 로지스틱 회귀 모형

❶ 좌측 상자에는 모든 변수가 나타난다.

❷ 우측 종속변수(D) 상자에는 종속변인이, 공변량(C) 상자에는 독립변인이 들어간다.

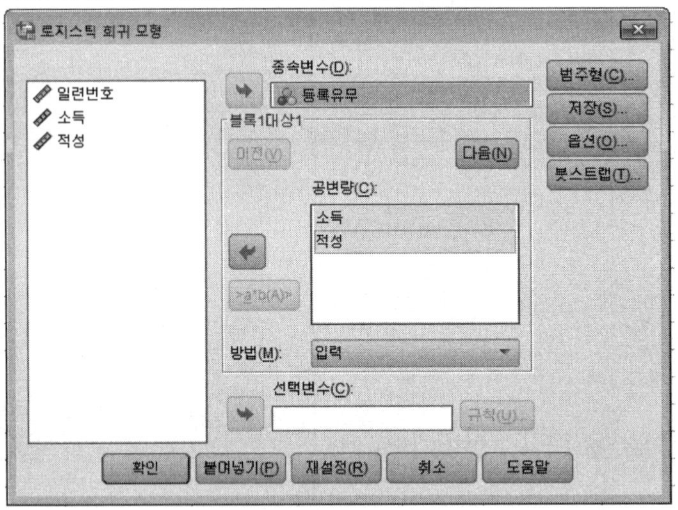

대화상자 12-2: 로지스틱 회귀 모형

❶ 변수명 "등록유무"를 선택하여 종속변수(D) 상자 안으로 이동시킨다.

❷ 변수명 "소득", "적성"을 선택하여 공변량(C) 상자 안으로 이동시킨다.

❸ 방법(M)은 입력을 그대로 둔다.

❹ 범주형(C)... 버튼을 클릭한다.

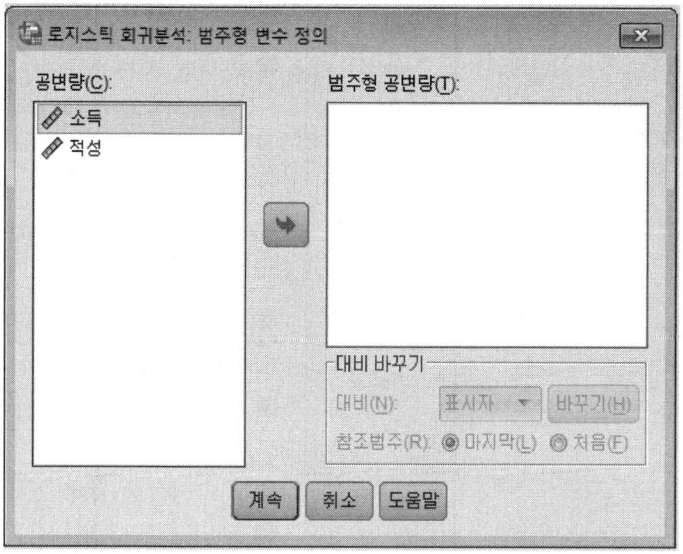

대화상자 12-3: 로지스틱 회귀분석: 범주형 변수 정의

❶ 기본설정에 의해 SPSS는 문자열 공변량(변수)을 범주형으로, 수치변수를 연속형으로 처리한다. 범주형으로써 하나 이상의 수치 공변량을 다루기 위해서는 로지스틱 회귀분석 대화상자에서 범주형 변수 정의를 이용할 수 있다.

❷ 계속버튼을 클릭한다.

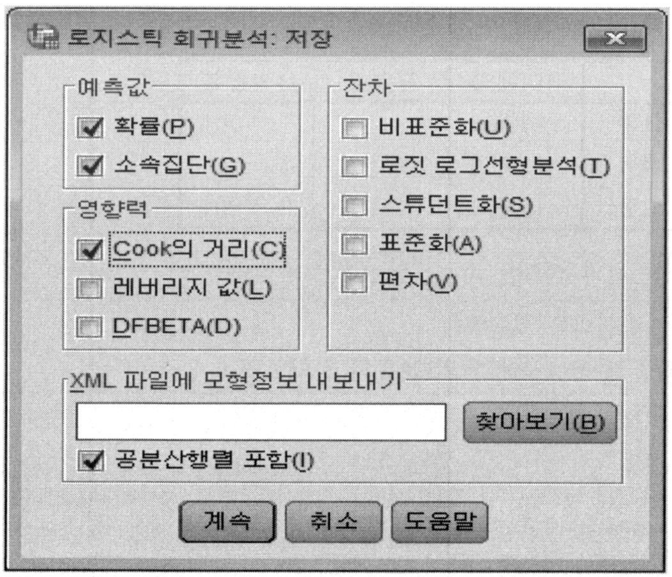

대화상자 12-4: 로지스틱 회귀분석: 저장

❶ 예측값에서 ☑확률(P), ☑소속집단(G)을 선택한다.

❷ 영향력에서 ☑Cook의 거리(C)를 선택한다.

❸ ☑공분산행렬 포함(I)를 선택한다.

❹ 계속버튼을 클릭한다.

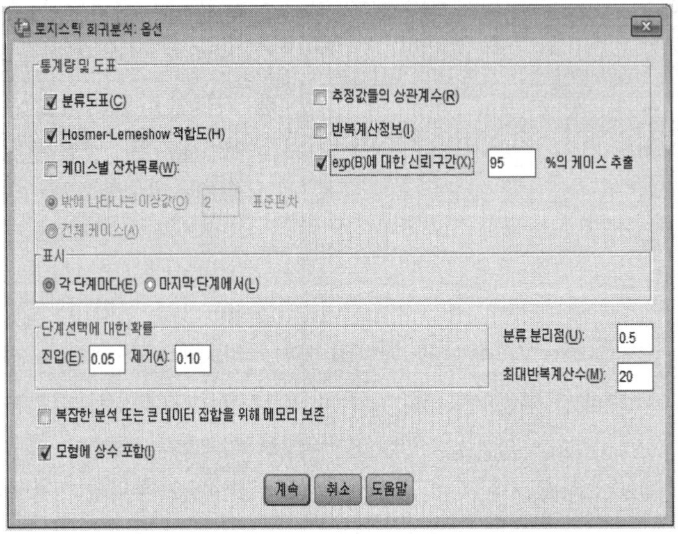

대화상자 12-5: 로지스틱 회귀분석: 옵션

❶ 통계량 및 도표에서 ☑ 분류도표(C), ☑ Hosmer-Lemeshow 적합도(H) 및 ☑exp(B)에 대한 신뢰구간(X) 95%를 선택한다.

❷ 표시에서 ◉각 단계마다(E)를 선택한다.

❸ ☑모형에 상수포함(S)을 선택한다.

❹ 계속버튼을 클릭한다.

❺ [대화상자 12-2]에서 확인버튼을 클릭한다.

모형 계수 전체 테스트

		카이제곱	자유도	유의확률
1 단계	단계	13.956	2	.001
	블록	13.956	2	.001
	모형	13.956	2	.001

대화상자 12-6: SPSS 출력결과 1

❶ 모형 계수 전체 테스트 출력결과를 확인한다.

❷ 카이제곱, 자유도, 유의확률 값을 〈사례〉안의 분류의 정확도표에 입력한다.

모형 요약

단계	-2 Log 우도	Cox와 Snell의 R-제곱	Nagelkerke R-제곱
1	40.592[a]	.295	.396

a. 모수 추정값이 .001보다 작게 변경되어 계산반복수 5에서 추정을 종료하였습니다.

내화상자 12-7: SPSS 출력결과 2

❶ 모형 요약 출력결과를 확인한다.

❷ −2 Log 우도, Nagelkerke R^2 값을 〈사례〉안의 분류의 정확도표에 입력한다.

분류표[a]

감시됨			예측: 등록유무 비등록	예측: 등록유무 등록	예측: 분류정확 %
1 단계	등록유무	비등록	19	4	82.6
		등록	7	10	58.8
	전체 퍼센트				72.5

a. 절단값은 .500입니다.

대화상자 12-8: SPSS 출력결과 3

❶ 분류표[a] 출력결과를 확인한다.

❷ 집단 분류의 정확도 값을 확인하여 〈사례〉안의 분류의 정확도 표에 입력한다.

방정식에 포함된 변수

		B	S.E,	Wals	자유도	유의확률	Exp(B)	EXP(B)에 대한 95% 신뢰구간	
								하한	상한
1 단계[a]	소득	.046	.021	4.695	1	.030	1.047	1.004	1.091
	적성	.077	.033	5.500	1	.019	1.080	1.013	1.151
	상수항	-6.070	2.092	8.417	1	.004	.002		

a. 변수가 1: 단계에 진입했습니다 소득, 적성. 소득, 적성.

대화상자 12-9: SPSS 출력결과 4

❶ 방정식에 포함된 변수 출력결과를 확인한다.

❷ 등록 여부에 대한 개별 독립변수들의 통계적 유의성을 분석한 결과를 〈사례〉안의 로지스틱 회귀분석 결과표에 입력한다.

4) 논문작성의 실제

사례 **아르바이트 대학생의 등록여부에 영향을 미치는 결정요인 분석**

등록여부에 대한 월 아르바이트 소득과 적성점수를 독립변수로 하는 모형에 대한 통계적 유의성 및 집단 분류의 정확도를 로지스틱 회귀분석으로 분석한 결과는 다음의 〈표 1〉과 같다.

〈표 1〉 모형 검정 및 등록여부 분류의 정확도

		관찰치			정확도
		등록안함	등록함	전체	
예측치	등록안함	19	4	23	82.6
	등록함	7	10	17	58.8
	전체	26	14	40	72.5
−2Log 우도 = 40.592 χ^2(절편모형−이론모형) = 13.956(df=2, p=.001), Nagelkerke R^2=.396					

등록안함과 등록함에 대한 관찰치와 예측치 간의 차이를 보면 등록안함의 경우 82.6%, 등록함의 경우 58.8%가 정확히 분류되어 전체적으로는 72.5%의 정확도를 나타내고 있다. 모형에 포함된 모든 독립변수들의 회귀계수가 0인지에 대한 가설검정 결과, 절편만을 포함하고 있는 모형의 -2LL과 연구자가 설정한 이론모형의 -2LL의 차이를 나타내는 χ^2 값은 13.956, 이에 대한 유의확률은 .001로서 소득과 적성에 의해 등록 여부를 예측하는 모형은 유의수준 .01에서 통계적으로 의미가 있으며 Nagelkerke R^2에 의하면 회귀모형에 의해 종속변수 변화량의 39.6% 정도가 설명되고 있다.

등록여부에 대한 개별 독립변수들의 통계적 유의성 및 상대적 기여도를 분석한 결과는 다음의 〈표 2〉와 같다.

〈표 2〉 등록여부에 대한 소득과 적성에 대한 로지스틱 회귀분석 결과

	회귀계수	표준오차	Wald	자유도	유의확률	Exp(B)
소득	.046	.012	4.695	1	.030	1.047
적성	.077	.033	5.500	1	.019	1.080
상수항	-6.070	2.092	8.417	1	.004	.002

등록여부에 대한 개별 독립변수들의 통계적 유의성 및 상대적 기여도를 분석한 결과, 소득(Wald=4.695, p=.030)과 적성(Wald=5.500, p=.019) 모두 유의수준 .05에서 다음 학기 등록여부에 유의미하게 영향을 미치고 있는 것으로 나타났다. 따라서 소득과 적성점수가 증가하면 대학생들이 등록할 확률이 커진다. 이 때 소득이 1만큼 증가할수록 등록확률은 각각 1.047배 증가하고, 적성점수가 1만큼 증가할수록 등록확률은 1.080배씩 증가한다.

5) 통계분석 절차와 논문의 분석

(1) 로지스틱 회귀모형의 설정

모든 독립변인들을 넣어서 로지스틱 회귀모형을 설정하였다.

- 로지스틱 회귀모형: $Y_{(등록여부)} = B_0 + B_1X_{1(소득)} + B_2X_{2(적성)}$

(2) 가설의 설정

가설의 설정은 로지스틱 회귀모형에 대한 가설과 각 독립변인에 대한 가설로 나누어진다. 로지스틱 회귀모형에 대한 1개의 영가설과 대립가설 그리고 독립변인에 대한 2개의 영가설과 대립가설을 설정하였다.

〈로지스틱 회귀모형에 대한 가설〉

- 영가설: 로지스틱 회귀모형의 결정계수는 0이다. 또는 로지스틱 회귀모형은 학생의 등록여부를 유의하게 설명하지 못한다.

〈독립변인에 대한 가설〉

- 영가설 1: 소득의 회귀계수는 0이다. 또는 소득은 등록여부에 영향을 미치지 않는다.
- 영가설 2: 적성의 회귀계수는 0이다. 또는 적성은 등록여부에 영향을 미치지 않는다.

(3) 검정통계량의 계산

- 로지스틱 회귀모형의 −2 로그우도값, χ^2값, 유의확률 p값, 결정계수 Nagelkerke R^2값을 구하였다(−2 로그우도=40.592, χ^2=13.956, p=.001, Nagelkerke R^2 =.396).

- 독립변인들의 비표준화 계수 B값, Wald값, 유의확률 p값, Exp(B)값을 구하였다(B =.046, .077; Wald=4.695, 5.500, p=.030, .019; Exp(B)=1.047, 1.080).

(4) 가설의 기각 및 채택

- 로지스틱 회귀모형에 대한 영가설의 χ^2값에 해당하는 유의확률 p값이 .01보다 작으므로 영가설을 기각하고 대립가설을 채택하였다.
- 독립변인의 영가설 중에서 소득과 적성의 영가설의 Wald값에 해당하는 유의확률 p값이 모두 .05보다 작으므로 영가설들을 기각하고 대립가설을 채택하였다.

(5) 해석과 정리

- 로지스틱 회귀모형은 유의미하게 대학생의 등록여부를 설명할 수 있다.
- 소득과 적성은 대학생의 등록여부에 영향을 미친다. 소득과 적성이 높아질수록 대학생이 등록할 확률이 커진다.
- 로지스틱 회귀모형의 결정계수 Nagelkerke R^2값이 .396으로 로지스틱 회귀모형에 의해 종속변인 변화량의 39.6% 정도가 설명되고 있다.
- 소득의 Exp(B)가 1.047이므로 대학생의 소득이 1만큼 증가하면 등록할 확률이 1.047배 증가하며, 적성의 Exp(B)가 1.080이므로 대학생의 적성점수가 1만큼 증가하면 등록할 확률이 1.080배 증가한다.

Chapter 13 요인분석

연구자들은 요인분석(factor analysis)을 종종 영어 그대로 '팩터 어날리시스'라고 말하기도 한다.

1. 목적

요인분석은 다수의 변인간의 상관관계를 분석하여 그 바탕을 이루고 있는 공통된 차원을 통해 서로 유사한 변인들끼리 묶는 통계법이다. 즉, 측정된 자료자체를 분석하여 몇 개의 공통요인(혹은 공통차원)이 있는가를 알아내며 기술하고자 한다. 만일 원래의 다수 변인들이 3개로 묶여지면, '3개의 요인(factor)으로 묶여졌다', '3개의 요인이 추출되었다', 혹은 '3개의 차원이(으로) 존재한다, 구성되어 있다, 파악되었다' 등으로 표현한다. 그리고 연구자는 그 3개의 요인(혹은 차원)에 적합한 이름을 붙이고 의미를 부여하며 설명을 더한다. 그러나 요인분석은 추리통계가 아니라서 변인, 변수들을 독립변인, 종속변인으로 나누지 않으며, 따라서 모수, 통계량, 가설검정 등의 개념은 사용하지 않는다.

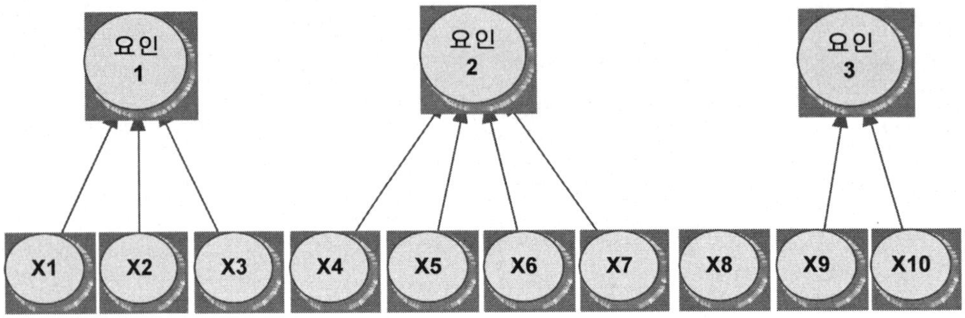

[그림 13-1] 요인분석

요인분석을 실시하는 구체적인 목적은 다음과 같다. 첫째, 변인간의 구조 혹은 특성을 파악하기 위해서다. 다수의 변인들이 소수의 공통된 요인으로 묶임으로써 원래 변인들 사이에 존재하는 특성을 발견할 수 있다. 연구자에 따라서는 이를 변인간의 '차원'을 파악한다고도 말한다. [그림 13-1]에서는 총 10개의 변인 간의 관계를 보여주고 있다. X1, X2, X3은 다른 변인들보다, X4, X5, X6은 다른 변인들 보다, X9, X10은 다른 변인들보다 더 관련이 깊은 변인들이어서 요인 1, 요인 2, 요인 3이라는 공통된 요인으로 묶여진다.

둘째, 다수의 변인들이 소수의 요인들로 묶임으로써 자료와 정보를 요약할 수 있다. 예컨대 10개의 변인들이 작용하는 어떤 현상이 있을 때, 그 현상을 10개 변인들 모두를 갖고 설명하는 것보다는 그 변인들 사이에 존재하는 소수의 특성(예컨대, 3가지)을 갖고 설명하는 편이 더 쉽고 편리하다. [그림 13-1]에서처럼 이제 3개의 공통요인을 갖고 설명하는 것이 가능하다.

셋째, 필요하지 않는 변인을 확인하거나 제거할 수 있다. 어떤 변인들은 추출된 어느 요인에도 들어가지 않아 묶이지 않을 수 있다. 영향력이 적은 중요하지 않은 변인, 신뢰도가 낮은 변인들이 속한다. [그림 13-1]에서는 변인 X8이 여기에 해당된다. 즉 X8은 영향력이 적거나 또는 신뢰도가 낮은 변인일 것이다[1]. 이런 목적의 요인분석을 이용하면, 즉 추출된 요인 어느 것에도 들어가지 않아 묶이지 않는 변인들을 버림으로써 타당도 높은 검사도구를 개발하거나 기존의 검사도구의 타당도를 높일 수 있다.

2. 자료수집

요인분석은 자료를 수집하기 위해 굳이 실험을 전제로 하지 않는다. 대개 회귀분석이나 경로분석을 이용하는 연구는 선행연구에서 타연구자가 개발하거나 사용했던 설문지를 자신의 연구상황에 맞게 수정해서 사용하는 경우가 많다. 자신의 연구상황에 적합한 선행연구에서 사용한 검사도구가 없다면, 어쩔 수 없이 연구자가 개발해야 하지만, 선행연구의 검사도구가 자신의 연구와 거의 같은 변인들을 측정하고 있다면 굳이 새로운 검사도구를 개발하지 않고, 기존의 그 검사도구를 적절하게 수정해서 사용하게 된다. 그리고 일반적으로 연구자가 직접 개발해서 사용하는 것보다는 기존 검사도구 사용을 장려한다. 검사도구 개발의 전문가가 만들고 신뢰도를 확보한 도구일 수 있거나, 아니면 적어도 이미 그 선행연구를 통하여 신뢰도를 어느 정도는 확보한 상태이기 때문이다. 또한 번거롭게 검사도구를 개발하는 수고를 덜 수도 있다.

그러나 요인분석을 위해서 기존의 검사도구를 사용하는 경우는 드물다. 요인분석의

1) 가능성은 그리 높지 않으나, 변인 X8이 어느 요인에도 속하지는 않지만 그 자체가 독자적인 요인으로 간주할 수 있을 만큼 매우 중요한 변인일 수 있다. X8의 요인적재량의 크기를 보고 판단한다.

목적은 회귀분석이나 경로분석과 근본적으로 다르기 때문이다. 요인분석은 변인 간의 관계를 파악한다는 큰 틀에서는 회귀분석, 경로분석과 다르지 않지만, 그 관계는 사뭇 다르다. 회귀분석이나 경로분석에서 각각의 독립변인, 종속변인(혹은 외생변인, 내생변인)은 이미 독립된 개별적인 변인들이고 이들 간의 관계를 알아보는 통계법인 반면에 요인분석은 독립변인, 종속변인의 구별이 없고 다수의 작은 구체적인 변인들이 추상적일 수 있는 소수의 큰 변인들로 묶이는 (속하는) 관계를 알아보는 통계법인 것이다. 그래서 큰 요인들이 몇 개가 나오고 (추출되고) 그 각각의 요인 안에 어떤 작은 구체적 변인들이 속하는지가 관심사다.

요인분석은 자료자체를 분석하여 기술하는 것이기 때문에, 대개 연구자가 연구문제에 맞는 검사도구(설문지)를 만든다. 이 때 연구문제와 관련된 측정가능한 모든 변수들을 검사도구에 포함시킨다. 변수의 수가 많아지면, 즉 문항의 수가 많아지면 이에 비례하여 표본의 수도 많아지기 때문에 이 점도 고려해야 한다. 설문문항은 당연히 메트릭 자료로 만들어져야 하며, 대개 Likert 5점, 7점 척도가 많이 선호된다.

3. 주요 개념들

1) 요인

요인분석은 다수의 변인, 변수 혹은 문항으로 이루어진 측정변수로부터 이론변수인 요인(factor)을 추출해내는 과정이다. 즉 연구자는 검사도구를 통해 문항끼리의 관련성을 측정(측정변수)하여 변인들이 공통으로 갖고 있는 공통 특성인 요인(이론변수 또는 잠재변수)을 파악하는 것이다. 이 때 요인은 변인들의 바탕으로 이루고 있는 공통의

'무엇'이다. 이 '무엇'은 검사도구에 포함된 많은 문항들의 상관관계로부터 추출되는 추상적인 것인데, 이 '무엇'을 중심으로 문항들이 모이게 된다고 생각하면 된다. 요인은 차원(dimension)이라고도 한다. 추출된 요인의 이름은 연구자가 연구상황에 맞게 붙여준다.

2) 요인적재량

요인분석을 하게 되면 각 변수(문항)와 그것이 속한 요인 간의 상관관계가 나오는데, 요인적재량(factor loading)은 그 문항과 요인간의 상관관계계수를 의미한다. 각 문항들은 모두 0에서 1사이의 값을 갖는 요인적재량을 갖고 있는데, 수치가 클수록 요인적재량이 큰 것이다. 그리고 그 크기만큼 '그 문항에 해당요인이 들어있다', '그 문항과 요인간의 관계가 있다'고 해석할 수 있다. 따라서 요인적재량이 클수록 그 문항은 해당요인에서 중요한 변수가 된다. 즉 추후 제거될 수 없는 문항이다. 그런데 그 적재량이 어느 정도 커야 유의미한지를 판단하는 기준은 아직 정립되어 있지 않다. 대개 ±0.3이상이면 유의하다고 할 수 있으며 ±0.5 이상이면 높은 적재량으로 보아도 된다. 그리고 이 적재량을 제곱하면 결정계수가 된다. 예컨대, 요인적재량이 0.5인 어느 한 변수가 있다고 하면, 이 요인이 이 변수를 25%만큼 설명한다. 요인적재량을 요인적재값, 혹은 요인부하량이라고도 한다.

3) 아이겐값

요인분석을 하면 다수의 요인들이 나오게 되고, 요인들의 수만큼 각 요인들의 아이겐값(eigenvalue)이 산출된다. 이 때, 어느 한 특정의 요인에 속한 변수들(문항들)의 요인적재량을 제곱하여 합한 값을 아이겐값이라고 한다. 아이겐값은 특정의 한 요인이 설명해주는 총분산으로서, 예컨대 요인 1의 아이겐값이 4.5라면 요인 1이 전체의 45%를 설명하고 있음을 의미하며, 요인 1이 4.5개의 변수들(문항들)의 분산을 대표할 수 있다, 즉 4.5개의 문항들이 요인 1로 묶여진다고 해석할 수 있다. 따라서 아이겐값이 클수록 해당요인의 설명력은 커지게 되는데, 만일 이 값이 1보다 작으면 1개의 변수나 문항의 분산조차 설명하지 못하는 요인이 되기 때문에 요인에서 탈락시키게 된다.

아이겐값은 요인의 개수를 결정하는데 쓰이는 기준이 된다. 보통 아이겐값이 1 이상을 갖는 요인의 수만큼 추출한다. 즉 아이겐값이 1이 넘는 요인들만 남기게 되는 것이다. 아이겐값을 고유값이라고도 한다([대화상자 13-4] 참조).

4) 요인의 회전

요인분석은 크게 2개의 과정이 있다. 하나는 요인의 수를 알아내는 것, 다른 하나는 그 요인에 어떤 변수들(문항들)이 속하는지를 알아내는 것이다. 요인적재량과 아이겐값 1을 기준으로 하면 요인의 수를 알아낼 수 있다. 하지만 어떤 변수들이 어느 요인에 속하고 묶이는지 명확히 알 수 없다. 이를 위해 변수들이 어느 한 요인에 해당하는지 요인의 구조를 명확히 하기 위해 요인을 회전시킨다.

요인을 회전시키는 방법에는 직각요인회전(orthogonal factor rotation)과 사각요인회전(oblique factor rotation이 있다. 전자는 직각으로 유지한 채, 후자는 직각을 유지하지 않은 채 요인구조가 뚜렷할 때까지 회전시키는 것이다. 그리고 각각은 회전방식에서 여러 방식이 존재하는데, 연구자들은 보통 직각회전에는 VARIMAX 방식을, 사각회전에는 OBLIMIN 방식을 선호하는 것으로 보인다. 그러나 논쟁의 여지가 있는 사각회전보다 직각회전의 VARIMAX 방식이 많이 쓰인다([대화상자 13-5] 참조).

5) KMO값과 Barlett의 구형성 검정

KMO(Kaiser-Meyer-Olkin 측도)값이란 요인분석에 사용되는 데이터가 요인분석을 실시하는데 적절한지를 나타내주는 지표인데, 이 값이 .50보다 크면 데이터가 요인분석을 실시하는데 적절하다고 말할 수 있다.

Barlett의 구형성 검정도 KMO값처럼 요인분석에 사용되는 데이터가 요인분석을 실시하는데 적절한지를 알아보는 것이다. KMO값과 차이점이 있다면, Barlett의 구형성 검정은 그 이름처럼 검정이므로, 이 값에 해당하는 유의확률 p값이 유의한지를 보아야 한다는 것이다. 유의확률이 유의하면 요인분석을 실시하는데 적절하다고 말할 수 있다([대화상자 13-3, 13-8] 참조).

4. 가정과 조건

다음과 같은 가정과 조건을 만족시켜야 요인분석을 실시할 수 있다.

- 각 변인들(문항들)이 정규분포를 이루어야 한다(3장의 정규성 내용 참조).
- 양적변인(메트릭 자료/등간척도 또는 비율척도)으로 측정되어야 한다(2장의 척도 내용 참조).

5. 종류와 연구예시

요인분석의 종류에는 크게 탐색적 요인분석(exploratory factor analysis)과 확인적 요인분석(confirmatory factor analysis)이 있다. 전자는 어떤 요인들이 있는지, 요인의 수는 몇 개인지를 확실하게 알 수 없는 경우에 실시하고, 후자는 요인에 대한 정보가 있을 때 실시한다. 연구목적도 상이해서 전자는 공통된 특성이나 성분을 요인의 개수로 파악함으로써 변수들의 내용구조를 밝히려는 것이며, 후자는 알려진 요인 정보를 이용하여 모형검증, 변수들 간의 인과관계 등을 규명한다. 통계분석에 이용되는 통계프로그램도 차이가 있는데, 전자는 SPSS가 주로 이용되고, 후자는 AMOS, LISEREL과 같은 프로그램이 이용된다. 특히 후자는 구조방정식모형(structural equation modeling: SEM)이 활용된다. 이처럼 두 분석방법은 요인분석이라는 종류에 포함되지만, 많은 부분에서 상이한 측면이 많다. 이 책에서 다루는 통계분석법은 전자인 탐색적 요인분석에 한한다. 연구예시는 다음과 같다.

- e-러닝과목을 수강하는 이유에 대한 구조 탐색
- 특정 직업(예컨대, 변호사, 회계사 등)을 선택하는 학생의 동기요인 규명
- 초등학생, 중고등학생, 대학생이 인식하는 좋은 수업을 이루는 차원 비교

위에서 제시한 것은 물론 가상의 연구예시이며, 수강이유, 동기요인, 차원들에 대한 정보가 알려져 있지 않은 것을 전제로 한다. 위의 예시는 앞서 요인분석의 목적에서 기술된 첫 번째 목적인 변인간의 구조, 특성 파악에 해당한다. 세 번째 예시를 갖고 조금 더 구체적으로 연구진행을 기술하면, 먼저 연구자는 좋은 수업에 대하여 다양한 의견을 수렴하여 5점 혹은 7점 Likert 척도로 된 설문문항을 만든 다음, 초등학생, 중고

등학생, 대학생들을 대상으로 설문조사를 실시하고 각 참여자 집단별로 1회씩 총 3번의 요인분석을 실시한다. 그 결과로 3개 집단 간의 추출되어 나온 요인들이 같은지, 그 요인에 속하는 변수들이 3개 집단별로 같은 지를 확인한다. 그리고 3개 집단에서 추출된 요인들과 묶이는 변수들에 대한 논리적으로 적절한 해석과 설명을 붙인다.

요인분석의 또 하나의 예시로는 검사도구 개발 자체가 연구의 주목적인 검사도구를 개발하는 연구가 있고, 또한 어떤 연구를 위하여 사용하는 검사도구의 타당도를 검증할 때도 있다. 검사도구의 타당도를 검증하는 경우는 사용하려는 검사도구가 아직 신뢰할 수 있는 도구로 인정받지 못하기 때문에 본격적인 연구를 시작하기 전에, 즉 검사도구를 이용하여 측정하기 이전에 예비조사의 일환으로 실시하는 것이다.

대개 검사도구는 측정하고자 하는 소수의 구인을 여러 개의 문항으로 측정한다. 예컨대 1개의 문항으로 1개의 구인을 측정하는 것이 아니라 3~5개의 문항으로 1개의 구인을 측정한다(2장 Likert 척도 내용 참조). 그러면 이 3~5개의 문항은 같은 구인을 측정하는 것이므로 이들은 상관관계가 높아야 한다. 이를 요인분석하면 이 3~5개의 문항은 동일한 요인, 즉 측정하고자 하는 구인으로 묶여야 한다. 만일 어느 것 하나가 그 요인으로 묶이지 못하면 그것은 측정하고자 하는 구인을 제대로 측정해내지 못하는 문항이 되므로 버려야 한다. 아주 간혹이기는 하지만 경우에 따라서는 A 구인을 측정하려는 문항으로 설계되었는데, 요인분석을 해보니 B 구인을 측정하는 문항으로 밝혀지기도 한다. 이처럼 측정하고자 하는 문항들이 요인분석을 통해 동일한 요인에 속하는지를 확인하여 검사도구를 개발하거나 검사도구의 타당도를 알아볼 수 있다.

요인분석에는 독립변인, 종속변인이 없기 때문에 분산분석처럼 독립변인과 종속변인을 갖고 논문제목을 붙이기는 어렵다. 대신에 연구주제(예컨대, 위의 예에서 수강이유, 동기요인, 좋은 수업)를 제목에 넣는 것이 일반적이다. 물론 검사도구의 타당도를 확보하기 위한 요인분석이라면 요인분석의 내용이 논문의 제목이 되지는 않을 것이다.

6. 통계 분석절차

1) 변인의 선정과 검사도구(설문지)의 완성

- 연구문제와 관련된 측정이 가능한 모든 변인을 검사도구에 포함시킴
- 문항은 메트릭 자료로 구성(Likert 5점 혹은 7점 척도)

2) 표본의 크기 결정

- 표본의 크기는 최소 50명 이상, 100명 이상이면 바람직
- 문항의 수의 최소 5배, 10배 이상이면 바람직(예: 문항의 수가 30개면 최소 150명 이상의 표본이 필요)

3) 자료의 표준화와 입력

- 자료의 측정단위가 다른 경우라면 표준화 과정(평균 0, 표준편차 1)을 거침.
- 표준화 과정을 거침으로써 측정단위 때문에 발생하는 영향을 미리 제거할 수 있음

4) 통계프로그램 실행

연구자는 통계프로그램을 실행하여 제시되는 대화상자에 따라 다음과 같은 중요한 절차를 밟는다.

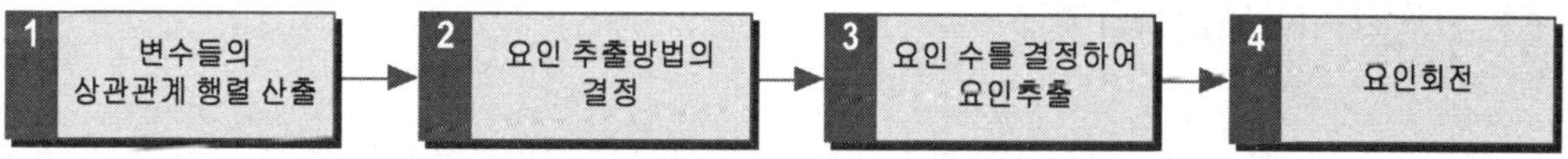

- 변수들의 상관관계 행렬 산출: 변수들(문항들)간의 상호 관련성을 파악
- 요인 추출방법(모델)의 결정: 주성분분석(principal component analysis: PCA)과 공통요인분석(common factor analysis: CFA) 중에서 선택(PCA를 많이 사용)
- 요인 수를 결정하여 요인추출: 여러 가지 방법이 있으나, 대체로 아이겐값 1 이상을 갖는 요인의 수만큼 결정하는 방법을 많이 사용
- 요인회전: 직각요인회전의 VARIMAX 방식을 많이 선호

요인을 추출할 때 2가지 경우가 존재한다. 첫 번째 경우는 요인의 수를 결정하지 않은 상태에서 추출하는 것으로 아이겐값(고유값)을 기준으로 대개 1 이상으로 입력하면 아이겐값이 1 이상이 되는 요인들은 모두 추출되는데, 요인이 몇 개가 될지는 데이터에 따라 다르다([대화상자 13-4-①] 참조). 이 추출 경우를 선택하는 연구는 주로 연구주제에 대해 아무런 정보가 없거나 부족하여 연구주제의 요인구조나 공통특성을 알아보려는 의도에서 실시하게 된다.

요인추출의 두 번째 경우는 연구자가 추출되는 요인의 수를 연구자가 미리 결정하고 입력하는 것이다. 그러면 추출되는 요인의 수는 연구자가 입력한 수만큼 추출하게 된다([대화상자 13-4-②] 참조). 이런 추출은 연구주제에 대한 정보가 있거나 이론적 근거를 바탕으로 하는 연구에서 실시되거나, 검사도구의 타당도를 확보하려는 시도에서 이루어진다.

5) 요인의 해석과 설명

통계프로그램이 제시하는 다양한 표를 연구상황에 맞게 편집하여 제시하면서 이에 대한 통계적 설명을 추가한다. 특히 통계적 설명에는 요인추출 때 어떤 모델로 추출했는지(주성분분석 또는 공통요인분석)와 어떤 요인회전 방식(직각요인회전 또는 사각요인회전)을 사용했는지를 밝히고([대화상자 13-4, 13-5] 참조), 표에는 변수들의 아이겐값, 요인적재량 등이 나타나도록 해야 한다.

여러 개의 요인이 추출되면 연구자는 각각의 요인들의 이름을 붙이는 작업을 한다. 같은 요인으로 묶이는 변수들은 그 요인과 높은 상관관계를 갖고 있으며 변수들끼리도 높은 상관관계를 갖고 있기 때문에 이름을 붙일 때, 해당하는 변수들의 공통적인 특성을 고려한다.[2] 그리고 묶어진 변수나 문항 전체를 아우를 수 있는 이름을 찾되, 각각의 요인에 묶이는 개별 변수들 중에서 요인적재량이 가장 큰 변수를 중심으로 이름을 붙인다. 이런 요인이름을 붙이는 과정에 대하여 연구자는 논리적 설명을 제시해야 한다.

요인분석 결과, 몇 가지 상황이 발생할 수 있다. 첫째는 변수나 문항들 중에서 어느 한 요인에 속하지 않는 것들이 나타날 수 있다. 이런 변수들은 요인들과 상관관계가 없는 중요하지 않은 변수로 간주될 수 있으므로 제거할 수 있다. 그리고 연구자가 판단

2) 이런 공통적인 특성이 있기 때문에 요인으로 묶인다.

하여 요인분석을 다시 해도 된다. 둘째는 같은 요인으로 묶여진 변수들 사이에서 공통적 특성이 없는 상황이다. 이 때 연구자는 요인의 이름을 "불확정 요인(undefined factor)"로 붙이고 해석을 하면 된다. 세 번째는 같은 요인으로 속한 여러 개의 변수들 중에서 어느 한 변수가 다른 변수들의 공통적 특성이 전혀 없는 경우다. 이때는 공통특성이 없는 변수를 제거하고 다시 요인분석을 하면 된다. 끝으로 교차적재(cross-loading)가 발생하는 경우다. 교차적재는 한 변수가 2개의 요인에 동시에 속하게 되는 경우인데, 그 변수가 다른 여러 변수들과 모두 높은 상관관계를 갖고 있기 때문에 발생한다. 이때는 이 변수를 제거하여 다시 분석을 하거나 그 변수를 무시할 수도 있다. 어떤 상황이 발생했든지 후속조치의 절차와 과정에 대한 설명은 필요하다.

6) 필요한 경우 요인점수를 산출하여 추후 연구에 이용

만일 연구의 목적이 변수들 사이에 존재하는 요인과 구조 혹은 차원을 파악하는 것이라면 분석과 해석은 여기서 끝난다. 하지만 밝혀진 각 요인들을 요인점수로 전환하여 추가적인 분석도 가능하다. 대표적인 추후 연구는 요인점수를 이용하여 회귀분석을 하는 것이다. [대화상자 13-6]에서 ☑변수로 저장(S)을 체크하고 ◉회귀분석(R)을 선택하면 기존 요인분석의 데이터파일에 추가로 새로운 변수들이 생성되는데 이때 요인점수를 회귀분석을 하는데 독립변인으로 사용하는 것이다(11장 참조).

7. 연구사례

1) 연구상황

이 사례는 신뢰할 수 있는 교수자의 교육역할 수행정도를 파악하기 위하여 대학교수의 교육역할 진단도구를 개발하고 그 진단도구의 타당도를 검증하는 것이다. 이를 위해 대학교수의 교육역할에 대해 이론적 고찰을 통해 내용전문가, 교수설계자, 강연자, 조력자의 4개 역할을 확인하고, 이 4개의 역할을 묻는 총 30문항을 개발하였다. 이 연구의 목적은 이 30문항이 어느 문항을 중심으로 몇 개의 문항으로 묶이는지를 파악하려는 것이다.[3)]

2) 설문문항 예시

자료수집 방법은 설문지로써 연구참여자가 문항내용을 읽고 빈칸에 체크하도록 되어 있다. 5점 Likert 척도로 구성되어 있다.

〈표 13-1〉 교육역할 진단도구 설문문항 예시

번호	문항	전혀 그렇지 않다	그렇지 않다	보통 이다	그렇다	매우 그렇다
1	수업 중 나와 다른 여러 학자들의 관점들도 언급하며 다룬다.					
2	주별 수업내용은 서로 밀접한 관련을 가지고 있다.					
3	이 분야에 대해 다른 누구보다 학습내용에 대해 전문적인 지식을 가지고 있다.					
4	이 분야의 최근 연구나 동향을 수업에서 다룬다.					
…	………………………………					

3) 이 사례는 실제의 데이터를 이용한 실제 연구논문이다. 이 책을 위하여 논문의 내용을 편집하였음을 밝힌다.

3) SPSS 수행절차

코딩된 데이터를 SPSS에서 불러낸 후 [화면캡처 13-1]의 SPSS 분석 메뉴에서 다음과 같이 수행한다([대화상자 13-1]~[대화상자 13-10]).

분석(A) → 차원 감소(D) → 요인분석(F)...

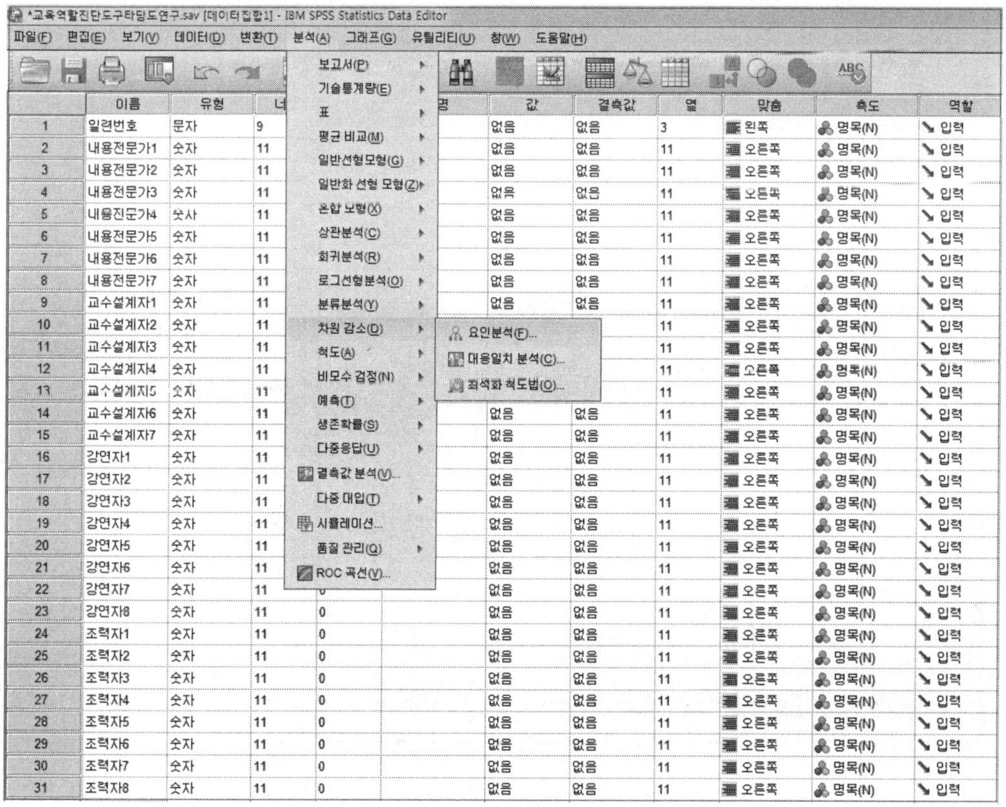

[화면캡처 13-1] SPSS 분석 메뉴

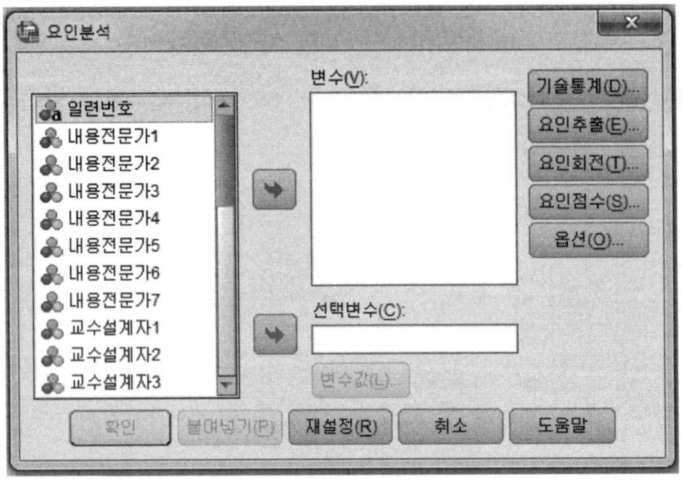

대화상자 13-1: 요인분석

❶ 좌측 상자에는 모든 변수가 나타난다.

❷ 우측 변수(V) 상자에는 요인분석을 할 변수가 들어간다.

※ 좌측 상자에는 보이지 않지만 총 30개의 변수(문항)들이 있다.

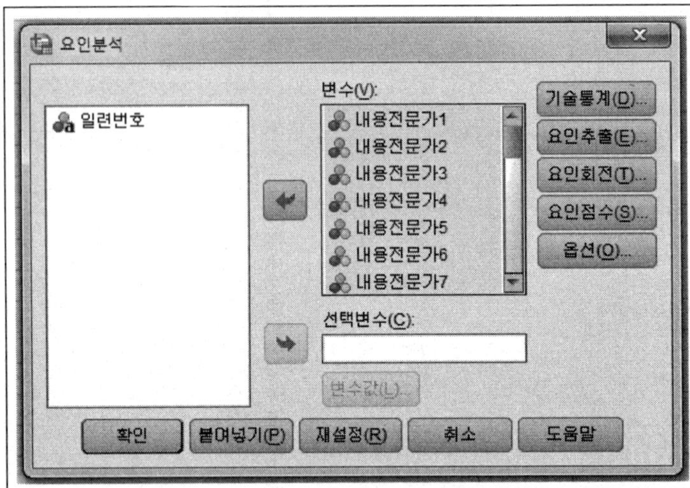

대화상자 13-2: 요인분석

❶ 요인분석할 모든 문항을 선택하여 변수(V) 상자 안으로 이동시킨다.

❷ 기술통계(D)... 버튼을 클릭한다.

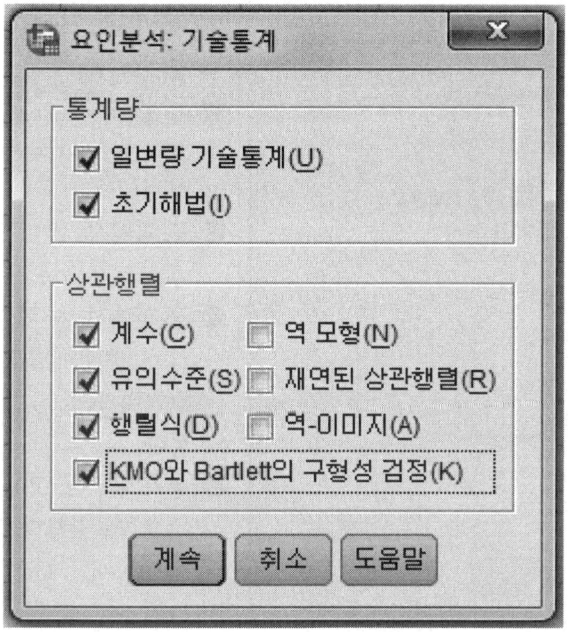

대화상자 13-3: 요인분석: 기술통계

❶ 통계량에서 ☑일변량 기술통계(U), 초기해법(I)을 선택한다.

❷ 상관행렬에서 ☑ 계수(C), ☑유의수준(S), ☑ 행렬식(D), ☑KMO와 Bartlett의 구형성 검정(K)을 선택한다.

❸ 계속버튼을 클릭한다.

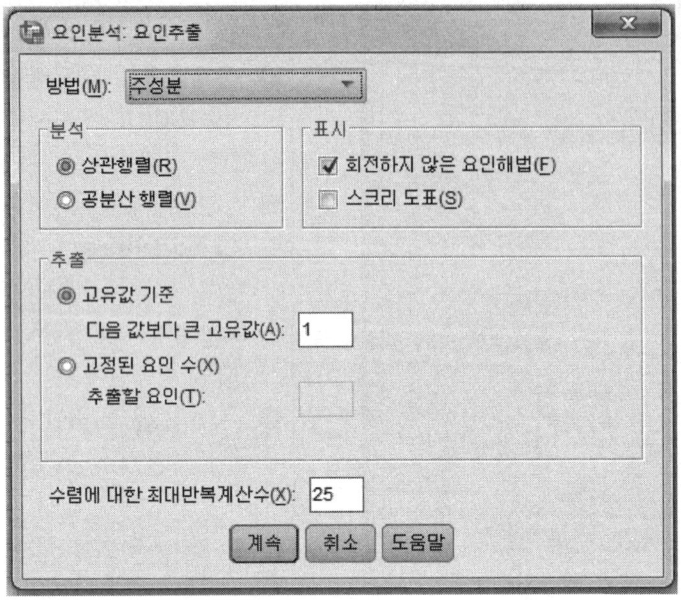

대화상자 13-4-①: 요인분석: 요인추출

❶ 방법(M)에서 주성분 ▼ 방식으로 기본 설정되어 있다.

❷ 분석에서 ◉상관행렬(R)을 선택한다.

❸ 표시에서 ☑회전하지 않은 요인해법(F), ☑스크리 도표(S)를 선택한다.

❹ 추출에서 ◉ 고유값 기준 다음 값보다 큰 고유값(A)에 "1"을 입력한다.

❺ 계속버튼을 클릭한다.

※ 추출: 고유값 기준

고유값 기준은 요인을 추출할 때 아이겐값이 1보다 커야 한다는 것을 뜻한다. 아이겐값이 1이 넘는다면 요인이 될 수 있는데, 이 때 추출되는 요인의 수는 결정되지 않는다. 요인의 수는 아이겐값이 1보다 크므로 이론적으로 최소 1개 요인(모든 문항이 같이 묶인 요인)부터 최대 30개 요인(모든 문항 각각이 묶일 수 없는 다른 요인들)으로 추출될 수 있다.

※ 추출: 고정된 요인수(×)

고정된 요인수(×)는 연구자가 추출할 요인의 수를 미리 결정한 상태에서 요인이 추출되는 것으로, 요인의 수를 미리 결정하기 위해서는 연구자가 이론적 근거를 통한 정당화가 자료수집 이전에 이루어져야 한다.

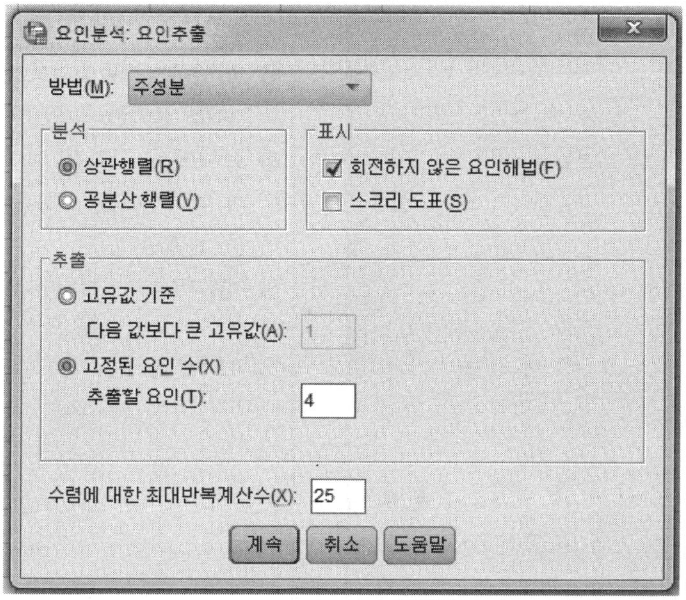

대화상자 13-4-②: 요인분석: 요인추출

❶ 방법(M)에서 주성분 ▼ 방식으로 기본 설정되어 있다.

❷ 분석에서 ◉상관행렬(R)을 선택한다.

❸ 표시에서 ☑회전하지 않은 요인해법(F), ☑스크리 도표(S)를 선택한다.

❹ 추출에서 ◉ 고정된 요인 수(X)에서 추출할 요인(T)에 “4”를 입력한다.

❺ 계속버튼을 클릭한다.

※ 이 사례에서는 고유값 1인 이상을 기준으로 요인을 추출하면 모두 9개의 요인이 추출되었는데, 만일 이처럼 9개의 요인으로 문항을 묶고 추후에 연구자가 이 9개 요인에 이름을 붙이면서 연구를 진행해도 된다.

※ 그러나 이 사례는 대학교수의 교육역할에 대한 이론적 근거를 바탕으로 4개의 요인(내용전문가, 교수설계자, 강연자, 조력자)으로 고정하여 요인분석을 실시하였다.

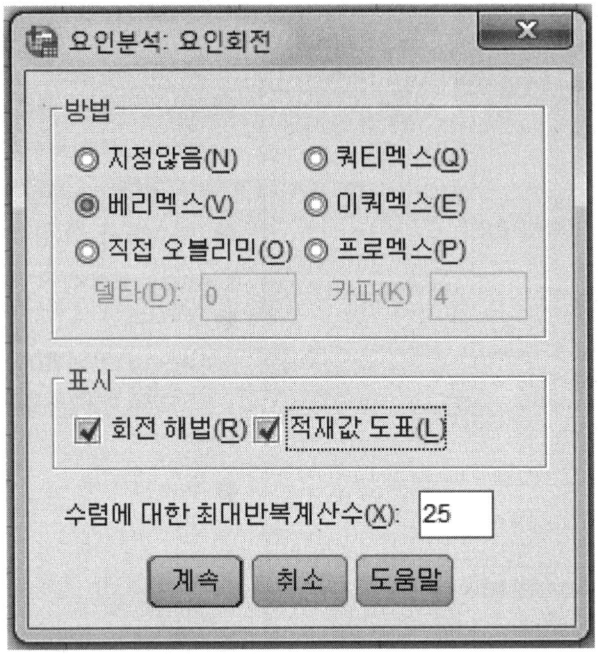

대화상자 13-5: 요인분석: 요인회전

❶ 방법에서 ◉베리멕스(V)를 선택한다.
❷ 표시에서 ☑회전 해법(R), ☑적재값 도표(L)을 선택한다.
❸ 계속버튼을 클릭한다.

대화상자 13-6: 요인분석: 요인점수

❶ ☑변수로 저장(S)을 선택한다.
❷ 방법에서 ◉회귀분석(R)을 선택한다.
❸ ☑ 요인점수 계수행렬 출력(D)을 선택한다.
❹ 계속버튼을 클릭한다.

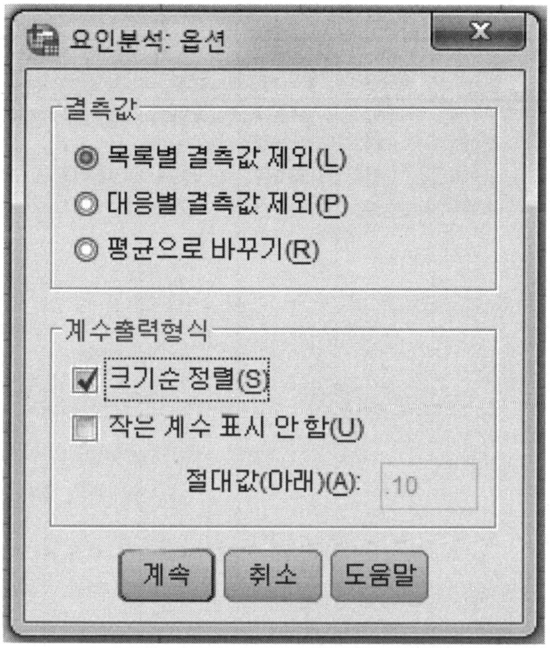

대화상자 13-7: 요인분석: 옵션

❶ 결측값에서 ◉ 목록별 결측값 제외(L)를 선택한다.

❷ 계수출력형식에서 ☑ 기순 정렬(S)을 선택한다.

❸ 계속버튼을 클릭한다.

❹ 「대화상자 13-2」에서 확인버튼을 클릭한다.

KMO와 Bartlett의 검정

표준형성 적절성의 Kaiser-Meyer-Olkin 측도.		.811
Bartlett의 구형성 검정	근사 카이제곱	1426.670
	자유도	435
	유의확률	.000

대화상자 13-8: SPSS 출력결과 1

❶ KMO와 Bartlett의 검정 출력결과를 확인한다.

❷ KMO값(.811)과 Bartlett 구형성 검정치(1426.670, p=.000)를 〈사례〉 해석내용에 기술한다. 이 값들은 수집된 데이터가 요인분석을 하는데 적합한 지를 나타내주는 지표들로서, KMO값은 .50보다 클 때, Bartlett 구형성 검정치가 유의미할 때 데이터는 요인분석을 실시하는데 적합한 것으로 판단한다.

설명된 총분산

성분	초기 고유값			추출 제곱합 적재값			회전 제곱합 적재값		
	합계	% 분산	% 누적	합계	% 분산	% 누적	합계	% 분산	% 누적
1	7.464	24.879	24.879	7.464	24.879	24.879	3.983	13.276	13.276
2	2.083	6.943	31.822	2.083	6.943	31.822	3.370	11.232	24.508
3	2.045	6.818	38.640	2.045	6.818	38.640	3.125	10.417	34.925
4	1.619	5.396	44.036	1.619	5.396	44.036	2.733	9.111	44.036
5	1.459	4.864	48.900						
6	1.373	4.576	53.475						
7	1.247	4.158	57.634						
8	1.128	3.759	61.392						
9	1.114	3.713	65.105						
10	.999	3.331	68.436						
11	.949	3.164	71.600						
12	.830	2.767	74.368						
13	.773	2.576	76.944						
14	.675	2.249	79.193						
15	.667	2.223	81.416						
16	.588	1.961	83.376						
17	.560	1.868	85.245						
18	.501	1.670	86.914						
19	.490	1.632	88.546						
20	.442	1.473	90.020						
21	.408	1.359	91.379						
22	.396	1.319	92.698						
23	.360	1.201	93.899						
24	.326	1.088	94.987						
25	.319	1.064	96.051						
26	.275	.918	96.969						
27	.247	.824	97.792						
28	.232	.775	98.567						
29	.225	.749	99.316						
30	.205	.684	100.000						

추출 방법: 주성분 분석.

대화상자 13-9: SPSS 출력결과 2

❶ 설명된 총분산 출력결과를 확인한다.

❷ 성분 1, 2, 3, 4의 초기 고유값(합계, %분산, %누적)을 〈사례〉안의 요인분석 결과표에 내용을 입력한다.

회전된 성분행렬[a]

	성분			
	1	2	3	4
강연자7	.634	.266	-.109	.078
조력자7	.597	.119	.041	.198
조력자4	.585	.343	-.069	.208
교수설계자1	.565	.023	.177	.331
강연자8	.556	.323	.379	-.071
강연자6	.539	.369	.291	-.049
강연자5	.539	.034	.069	.001
조력자1	.527	.140	.068	.385
내용전문가7	.399	-.021	.299	-.071
강연자3	.198	.786	.082	.120
강연자1	.032	.745	.199	.118
강연자2	.155	.672	.079	.256
강연자4	.229	.604	.034	.062
조력자3	.077	.541	.075	.136
조력자2	.388	.505	.272	.054
내용전문가3	-.106	-.057	.701	.174
내용전문가2	.129	.010	.684	.157
조력자6	.425	.165	.635	-.050
조력자8	.409	.140	.513	.052
내용전문가1	.150	.058	.426	.045
조력자5	.412	.193	.420	.038
내용전문가6	.021	.150	.418	.030
내용전문가4	-.221	.129	.403	.275
내용전문가5	-.008	.247	.343	.234
교수설계자3	-.038	.083	-.040	.702
교수설계자6	-.081	.278	.095	.681
교수설계자5	.137	.043	.243	.559
교수설계자4	.372	.080	.059	.558
교수설계자2	.351	.272	.104	.527
교수설계자7	.237	.113	.305	.453

요인추출 방법: 주성분 분석.
회전 방법: Kaiser 정규화가 있는 베리멕스.
a. 10 반복계산에서 요인회전이 수렴되었습니다.

대화상자 13-10: SPSS 출력결과 3

❶ 회전된 성분행렬[a] 출력결과를 확인한다.

❷ 요인부하량이 낮은 문항이나 여러 요인에 걸쳐 적재된 문항(교수설계자1, 내용전문가7, 조력자6, 조력자8, 조력자5, 내용전문가5)을 삭제한 후, 〈사례〉안의 요인분석 결과표에 내용을 입력한다.

4) 논문작성의 실제

사례 **대학교수의 교육역할 진단도구의 타당도 검증**

교육역할 진단도구의 하위요인들이 제대로 묶여져 있는지를 검정하기 위해 탐색적 요인분석을 실시한 결과는 다음의 〈표〉와 같다.

〈표〉 교육역할 진단도구에 대한 탐색적 요인분석 결과

요인	조력자	강연자	내용전문가	교수설계자
강연자7	.634	.266	−.109	.078
조력자7	.597	.119	.041	.198
조력자4	.585	.343	−.069	.208
강연자8	.556	.323	.379	−.071
강연자6	.539	.369	.291	−.049
강연자5	.539	.034	.069	−.001
조력자1	.527	.140	.068	.385
강연자3	.198	.786	.082	.120
강연자1	.032	.745	.199	.118
강연자2	.155	.672	.079	.256
강연자4	.139	.604	.034	.062
조력자3	.077	.541	.075	.136
조력자2	.388	.505	.272	.054
내용전문3	−.106	−.057	.701	.174
내용전문2	.129	.010	.684	.157
내용전문1	.150	.058	.426	.045
내용전문6	.021	.150	.418	.030
내용전문4	−.131	.129	.403	.275
교수설계3	−.038	.083	−.040	.702
교수설계6	−.081	.278	.095	.681
교수설계5	.137	.043	.243	.559
교수설계4	.372	.080	.059	.558
교수설계2	.351	.272	.104	.527
교수설계7	.237	.113	.305	.453
고유값	7.464	2.083	2.045	1.619
설명변량(%)	24.879	6.943	6.818	5.396
누적변량(%)	24.879	31.813	38.640	44.036

먼저 설문조사를 통해 수집된 자료가 요인분석을 하기에 적합한 자료인지 판단하기 위해 KMO(Kaiser-Meyer-Olkin)와 Bartlett 검정을 실시하였다. 그 결과 KMO 값은 .811, Bartlett 구형성 검정치는 1426.670(p=.000)으로 수집된 자료는 요인분석에 적합한 것으로 나타났다.

교육역할 진단도구의 하위요인들이 제대로 묶여져 있는지를 검정하기 위해 하위요인별 문항별에 따라 탐색적 요인분석을 실시하였다(〈표〉 참고). 일반적으로 고유값 1인 이상을 기준으로 요인을 추출하는데 1차 분석결과 총 9개의 요인으로 추출되어 이론적 근거를 바탕으로 추출된 교수들의 교육역할의 하위요인 수와 일치하지 않았다. 때문에 요인을 4개로 고정하여 베리맥스 직교회전 방법을 사용하여 최종적으로 4요인이 추출하였다.

요인부하량(factor loading)은 어떤 요인들이 어떤 변수들과 가장 많은 관계를 갖고 있는지를 알 수 있는 계수로서 요인이 해당변수를 설명해 주는 정도를 의미한다. 일반적으로 요인부하량이 .40이상이면 유의한 변수로 간주하고, .50을 넘으면 아주 중요한 변수로 간주한다. 추출된 요인의 문항 중에서 요인부하량이 낮은 문항 및 여러 요인에 걸쳐 적재된 6개의 문항을 적절하지 않다고 판단되어 삭제하였다.

요인 1인 조력자 교육역할은 7개의 문항으로 요인부하량은 .527에서 .634까지 높게 나타났으며, 고유값은 7.464이며 전체변량에 대해서 24.879%의 설명력을 가지고 있는 것으로 나타났다. 요인 2인 강연자 교육역할은 6개의 문항으로 요인부하량은 .505에서 .786까지 높게 나타났으며, 고유값은 2.083이며 전체변량에 대해서 6.943%의 설명력을 가지고 있는 것으로 나타났다. 요인 3인 내용전문가 교육역할은 5개의 문항으로 요인부하량은 .403에서 .701까지 높게 나타났으며, 고유값은 2.045이며 전체변량에 대해서 6.818%의 설명력을 가지고 있는 것으로 나타났다. 요인 4인 교수설계자 교육역할은 6개의 문항으로 요인부하량은 .453에서 .702까지 높게 나타났으며, 고유값은 1.619이며 전체변량에 대해서 5.396%의 설명력을 가지고 있는 것으로 나타났다. 따라서 대학교수의 교육역할 진단도구에 관한 30개의 문항에 대하여 요인분석을 실시한 결과, 총 4개의 요인이 도출되었으며, 6개의 문항이 삭제되었으며 최종적으로 24문항에 대해 각 요인은 구인 타당성이 확보된 것으로 분석되었다.

※ 출처 : 김선연 · 조규락(2012). 대학교수의 교육역할 진단도구 타당화 연구. 교육정보미디어연구. 16(4), 575-599.

5) 통계분석 절차와 논문의 분석

(1) 변인의 선정과 검사도구(설문지)의 완성

이 사례에서는 대학교수자 역할이라는 주제에 대한 검사도구로 총 30개 문항으로 구성된 설문지를 만들었다. 문항은 Likert 5점 척도로 구성하였다.

(2) 표본의 크기 결정

표본의 크기는 교수와 학생을 합하여 600명 이상으로 하였다.

(3) 자료의 표준화와 입력

자료의 측정단위가 모두 같아서 표준화 과정을 거칠 필요가 없었다.

(4) 통계프로그램 실행

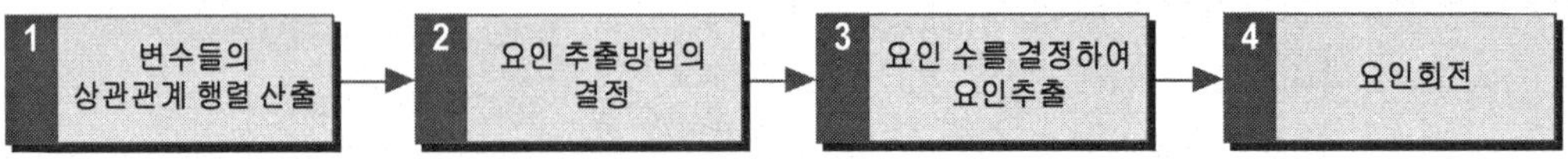

- 변수들간의 상호 관련성을 파악하는 상관관계 행렬을 산출하였다. 하지만 〈사례〉에는 기술하지 않았다. 사실, SPSS가 제시하는 모든 산출결과를 연구논문에서 기술하지는 않는다(꼭 필요한 것만 제시).
- 요인추출 방법으로는 주성분분석(principal component analysis: PCA)을 사용하였다.
- 요인 추출을 위한 요인 수를 결정할 때, 아이겐값 1 이상으로 하였고, 이 사례에서는 이론적 근거에 따라 요인의 수를 4개로 미리 정하여 분석하였다.

• 요인회전에는 직각요인회전의 VARIMAX 방식을 이용하였다.

(5) 요인의 해석과 설명

이 사례에서는 제시하지 않았지만, 필요한 경우 SPSS에서 제시하는 몇 가지 표, 예컨대 설명된 총분산표([대화상자 13-9]), 상관관계 계수행렬, 회전 전 요인행렬표과 회전 후 요인행렬표, 요인점수 계수행렬표를 추가로 제시할 수도 있다. 여기서 다시 언급하지만 연구결과를 설명하는데 인정되는 필요한 것만 제시하면 된다. 그리고 이에 대한 통계적 설명을 넣는다.

이 사례에서는 KMO값과 Bartlett 구형성 검정치 결과를 넣어 수집된 데이터가 요인분석에 적합함을 밝히고 있으며, 이론적 근거를 바탕으로 하여 4개의 요인을 고정한 후 배리맥스 직교회전을 통해 최종 4개의 요인을 추출하고 그 요인에 어떤 문항들이 묶이는지 〈사례〉안의 표에 제시하고 있다. 원래의 30개 문항에서 총 6개의 문항들이 삭제되었는데, 이유는 요인적재량이 낮거나 여러 요인에 걸쳐 적재된 문항들이기 때문이다([대화상자 13-10] 참조). 또한 조력자 요인에는 7개의 문항들이, 강연자 요인에는 6개의 문항들이, 내용전문가 요인에는 5개의 문항들이, 교수설계자 요인에는 6개의 문항들이 묶이고 있음을 보여주고 있다. 그리고 각 요인들에 대한 요인적재량(요인부하량)과 그에 대한 설명력을 기술하고 있다. 이런 요인분석 과정을 통하여 대학교수의 역할은 총4개의 역할이 있으며, 이를 측정하고자 하는 24개 문항으로 이루어진 검사도구는 구인 타당성이 확보된 것으로 판단할 수 있다. 이 사례에서 아쉬운 점은 사용된 데이터가 비록 요인분석에는 적합하지만, 총 누적설명변량이 44.036으로 50%를 넘지 못한다는 한계가 있다는 점이다.

참고로 요인분석 결과표를 작성할 때에는 고유값의 합계나 설명변량(%)이 큰 요인부터 작은 요인 순으로 요인 1, 요인 2, 요인 3...으로 표의 좌측에서 우측으로 기술해 나가며, 각각의 요인에 해당하는 문항들도 고유값의 크기순으로 위에서 아래로 정렬해 간다(사례의 〈표〉 참조).

(6) 필요한 경우 요인점수를 산출하여 추후 연구에 이용

이 사례에서는 연구의 목적이 변수들 사이에 존재하는 요인의 구조를 파악하는 것이기 때문에 요인점수를 산출하여 회귀분석과 같은 추후 연구를 수행하지 않았다.

6) 기타

[대화상자 13-4-①]와 [대화상자 13-4-②]에서 보는 것처럼, 만일 이 연구가 처음부터 4개의 대학교수 역할을 미리 정하지 않은 상태에서 30개의 문항을 만들고 고유값 1을 기준으로 하여 이 30개의 문항이 과연 몇 개의 요인으로 묶이는지를 알아보고자 했다면, 그리고 9개의 요인이 추출되었다면 이 데이터는 대학교수의 역할을 9개로 나눌 수 있음을 보여주는 것이다. 그리고 연구자는 요인적재량이 가장 큰 변수(문항)를 중심으로 해서 9개의 요인(9개의 대학교수의 역할)에 적절한 이름을 붙여야 하는데, 각각의 이름은 요인에 속하는 개별 문항들을 포괄할 수 있는 이름이 좋다. 이렇게 연구를 진행하면, 이는 대학교수자의 역할에 대해 이론적 근거가 미약하거나 대학교수자 역할에 대해 어떤 것들이 있는지에 대한 탐색적 연구에 가깝게 된다. 반면에, 이 사례처럼 이론적 근거와 배경에 의하여 미리 대학교수 역할을 미리 4개로 결정하는 것이 가능하다면, 만들어진 문항이 4개의 역할을 묻는 문항으로 바람직한지를 알아보는, 즉 설문문항의 타당도를 알아보는 연구가 된다.

참고문헌

김계수(2004). AMOS 구조방정식 모형분석. 서울: 한나래.

김동일 외(1993). 사회과학론 방법론 비판. 서울: 청람문화사.

서울대학교 교육연구소(1995). 교육학 용어사전. 서울: 하우동설.

성태제(2014). 현대기초통계학: 이해와 적용(제7판). 서울: 학지사.

성태제 · 시기자(2006). 연구방법론. 서울: 학지사.

임인재(1984). 교육 · 심리 · 사회연구를 위한 통계방법. 서울: 박영사.

Likert, R. (1932). A technique for the measurement of attitudes. *Archives of Psychology, no. 140.*

Osgood, C. E. (1957). The measurement of the meaning. *Psychological Bulletin, 49*, 197-237.

Pearson, K. (1896). Mathematical contributions to the theory of evolution: III. Regression, heredity and panmixia. *Philosophical Transactions, A*(187), 253-318.

저자 소개

■ 조규락
서울교육대학교 교육학과(학사)
미국 University of Missouri–Columbia 대학원 교육공학 전공(석사)
미국 Pennsylvania State University 대학원 교수체제 전공(박사)
현) 영남대학교 학부/대학원 교육학과 교수
영남대학교 대학원 디지털융합비즈니스 전공 교수
영남대학교 교육대학원 인공지능빅데이터융합교육 전공 교수
rock186@ynu.ac.kr

■ 김선연
영남대학교 대학원 교육학과 교육공학 전공(석사/박사)
현) 영남대학교 사범대학 학교교육연구소 연구교수
sunkite79@naver.com

사례로 배우는
기초통계

1판 1쇄 인쇄 — 2022년 10월 25일
1판 1쇄 발행 — 2022년 10월 31일

저　　자 - 조규락 김선연
발 행 인 - 강철원
발 행 처 - 양성원
주　　소 - 경기도 파주시 검산로 173번길 29-20
전　　화 - 031-946-3861(代)
팩　　스 - 031-946-3864
이 메 일 - tnwpub@naver.com
홈페이지 - tnwpub.co.kr
출판등록 - 2015년 8월 31일 제 2015-000211 호

ISBN 979-11-6126-485-1

정가 23,000원